筑坝土石料
工程特性及本构模拟

刘斯宏 沈超敏 鲁洋 王柳江 著

中国水利水电出版社
www.waterpub.com.cn
·北京·

内 容 提 要

本书介绍笔者研究团队近年来在土石坝工程坝料的试验技术、工程特性及其物理机制、本构模拟与工程应用等方面开展的研究。首先介绍一种自主开发的能够测试现场施工条件下土石坝料强度的张拉式直剪试验法及考虑温度、湿度等环境因素影响的筑坝土石料三轴试验仪器，接着重点阐述筑坝掺砾黏土在寒冷条件下的压实、渗透与强度变形特性，以及筑坝堆石料的堆积、压缩、剪切和破碎特性及其物理机制。而后，介绍笔者研究团队提出的四个粗粒料本构模型：考虑剪胀效应及中主应力影响的 hhu‐KG 模型、基于细观结构变化的弹塑性模型（hhu‐SH），以及分别考虑状态相关与颗粒破碎的 hhu‐SH 模型，并介绍其在土石坝工程中的初步应用。

本书面向从事水利水电工程和岩土工程相关工作的科研、设计人员和研究生，也可以作为相关专业高年级本科生扩展知识面用书。

图书在版编目（ＣＩＰ）数据

筑坝土石料工程特性及本构模拟 / 刘斯宏等著. --
北京 : 中国水利水电出版社，2021.9
ISBN 978‐7‐5226‐0010‐9

Ⅰ．①筑… Ⅱ．①刘… Ⅲ．①土石坝－研究 Ⅳ.
①TV641

中国版本图书馆CIP数据核字(2021)第201618号

书　　名	**筑坝土石料工程特性及本构模拟** ZHUBA TUSHILIAO GONGCHENG TEXING JI BENGOU MONI
作　　者	刘斯宏　沈超敏　鲁　洋　王柳江　著
出版发行	中国水利水电出版社 （北京市海淀区玉渊潭南路 1 号 D 座　100038） 网址：www.waterpub.com.cn E‐mail：sales@waterpub.com.cn 电话：(010) 68367658（营销中心）
经　　售	北京科水图书销售中心（零售） 电话：(010) 88383994、63202643、68545874 全国各地新华书店和相关出版物销售网点
排　　版	中国水利水电出版社微机排版中心
印　　刷	天津嘉恒印务有限公司
规　　格	184mm×260mm　16 开本　15.25 印张　371 千字
版　　次	2021 年 9 月第 1 版　2021 年 9 月第 1 次印刷
定　　价	**80.00 元**

前　言

土石坝泛指由当地土料、石料或混合料，经过抛填、碾压等方法堆筑而成的挡水坝。由于具有对复杂地形地质条件的良好适应性、就地取材和节省投资等优点，土石坝成为世界坝工建设中应用最为广泛和发展最快的坝型之一。随着我国水资源利用进程的推进，一批坝高200m以上的高土石坝已经建成或正在建设，如已建成高233m的清江水布垭混凝土面板堆石坝、高261.5m的糯扎渡心墙堆石坝，正在建设的高247m的阿克苏河大石峡混凝土面板堆石坝及坝高为295m的两河口砾质黏土心墙堆石坝，这些高坝大库的顺利建设与长期安全事关国家经济社会发展和公共安全。

随着土石坝工程向西部地区纵深发展，高土石坝工程大多处在高海拔、严寒地区，季节交替昼夜温差大，湿度变化显著，除了建坝高度日益突破带来的变形不易控制等问题，恶劣气候环境也给高土石坝工程建设与长期安全运行带来了新的挑战。因此，探明筑坝土石料在高应力和复杂环境条件下的工程特性，建立相应的本构理论已成为土石坝工程领域的热点问题和迫切需求。

笔者团队长期从事土石坝工程领域的试验、理论和计算等方面的研究工作。重点围绕土石料强度现场原位测试方法、考虑环境因素的筑坝料试验技术、筑坝料工程特性及其物理机理、本构模拟和工程应用等方面，开展了若干创新性研究，相关研究成果为土石坝工程设计、施工和运行提供了有力的科学依据和技术支撑。

本书是笔者团队近年来在土石坝工程筑坝材料特性和本构模拟研究方面的一个阶段性总结，包括以下几个方面的内容：第1章主要介绍本书的工程背景和研究现状；第2章介绍一种能够测试现场施工条件下土石坝料强度的张拉式直剪试验法及考虑复杂环境因素及应力路径影响的室内测试技术；第3章主要介绍筑坝掺砾黏土在寒冷条件下的压实、渗透与强度变形特性；第4章主要介绍筑坝堆石料堆积、压缩、剪切和破碎特性及其物理机制；第5章主要介绍考虑剪胀、中主应力、状态相关和颗粒破碎影响的堆石料系列本构模型；第6章介绍本构模型在土石坝工程中的初步应用。全书由团队负责人刘斯宏总体策划，具体撰写分工如下：第1章由刘斯宏、鲁洋和沈超敏撰写，第2章由刘斯宏和鲁洋撰写，第 3 章由鲁洋撰写，第 4 章由沈超敏撰写，第 5 章由刘斯宏、沈超敏撰写，第 6 章由王柳江和沈超敏撰写。全书各章节由刘斯宏校正和统稿。

衷心感谢河海大学水工结构工程学科为笔者研究团队提供的一流研究平台。特别感谢原国务院南水北调工程建设委员会原总工程师及专家委员会副主任汪易森先生对笔者研究团队的长期关怀、指导与支持。感谢中国电建华东勘测设计研究院有限公司、雅砻江流域水电开发有限公司、国网新源江苏句容抽水蓄能有限公司等单位在土石坝坝料现场试验和大坝计算分析方面的大力支持。此外，团队已毕业及在读研究生李卓、徐思远、袁维海、刘康、汪雷、黄明坤等在现场直剪试验方面开展了诸多工作，傅中志、熊翰文、王子健、李亚军、严俊、周斌、吕高峰、邵东琛、孙屹、宗佳敏、毛航宇、王涛、张勇敢等在土石料工程特性室内试验、本构建模及 SDAS 软件应用方面开展了工作，在此谨表谢忱。本书的部分研究工作得到了国家自然科学基金−雅砻江联合基金重点支持项目（U1765205）和国家自然科学基金面上项目（51979091；51179059）和青年项目（52009036；52109123）的支持。

限于笔者的学识水平和工作的局限性，书中难免存在疏漏之处，恳请读者批评指正。

作者

2021 年 9 月于河海大学芝纶馆

目　录

第1章 绪 论

土石坝泛指由当地土料、石料或混合料，经过抛填、碾压等方法堆筑成的挡水坝，因其地形地质条件适应性好、建设速度快、可就地取材、节省投资和安全性高等技术优势，被国内外坝工界广泛采用，是坝工建设中最有发展前景的坝型之一。据中国大坝协会统计，土石坝在全世界 15m 以上大坝中占比约 78%（ICOLD，2020）。土石坝在中国全部大坝、大型工程中占比分别达 93% 和 50%，是水电工程的主力坝型（汪小刚，2018；张建云等，2014）。

随着现代工程设计和施工技术的迅猛发展，筑坝高度的日益突破成为当代土石坝工程建设的显著特征。在中国，目前已建和在建的 200m 级以上的土石坝约 20 座，数量、高度、规模均居世界前列。图 1.0.1 为国内外土石坝发展态势，与世界高土石坝发展动态相比，我国的土石坝工程建设呈现出典型的"起步晚、发展快"的特点。高土石坝已然成为当前我国水利水电工程建设中选用最多的坝型，其中尤其以面板堆石坝和心墙堆石坝为主。例如，清江水布垭混凝土面板堆石坝（坝高 233m），为全世界已建最高的混凝土面板堆石坝，在建的阿克苏河大石峡混凝土面板堆石坝坝高达到 247m；澜沧江糯扎渡砾石土心墙堆石坝，坝高 261.5m，在已建的同类坝型中居中国第一、世界第三，而在建和拟建的两河口、双江口和如美等心墙堆石坝，高度更是达到 300m 级，成为当前中国高坝建设领域的主力军。高土石坝的建设与长期安全运行面临许多严峻的挑战，例如，高土石坝的变形控制难度更大，国外已建的工程不少出现了变形协调带来的工程隐患（如 Mica 和 Oroville 大坝）。

除了建坝高度日益突破带来的问题，近年来，复杂地形地质条件和恶劣气候环境也给土石坝工程建设与长期安全运行带来了新的挑战。长江上游穿过青藏高原，水能资源丰富，已然成为我国水电站建设的主战场。随着水电工程建设向西部地区纵深发展，新建工程大多处在高海拔、严寒地区。这些地区季节交替、昼夜温差大，湿度变化显著，低温及冻融作用强，复杂环境条件成为影响大坝建设和安全运行的重要因素。例如，在建的两河口大坝是中华人民共和国成立以来在西藏地区修建的装机容量最大的水电站工程，为国内第二、世界第三高土石坝，其施工难度在世界范围内首屈一指。大坝为 300m 级的掺砾黏土心墙堆石坝，由于地处川西高原气候区，平均海拔接近 3000m，冬季日照时间短，气候寒冷、干燥，多年平均温度处于 $-5.7\sim23.3$℃，最低气温可达 -15.9℃，冬季约 2/3 的天数里气温出现负温情况。不利的气象条件导致两河口大坝心墙填筑施工可利用天数大大减少，影响大坝的整体上升和工程施工总进度计划，同时影响到心墙的填筑质量（穆彦虎等，2018）。当气温降到 -5℃时，不仅不能进行大坝心墙料填筑，而且要保证已经填筑碾压的土料不能结冻。实际工程建设中，工程师们采用"三布两膜"的保温措施给掺砾黏土心墙料"穿上"了一件防寒服，实测膜外温度 -2.3℃，膜内 4.2℃，满足保温要求。

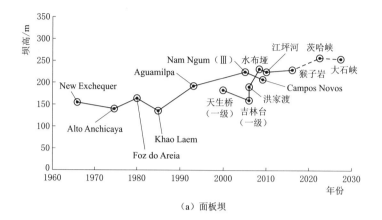

（a）面板坝

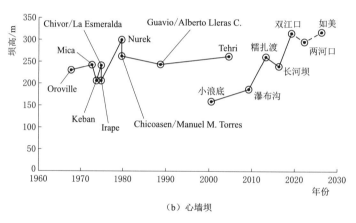

（b）心墙坝

图 1.0.1 国内外土石坝坝高发展趋势示意图

已建的大伙房、清河坝等心墙施工经验也表明，在填筑碾压过程中为了达到设计压实度，冻结土料所需的击实功往往是常温条件下的 2～3 倍，碾压遍数大幅增加。寒区大坝心墙土料填筑过程中不但会因短时冻结造成压实性能降低，压实后的心墙料经冻融作用还会诱发结构开裂，使得防渗体强度和防渗性能劣化，给大坝长期运行带来安全隐患。例如，加拿大 Waterloo Lake 大坝心墙料是一种冻胀敏感性材料，冬季冻胀线从坝顶迁移到坝坡下游侧，在冻吸力作用下库水自上游侧迁移到冻结前缘，在心墙内形成冰透镜体，往复冻胀冻融作用下压实心墙产生不均匀沉降，导致沿坝顶产生大量纵向裂缝，先期冻融作用严重影响心墙的渗透稳定，威胁大坝安全（Solymar et al.，1983）。

　　土石坝的筑坝材料，如黏土、堆石和砂砾石，多取自当地材料，可节约大量的材料成本，这也是土石坝具有显著经济优势的重要原因。其中，用量最大和应用最为广泛的当属堆石料和心墙黏土料。

　　1. 堆石料

　　堆石料是土石坝用量最多的筑坝材料，在心墙坝中往往占到 60％～70％，而在面板坝中的比例更是高达 90％。堆石料一般是指天然开采或通过爆破产生的岩石颗粒集合体材料，其具有压实密度大、透水性优良、抗剪强度高、沉降变形小等工程特性，主要用于填筑面板坝的坝体及心墙坝的坝壳。高土石坝的设计与建设无法由低坝的经验外推，重要原因之一在于随着坝高的增加，坝体内部堆石的应力相应提高，而堆石料作为一种典型的颗粒材料，其大小颗粒彼此充填，且颗粒之间常为点接触，在应力达到颗粒的强度极限时，会发生颗粒破碎现象。颗粒破碎不仅会造成颗粒体系骨架的重新排列，也会形成大量非仿射运动的小颗粒填充颗粒体内部空隙，从而造成附加的收缩变形，在大坝结构尺度上体现为坝体的超预期沉降。高坝超预期的沉降会导致坝体与防渗体系之间发生不协调变形，造成防渗系统的损坏。例如天生桥一级面板堆石坝坝高 178m，其最大沉降达到了坝高的 2%，造成了面板的破损；水布垭面板堆石坝坝高 233m，最大沉降达坝高的 1.58%，导致面板局部挤压破损。此外，根据现有认识，土石坝长期变形是影响其长期运行性能的重要因素，其可能来源于堆石料的流变、湿化及应力（荷载）循环疲劳、温湿循环劣化等导致的累积变形，这些变形还可能存在联合影响和相互叠加（汪小刚，2018）。对于堆石料，工程实践经验也表明，现场环境因素如日晒雨淋、干湿循环、冷热循环等对其强度和变形具有重要影响，近年来温湿度变化和冻融过程的影响也逐渐成为关注的重点（陈涛等，2018；石北啸等，2016；Alonso et al.，2016；Zhang et al.，2015）。

关于高应力及复杂环境因素作用下堆石工程特性，国内外学者在试验技术、机理分析和本构建模方面开展了大量卓有成效的研究，在土石坝工程中发挥了重要作用。

堆石料的试验测试技术方面，堆石料试验过程中的缩尺效应、复杂应力条件和复杂环境下堆石料的试验技术问题逐渐成为关注的热点。

由于现有室内试验仪器尺寸的限制，堆石料试样的尺寸往往无法满足原型级配堆石料试样的试验。因此根据现场级配曲线，采用缩尺后的试样进行室内三轴试验是目前土石坝工程界普遍采用的方法。然而缩尺仅能基本保证原型与缩尺后试样的颗粒岩性及几何形态类似，在宏观尺度上两者级配、尺寸并不相同，几乎可以认为是两种不同的材料。例如，实际土石坝工程中的堆石料最大粒径可能超过 1200mm，而目前国内科研院所常用的三轴仪、直剪仪等仪器最大允许试验粒径为 60mm，试验所用堆石料与实际材料在粒径尺寸上的缩尺比例为 20 倍。如何建立缩尺前后堆石料强度变形特性的关系是土石坝工程界近年来关注的热点。降低缩尺比例能够减小缩尺效应对颗粒破碎、剪胀特性、临界状态及抗剪强度特性等方面的影响。因此，目前针对堆石料的试验设备的主要趋势是朝着大尺寸、高应力的方向发展，近年来已涌现出了不少大型和超大型试验仪器。

此外，常规的三轴试验仪仅能施加大主应力和小主应力，中主应力与小主应力相同，缺乏考虑中主应力的影响。我国许多水利岩土科研、生产机构陆续研发了大中型真三轴试验仪器，并开展了堆石料在真三轴应力路径下的强度变形特性研究。例如，长江科学院研制了大型真三轴仪，试样尺寸达 300mm×300mm×600mm（长×宽×高），且采用微摩阻技术实现了高应力条件下的堆石料三维应力加载。

复杂环境作用下堆石料的试验主要考虑温度和湿度两个环境变量。考虑湿度的堆石料试验可以追溯到对风干的三轴试样通水进行饱和，从而考虑蓄水饱和对堆石料变形特性的影响。进一步地，一些学者通过在试样上洒水等方法实现了不同含水率的堆石料试样的制备。然而，堆石料有别于细粒土，洒水很难均布在堆石料内部，且少量的液态水往往填充在堆石料颗粒间的孔隙内；并不渗入堆石颗粒内部，对堆石颗粒强度的劣化影响不可控制。近年来，西班牙加泰罗尼亚理工大学 Alonso 院士团队借鉴非饱和土研究的思路，通过在试样内部循环恒定湿度的空气进行堆石料试样精准的湿度控制。研究堆石料温度影响的试验一般与湿度联合考虑，例如清华大学通过对试样内通冷、热风实现堆石料的温度控制。由于通过电加热等方法实现温度的变化势必同时改变流通空气的湿度，因此温湿度控制的技术通常用于研究"干热-湿冷"循环导致的堆石料风化作用。目前，如何独立控制堆石料的温度和湿度，进而研究堆石料在恒定、变化温湿度作用下的力学特性是一个重要的研究方向。

堆石料力学行为机理方面的研究大致分为三个层面，第一层是"见微"，即尝试捕捉堆石料力学行为发生过程中的细观变量的变化规律。该层面主要采用离散单元法或者考虑连续离散耦合的计算方法进行探究，如通过离散单元法模拟，探究颗粒配位数、组构张量、颗粒形态等参数的变化规律。近年来，CT 扫描、三维激光扫描、颗粒染色示踪、压汞或者压氮试验等非传统试验技术也大量运用于这方面的研究。第二层是"知著"，即寻找宏观力学行为的细观解释。这方面的研究围绕颗粒破碎、堆石料的临界状态位置、剪胀特性、流变规律及缩尺效应等难点问题展开研究，试图寻找与宏观变量变化规律相呼应的细观变量，并阐述这些宏观现象的细观机制。例如，在离散元模拟中改变堆石料颗粒间的滑动和滚动摩擦系数可以使得堆石的破坏强度和破坏模式发生显著改变，表明了堆石料的颗粒尺度的滑动和滚动特性是影响其宏观破坏行为的重要影响因素。第三层是"见微知著"，即基于细观层面的规律，通过细观到宏观定量转换手段，定量地重现宏观规律，并对宏观行为做出预测。例如通过对堆石料应力张量细观力学表达式的分析，即可由单颗粒破碎强度的 Weibull 分布规律预测堆石料试样抗剪强度的尺寸效应（Frossard et al.，2012）。然而，由于堆石料是复杂的颗粒系统，且在高应力和复杂环境作用下堆石料颗粒的劣化问题更加显著，因此系统、定量地由细观尺度的机制预测堆石料的宏观行为还有较多的工作亟须开展。

在堆石料的本构模拟方面，目前土石坝工程领域普遍采用的本构模型依然是非线性弹性的邓肯 E-B 模型，主要原因归结为如下两点：①邓肯 E-B 模型的参数较少且标定方法明确，可以通过常规三轴加载试验获得；②非线性弹性模型在有限元计算中的稳定性优异，且对于大部分土石坝工程的计算结果基本合理。然而，邓肯 E-B 模型的体变部分仅考虑了围压的影响，并未考虑剪胀特性；此外，由于邓肯模型是基于常规三轴压缩试验的拟合及采用莫尔-库仑强度准则，因此无法反映中主应力对强度变形特性的影响。因此，在高土石坝计算中计算结果并不尽如人意。一些学者在非线性弹性框架内提出了考虑剪胀特性的 KG 模型或 KGJ 模型，因为这类模型在有限元计算中的稳定性受到部分学者的青睐。土力学的弹塑性本构和广义塑性本构理论的迅速发展也为堆石料的弹塑性模拟带来了蓬勃生机，然而现有的理论大多是在黏土和砂土基础上扩展而来，堆石料由于本身性质较为复杂，受母岩性质、级配、初始密度、颗粒强度和形状等多种因素的影响。目前，考虑堆石料剪胀、颗粒破碎和初始密度相关等因素影响的堆石料弹塑性模拟是重要的发展方向；考虑环境因素影响的堆石料本构模拟方面的研究还十分有限。

2. 掺砾黏土

心墙料是土石坝工程中另一种主导坝料，主要用于构筑土石坝心墙防渗体。据以往的经验，土石坝建设中常用纯黏土料作为心墙填料，但随着高坝的建设发现其存在一系列问题，如黏土强度和模量较低、相对坝壳沉降大、拱效应剧烈、易产生裂缝和水力劈裂、难以适应大型机械施工和高强度填筑等。而掺砾黏土碾压后可获得较高的密度和强度、较低的压缩性，且仍可保持良好的防渗性能，既提高了力学性能，又减少了黏土的使用量，因此掺砾黏土在高土石坝工程中被广泛用作防渗心墙料。据统计，在100m以上的高土石坝中有70%的坝采用掺砾黏土作为心墙防渗料（马洪琪，2012）；在建和已建的200m以上的高土石坝中，所占比例更高，一些著名的高土石坝其心墙料均采用掺砾黏土（表1.0.1）。对于黏土心墙坝，在冬季负温条件下施工的心墙料会因短时冻结造成压实性能降低；压实后的心墙料经冻融作用会诱发结构开裂，使得防渗体强度和防渗性能劣化。因此，我国的《碾压式土石坝施工规范》（DL/T 5129—2013）规定：土石坝在负温下填筑，应编制专项施工措施，压实土料的温度应在−1℃以上；当日最低气温在−10℃以下，或在0℃以下且风速大于10m/s时，应停止施工。

表 1.0.1　　　　　　　　　　国内外掺砾黏土心墙代表性高坝

坝 名	国别	河流	坝高/m	心 墙 料 特 性
努列克坝 (Hypek dam)	塔吉克斯坦	瓦赫什河 (Vakhsh river)	300	心墙材料为砂壤土和含砾石的壤土组成，最大粒径20cm，砾石含量10%～20%
特里坝 (Tehri dam)	印度	巴吉拉蒂河 (Bhagirathi river)	260.5	心墙采用黏土、砂砾石混合料，粒径75～150mm的砂砾石占20%～40%，小于0.075mm的细料含量不低于2%，其中小于0.002mm的黏粒含量要求不低于7%，最大粒径200mm
契伏坝 (Chivor dam)	哥伦比亚	巴塔河 (Bata river)	237	心墙料为砾质土，在天然含水量（平均值19%）下进行填筑，比修正普氏击实试验的最优含水量12.9%约高出6%
罗贡坝 (Rogun dam)	塔吉克斯坦	瓦赫什河 (Vakhsh river)	335	斜心墙使用由天然亚黏土和小砾石加工配制成的材料填筑。最大粒径20cm，小于5m者占40%，黏粒颗粒大于10%，最优含水量10%～11%，天然含水量13%～14%
奥罗维尔坝 (Oroville dam)	美国	费瑟河 (Feather river)	234	心墙料用级配良好的黏土、粉土、砂、砾石和最大粒径76mm大卵石混合组成
糯扎渡	中国	澜沧江	261.5	心墙掺砾土料为天然土料场黏土料加入35%（质量比）的人工硬质碎石，掺砾碎石最大粒径120mm，掺砾碎石由白莫等石料场角砾岩或花岗岩加工而成
鲁布革	中国	南盘江	103.5	心墙料采用近坝区的坡积残积层红土和全风化砂页岩混合料，以软岩风化料作为心墙防渗料
瀑布沟	中国	大渡河	186	土料为灰黄色砾石土和浅灰色砾石土，其性状相似，颗粒分布属宽级配的粗粒土，以宽级配砾石土为主，最大粒径80mm
两河口	中国	雅砻江	295	掺砾料粒径范围150～5mm、掺砾料掺配比7：3.6：4（质量比），最大粒径150mm，<5mm含量为30%～50%，全料压实度97%
双江口	中国	大渡河	314	推荐掺比例（干重量比）为黏土：花岗岩破碎料为50%：50%；掺砾料压实最优含水率为14.5%～5.4%

对于掺砾黏土心墙料，目前国内外许多学者已围绕其在常温环境下的压实特性、渗透特性、强度变形等方面开展了大量的研究工作。在压实特性方面，目前主要集中在击实仪器研发、击实方法改进、压实机理探究及现场压实质量控制等。在开展室内压实试验的同时，一些学者尝试建立概念模型来解释不同掺砾量情况下掺砾土的压实状态和压实机理。但是，还没有对掺砾黏土低温压实特性的探究；在渗透特性方面，目前在黏土团聚颗粒大小、掺砾量、细料类型和孔隙比等影响因素方面已经开展了一些试验研究，但还缺乏对渗透特性影响机理的挖掘。目前掺砾黏土心墙料渗透特性的研究大多也只是围绕常温环境下开展，尽管在饱和-非饱和、干湿循环等环境影响因素方面也有一些报道，但还不够全面，尤其针对寒区低温与冻融因素影响的报道还比较少；在强度变形特性方面，常温条件下的力学特性已开展了较为全面的研究，但考虑高寒区冻结和冻融等复杂环境因素影响的研究还很有限，这也制约了当前对高寒区土石坝工程建设和运行维护方面的科学认知与指导。

综上可见，虽然国内外在土石坝设计与建设方面积累了丰富的经验，但现有理论和认识在分析复杂环境下高土石坝工作性态时仍显得不足，高应力和复杂环境下筑坝料（以堆石料和心墙料为主）的工程力学特性有待深入探究，发展合理反映筑坝料在高应力和复杂环境条件下工程特性的本构理论成为当前的迫切需求。沈珠江（2004）曾指出在全球气候变化和环境问题日益加剧的今天，考虑环境因素影响的抗风化设计应当像抗震设计一样提到日程上来，水工和岩土工程领域主要关注的物理风化过程包括干湿、冷热和冻融作用。随着土石坝工程建设向复杂气候环境、地质环境区域转移和纵深推进，环境因素对筑坝料工程特性的影响亟须深入探究，研究干湿、冷热和冻融等因素对筑坝料工程特性的影响，对指导复杂环境影响下土石坝的抗风化设计有着重要意义。

本书围绕当下土石坝工程领域关注的热点问题，聚焦高应力和复杂运行环境的影响，首先介绍笔者研究团队近年来在考虑环境因素筑坝土石料试验测试仪器和技术方法方面开展的工作，接着重点阐述筑坝掺砾黏土和堆石料工程特性方面的试验工作，并描述其宏细观物理机制和环境因素作用机理；最后，总结笔者提出的筑坝土石料系列本构模型，并介绍其在土石坝工程中的初步应用。

第 2 章　筑坝土石料工程特性测试技术

目前，国内外在筑坝料工程特性的试验研究方面已开展了卓有成效的研究，并取得了丰硕的成果。随着各类大型及超大型室内试验仪器投入使用，室内试验可测试粒径增大，降低了缩尺比例，使得测试结果更接近原级配土体，然而终究不能彻底解决筑坝料缩尺带来的测试误差，本章首先介绍笔者自主开发的新型张拉式现场直剪试验法，为原级配筑坝料的现场原位测试提供思路和技术支撑。此外，随着筑坝环境的日益复杂，探究筑坝料在高应力、复杂应力路径、环境劣化等复杂条件下的力学性质成为新的热点，本章结合笔者研究团队的多年环境因素影响下（干湿、冻融、温度、湿度等）筑坝料力学特性测试技术开展的一些有益尝试，为筑坝料室内测试方法提供补充和借鉴。

2.1　新型张拉式现场直剪试验法

2.1.1　试验原理

张拉式现场直剪试验法是刘斯宏在日本留学期间取得的重大成果（刘斯宏等，2009，2011，2004；Liu，1999，2006；Liu et al.，2005；Matsuoka et al.，2001），是其博士学位论文的主要内容，曾获得日本土木工程学会 2004 年度技术开发奖。该试验法原理简单、操作方便、省时省力，特别是在试验方法上较好地解决了常规直剪试验方法中由于受剪切盒内壁摩擦影响而无法精确测定剪切面上的垂直应力问题，而且能在现场进行较大尺寸的原位试验。

图 2.1.1 为该试验法的示意图。其要点为：将格子状的剪切框（亦称加载框）直接埋于要测定强度的地基中，然后在格子状剪切框内的试样上先放上一块厚的铁板，再在铁板上根据所要施加的垂直荷重堆上重铁块。水平方向上用一条链条拉剪切框，从而使试样受剪。剪切力用一只荷载计来测量。在铁板的后侧中央部位设置一水平位移计，用于测量试样的剪切位移，同时在铁板的前后对角线上各设置一垂直位移计，试样的垂直位移取 2 只垂直位移计的平均值。

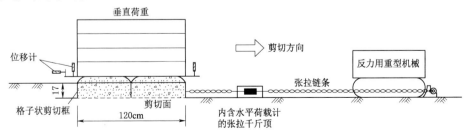

图 2.1.1　张拉式现场直剪试验法示意图

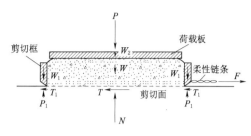

图 2.1.2 试样上的受力示意图

图 2.1.2 为试样上的受力示意图。根据力的平衡条件,剪切面上的剪切力 T 与垂直力 N 的计算公式如下:

$$N = P + W + W_1 + W_2 - P_1 \quad (2.1.1)$$

$$T = F - T_1 \quad (2.1.2)$$

$$\tau = \frac{T}{A}, \sigma = \frac{N}{A} \quad (2.1.3)$$

式中:P 为所加的垂直荷载(重铁块的重量);F 为剪切力,可由荷重计精确测定;W 为试料的重量;W_1 和 W_2 分别为剪切框和铁板的重量;P_1、T_1 分别为剪切框底面与试样间的垂直力与摩擦力。

对于压实土石粗粒材料,由于在水平剪力时,往往出现剪胀,从而使剪切框处于悬浮状态,P_1 与 T_1 近似地为 0。因此,从式(2.1.1)、式(2.1.2)与式(2.1.3)可知,当试样出现剪胀时,剪切面上真正的剪切力 T 与垂直力 N 能够精确地计算出来,从而试样的抗剪强度能精确地测定。另外与通常直剪仪不同的是在剪切过程中剪切面的面积 A 能保持不变。

2.1.2　张拉式现场直剪试验法的特点

(1)克服了常规直剪试验中剪切盒内壁摩擦的影响。常规直剪试验采用推动下剪切盒的方式使试样受剪,用以量测水平剪力的量力环与上剪切盒必须是刚性接触。常规直剪仪示意如图 2.1.3 所示。由于刚性接触处的摩擦限制了上剪切盒的上下自由运动,试样剪切过程中的体积变化在剪切盒内壁产生了一个无法测定的摩擦力,该摩擦力使得剪切面上的正应力与实际施加的正应力不一致,而常规直剪试验结果整理时,根据实际施加的正应力计算抗剪强度,因此,存在较大误差。该张拉式直剪试验法由于采用了柔性的链条或钢丝绳张拉剪切框,剪切过程中剪切框能够随试样体积变化而上下一起运动,试样与剪切框之间无相对运动,自然克服了剪切框内壁摩擦的影响,剪切面上的正应力能按式(2.1.1)精确地计算出来,所测得的抗剪强度参数更为真实。

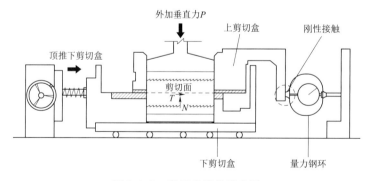

图 2.1.3　常规直剪仪示意图

(2)剪切过程中,剪切面的面积 A 保持不变,因而能避免常规直剪试验中垂直压力偏离剪切面中心的问题,基本消除了正应力不稳定的问题。

（3）适用范围广，从大颗粒的堆石料到极细的黏土料均适用。仅仅改变剪切框的尺寸（现有 5 种不同面积的剪切框：15000cm²、4000cm²、1000cm²、200cm²、100cm²），对于从大颗粒的堆石料到极细的黏土料，几乎所有的地基材料该试验法都能用同样的原理测定出其抗剪强度。

（4）可测定出抗剪强度随深度方向上的不均匀性。对于填方工程，该试验法不仅能测定出地基表面的抗剪强度，还能在施工过程中在不同深度预先设置剪切框，从而测定出抗剪强度随深度方向上的不均匀性。

（5）试验原理简单、操作方便且快速。该试验法原理简单、操作方便，对于现场的技术人员也容易理解与掌握，可以确保试验结果的正确性。试验能够快速进行，对于砂砾料及其细粒料，使用 1000cm² 的剪切框进行一组 4 个不同正应力下的试验，仅需 1～2h；即使对于 15000cm² 面积的大剪切框，进行一组 4 个不同正应力下的试验，仅需半天左右时间。

（6）试验条件与现场完全吻合。对于土石方填筑工程，剪切框在填筑过程中或填筑完毕后埋入，按实际的施工进行碾压，剪切框内试样的压实密度即为实际施工达到的密度，克服了传统试验方法中存在制样与实际情况可能不相符的问题。因此，该试验法测定的强度能够反映现场的真实情况。

2.1.3 张拉式现场直剪试验法的应用

2.1.3.1 现场施工条件下土石料强度测试

张拉式现场直剪试验法于 1996 年在日本研发成功后，截至本书作者刘斯宏 2004 年回国前，日本当时在建的土石坝与道路工程中的应用实例有 20 多个。图 2.1.4 为其中由该试验法现场实测的某工程堆石料的应力比、剪切位移及法向位移相互之间的关系。从图 2.1.4 中可见，在低应力情况下，试样剪胀显著，而在高应力情况下，试样不容易发生剪胀。这种应力-变形规律与室内试验的结果相吻合。

图 2.1.5 为在日本关西电力株式会社 4 个土石坝工程中进行的 8 种堆石材料的抗剪强度与垂直应力的关系图。图 2.1.5 中虚直线为用最小二乘法拟合而得，虚直线与纵轴的截距即为堆石材料的黏聚力 c，虚直线与横轴的夹角为堆石材料的内摩擦角 φ。图 2.1.5 中 8 种堆石材料的黏聚力 c 的变化范围为 15～31kPa，量值较小。研发的现场直剪试验法有一很大的优点，就是可以用来测定超低垂直应力下土石材料的抗剪强度，其是土石坝工程的坝坡稳定计算极为重要的参数，尤其是动力稳定计算。为验证堆石材料黏聚力 c 是否真实存在，对其中的两种堆石材料进行了

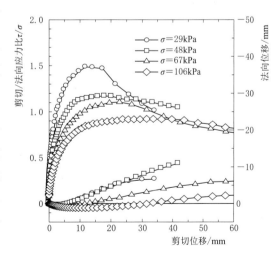

图 2.1.4　张拉式现场直剪试验法实测的某工程堆石料 1 应力—位移关系

9

这样的试验，即在格子状的剪切框上不施加任何垂直荷载，直接拉剪切框使试样受剪。这时作用于剪切面上的垂直荷载仅为剪切框及其中试样的自重，因为用的是 60cm×60cm×8.5cm（长×宽×高）的剪切框，换算成剪切面上的正应力，大约为 2.0kPa。在如此低的垂直应力作用下，对于两种堆石材料，测得的抗剪强度均小于 8.8kPa［参见图2.1.5（b）与图2.1.5（g）］。因此可以合理地推断，堆石材料的强度包络线应该通过原点，即堆石材料中不存在真正的黏聚力 c。这一点其实也不难理解，因为堆石料是由相互间没有胶结作用的颗粒组成，在 $\sigma<0$ 时强度为零，即无法承受拉应力。那么，当 $\sigma=0$ 时（强度包络线的原点），堆石料的强度就不可能从 0 突变到黏聚力 c 值。对于堆石材料的强度包络线应为通过原点的曲线，De Mello（1977）提出用指数关系曲线 $\tau_f=A\sigma^b$ 表示，如图2.1.5中实线所示。

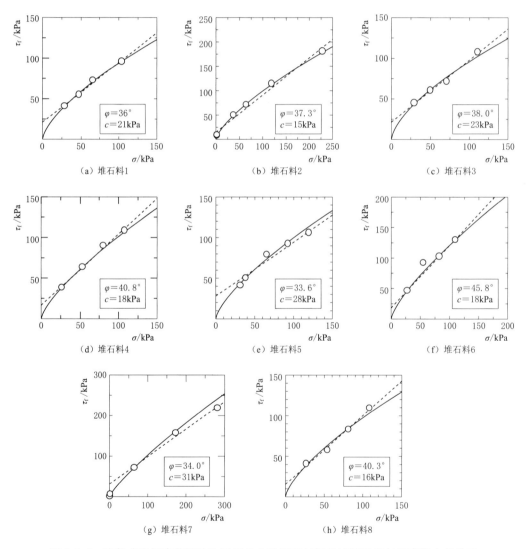

图 2.1.5　张拉式现场直剪试验法测得的 8 种堆石材料的抗剪强度与垂直应力的关系

张拉式现场直剪试验法在国内的首次应用是 2003 年在江苏宜兴抽水蓄能电站上水库，目的是验证水库库盆开挖料用于坝体填筑的可行性。采用 4 个内净距 122.5cm ×122.5cm×20cm（长×宽×高）的剪切框，埋入水库库盆开挖料中，按现场碾压试验确定的施工参数（18t 自行式振动碾静压 2 遍，振压 6 遍），对试样进行碾压，依次施加37.81kPa、93.01kPa、175.81kPa 与 258.60kPa 四级垂直荷载后进行张拉剪切（图2.1.6）。试验得到的莫尔-库仑强度指标为：$\varphi=41°$，$c=33\text{kPa}$。根据该试验获得的结果，设计决定将上水库库盆开挖料用于坝体填筑，从而节省了工程直接投资约 3000 万元，其中不包括原设计中上水库库盆开挖料弃料所发生的费用。

　　该试验法已应用于南水北调中线干线渠道工程、南水北调东线东湖水库围坝、丹巴水

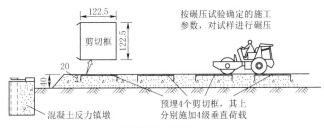

（a）试样碾压（单位：cm）

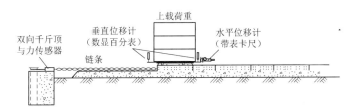

（b）试样剪切

（c）试验全景照片

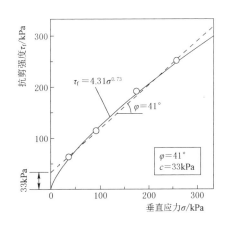

（d）抗剪强度与垂直应力的关系

图 2.1.6　宜兴抽水蓄能电站上水库现场直剪试验相关图

电站、长河坝水电站、苗尾水电站、观音岩水电站、两河口水电站、句容抽水蓄能电站、江西寒山水库、江西四方井水利工程、新疆大石峡混凝土面板砂砾石坝等工程中，简便、快速地测定了现场施工条件下土石料的抗剪强度，为工程设计与施工提供了有力的技术支撑。

2.1.3.2　土石填筑料压实质量强度检测

在观音岩水电站及南水北调东线东湖水库围坝应用过程中，提出了采用现场直剪试验法进行土石填筑料压实质量强度检测的设想。

传统的土石方填筑料压实质量检测指标采用压实度或相对密度，但这两个指标反映的是土石料的物理性质，只是一种间接的填筑质量评价指标。而土工结构物的稳定主要取决于土石料的力学性质指标的大小，并非物理指标。其实土石料的力学指标与物理指标并不具有完全的对应关系。实践表明，某些具有相同密实度的土石料，在力学强度方面会有很大的差异。比如，在同样的干密度下，粒径大的土石材料的强度比粒径小的土石材料的强度要小。传统的检测方法还需事先做室内击实试验及在现场测定填料的含水量，这就存在室内试验条件（击实功的大小，土的类型、成分、颗粒级配等）与现场条件不一定相符及检测时间过长（每组击实试验一般需要 2～3 天的时间，含水量测定需要半天以上的时间）的问题。因此，在工程实践中，需要一种能在现场条件下直接、快速测定土石料力学强度的施工质量检测方法。

1. 在观音岩水电站工程中的应用

观音岩水电站位于云南省丽江市华坪县与四川省攀枝花市交界的金沙江中游河段，为金沙江中游河段规划的八个梯级电站的最末一个梯级，上游与鲁地拉水电站相衔接。电站为一等大（1）型工程，以发电为主，兼有防洪、供水、灌溉、旅游等综合利用功能。观音岩水电站挡河大坝由左岸、河中碾压混凝土重力坝和右岸黏土心墙堆石坝组成为混合坝，坝顶总长 1158m，其中混凝土坝部分长 838.270m，心墙堆石坝部分长 319.730m，两坝型间坝顶通过 5% 的坡相连。碾压混凝土重力坝部分最大坝高为 159m，心墙堆石坝部分最大坝高 71m。混凝土坝与堆石坝采用插入式连接，如图 2.1.7 所示。对于右岸心墙堆石坝，尤其是混凝土重力坝与心墙堆石坝接头部位，土石料的填筑压实质量是确保工程质量的关键。

观音岩工程心墙堆石坝筑坝质量除采用常规的检测方法外，采用了张拉式现场直剪试验法，直接测定实际施工条件下（原级配、实际的碾压参数）坝体堆石料、反滤料及心墙料的抗剪强度指标，利用抗剪强度指标对堆石料、反滤料及心墙料施工质量进行了评价。

结合实际的施工过程，新型现场直剪试验在心墙堆石坝两个检测断面（坝纵 0＋838.035～860.535 断面与坝纵 1＋020.000 断面）进行，大致坝体每填筑 10m 高程分别对堆石料、反滤料、心墙料及接触黏土料四

图 2.1.7　观音岩水电站右岸心墙堆石坝及与混凝土重力坝的连接

种筑坝材料进行 1～2 次试验，共进行了 50 组试验。对于堆石料与反滤料，试验采用 120cm×120cm 大小的剪切框；对于心墙料与接触黏土料，则采用 60cm×60cm 大小的剪切框。

以某一组黏土心墙料的试验为例，介绍强度检测的试验过程。试验采用 60cm×60cm 的剪切框，共设置了 4 个竖向应力作用下的试验，试验的具体步骤如下（见图 2.1.8）。

（a）剪切框设置

（b）按实际施工参数碾压

（c）碾压完清理出剪切框

（d）施加上荷载后剪切

图 2.1.8　黏土心墙料的剪切过程（剪切框 60cm×60cm）

（1）剪切框设置。在选定的试验场地，将四个剪切框"一"字形排开，在剪切框内铺入黏土心墙料，然后按规定的碾压参数进行与实际施工完全相同的碾压。

（2）碾压完成后用反铲配合人工移除剪切框周围（特别是剪切框前缘）的土料，以便进行水平张拉剪切。

（3）依次在剪切框上施加不同的垂直荷载，架设水平和垂直位移传感器。用链条连接剪切框与水平拉力装置（用钢钎锚固在地基中），安装用于量测水平拉力（剪切力）的压力传感器。位移计和压力传感器连接到数据采集盒上，并与电脑采集系统相连。

（4）开始张拉剪切，当剪应力达到峰值后再继续剪切一定位移即可终止试验。

堆石料与反滤料的试验过程与黏土心墙料的基本相同，但采用千斤顶进行剪切框的水平张拉，千斤顶与一重型反铲相连（见图 2.1.9）。

试验实测得到的堆石料、反滤料、黏土心墙料与接触黏土的抗剪强度参数强度参数汇总于表 2.1.1 中，其沿坝高的分布如图 2.1.10 所示。可见，所有筑坝材料内摩擦角沿坝高分布较为均匀，而黏聚力沿坝高分布有一定的离散性。

（a）反滤料

（b）堆石料

图 2.1.9　反滤料与堆石料试验过程照片（剪切框 120cm×120cm）

表 2.1.1　　　　　　　抗剪强度参数汇总及其沿坝高分布的统计特征值

筑坝材料	内摩擦角 φ/（°）			黏聚力 c/kPa		
	实测值	均值	标准差	实测值	均值	标准差
堆石料	37～48.1	40.7	2.8	4.82～41.7	20.6	13.7
反滤料 I	34～43.4	37.5	3.7	1.23～56.1	25.3	13.1
反滤料 II	34.8～38.8	36.7	1.6	3.5～64.2	11.7	15.5
黏土心墙料	28～40.7	36.4	3.2	14.5～50.7	27.9	8.2
接触黏土	26～42.9	34.8	4.5	10～45	26.0	10.1

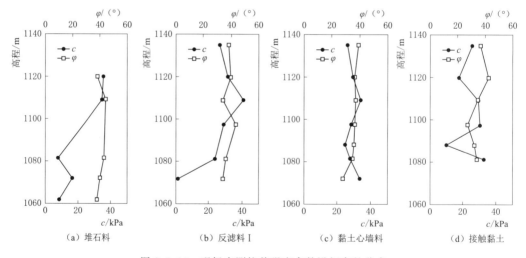

图 2.1.10　现场实测抗剪强度参数沿坝高的分布

以上实测强度参数与常规的密度检测结果进行了相关性分析。结果表明：堆石料的内摩擦角 φ 与孔隙率 n 和干密度 γ_d 有显著相关性，其回归关系式为：$\varphi = -194.717 + 113.190\gamma_d - 0.397n$；除此之外，按该工程有限的样本数统计，其他材料的强度参数与常规检测指标之间没有表现出显著的相关关系，说明土石料的密实度与力学强度并不完全对应，但仍有待于进一步研究。

土石坝土石料碾压的重要目的之一是保证坝体有足够的强度，在相应的应力状态下不发生剪切破坏。如果坝体内某点的应力状态位于强度线之下，则该点处于安全状态，且与强度线距离越远表示处于越安全的状态；反之，若超过强度线则该点发生剪切破坏。可以用应力水平 s 评价坝体安全性，它表示工作状态应力莫尔圆直径与破坏状态应力莫尔圆直径的比值（见图 2.1.11）。s 值越小，说明坝体强度安全性越高。

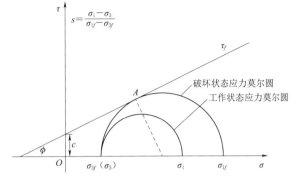

图 2.1.11 应力水平定义示意图

为了获取坝体工作状态的应力水平，对包含连接坝段在内的土石坝进行了三维有限元计算分析。土石料采用邓肯 E—B 模型，模型中的变形参数采用设计阶段的试验值，强度参数采用现场直剪试验结果。模拟连接坝段及土石坝的实际施工过程，进行分级加载。图 2.1.12 为竣工期坝体应力水平分布图。沿坝轴向方向，应力水平 s 的最大值为 0.35，出现在混凝土与土石坝接触部位，越靠近岸坡，应力水平越小；顺河向 0＋838.035 断面，最大值为 0.7，出现在下游侧底部混凝土与土石坝接触部位；心墙整体应力水平 s 的最大值为 0.44，出现在黏土心墙与混凝土坝面接触的下方局部部位；接触黏土应力水平 s 上游侧的最大值为 0.55，出现在接触黏土的中间偏下部位，右侧应力的最大值为 0.35，出现在接触黏土的中心偏两侧部位，下游侧的最大值为 0.55，出现在接触黏土的中间偏下部位。总体而言，观音岩水电站坝体应力水平不高，坝体处于安全状态。

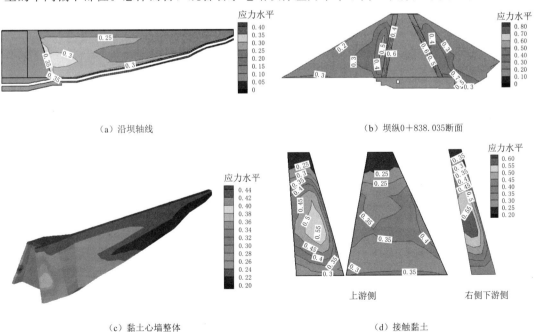

（a）沿坝轴线　　　　　　　　　　　　（b）坝纵0＋838.035断面

（c）黏土心墙整体　　　　　　　　　　（d）接触黏土

图 2.1.12 竣工期坝体应力水平分布图

2. 在南水北调东线东湖水库围坝工程中的应用

东湖水库是南水北调东线一期工程胶东输水干线工程的重要调蓄水库，位于济南市历城区东北部与章丘区交界处，距济南市区约 30km。东湖水库围坝为复合土工膜防渗体斜墙砂壤土均质坝，围坝轴线长 8.125km，上游坝坡 1∶2.75，下游坝坡 1∶2.5，围坝坝顶高程 31.75～32.70m，坝顶总宽 7.5m。

现场采用剪切框尺寸为 31.6cm×31.6cm 的张拉式直剪仪（又称 XZJ - 1000 型张拉式直剪仪）。与现场质检人员相配合，在每层碾压结束后，围绕坝轴线在压实度检测取样点附近依次进行现场直剪试验（见图 2.1.13）。同时，从现场取土回试验室，制备具有不同压实度、含水率、级配的试样，进行直剪试验，建立不同抗剪强度指标和压实度、土料级配之间的相关关系。

（a）剪切框定位

（b）将剪切框压入土中

（c）第一个剪切试样

（d）第二个剪切试样

（e）第三个剪切试样

（f）第四个剪切试样

图 2.1.13　围坝工程中现场直剪试验照片

东湖水库围坝填筑压实质量强度现场试验共进行了 20 组，表 2.1.2 为试验得到的抗剪强度指标及常规压实度检测结果。以 1－380 左检测点为例，现场直剪试验得到的剪应力—剪切位移关系及不同竖向应力下的抗剪强度如图 2.1.14 所示。

表 2.1.2　　　现场直剪试验实测的抗剪强度指标与常规压实度检测结果

组号	试验点编号	内摩擦角 $\varphi/(°)$	黏聚力 c/kPa	压实度/%
1	1－380 左	39.2	3.35	99.5
2	1－380 中	36.4	3.47	99.5
3	5－490 左	23.5	15.22	99.5
4	5－530 中	29.5	9.01	99.0
5	5－570 右	27.9	18.3	99.0
6	5－610 中	39.0	2.34	99.0
7	7－730 左（1）	26.9	12.19	99.0
8	7－730 左（2）	39.0	2.59	99.0
9	7－790 中（1）	35.5	5.51	99.5
10	7－790 中（2）	36.6	6.35	99.5
11	6－275 中	29.8	0.81	99.0
12	6－325 右	26.3	5.34	99.0
13	6－375 中	37.4	0.99	99.5
14	6－425 左	29.9	11.83	99.0
15	7－540 左	30.5	13.93	99.5
16	7－540 左后	23.4	13.64	99.5
17	7－540 左前	38.0	3.74	99.5
18	7－790 中	30.0	8.46	99.5
19	7－900 右	40.4	0.7	99.5
20	7－900 中	35.0	2.57	99.5

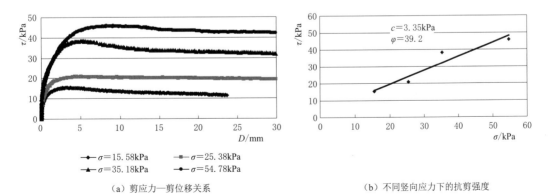

（a）剪应力—剪位移关系　　　　　　（b）不同竖向应力下的抗剪强度

图 2.1.14　1－380（左）试验点现场直剪试验结果

对表 2.1.2 中的试验检测结果用一元线性回归模型，拟合出抗剪强度指标 c、φ 与压实度 D 的相关关系为：$\varphi=882.86D-842.54$，$c=-278.89D+282.4$。回归分析相关系数分别为 0.169 和 0.476，均小于显著性要求的临界值 0.482。说明强度除与压实度有一定关系外，还受其他因素的影响。

影响土石料填筑压实强度的因素可以归类为：内部因素和外部因素。内部因素主要包括：土石料含水率、级配、压实度等；外部因素则主要是指压实机械、碾压速度、碾压层厚度等。为此，对从东湖水库取回的土样，在室内进行了一系列新型直剪试验，研究了含水量与级配对抗剪强度的影响，结果如图 2.1.15 所示。将压实度 D、含水率 w、级配不均匀系数 C_u 共同纳入回归因子中进行多元线性回归分析，得

$$\varphi=0.375D-46.533w-2.931C_u+50.63 \tag{2.1.4}$$
$$c=4.633D+62.087w+3.382C_u-16.733 \tag{2.1.5}$$

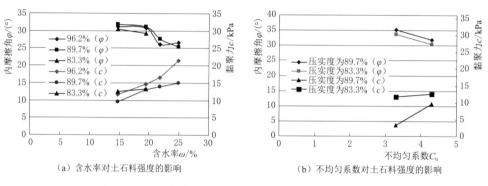

（a）含水率对土石料强度的影响　　（b）不均匀系数对土石料强度的影响

图 2.1.15　含水率与级配不均匀系数对土石料强度的影响

结果表明：土石料填筑压实后抗剪强度并不仅受压实度的影响，还受其他因素的影响，如含水率和级配，是各因素的综合体现。

2.1.3.3　在覆盖层地基中的应用

我国西部土石坝工程建设中，坝址区常有深厚覆盖层发育。由于地质年代久远，层次结构复杂，覆盖层地基具有显著的原位结构效应，传统的钻探-取样-室内试验的测试方法，难以准确测定覆盖层土体的力学参数。此外，由于覆盖层砂土或砂卵砾石层为无黏性土，原状取样困难，成本昂贵，且由于应力释放、取样扰动等的影响，实际上难以取得真正意义上的原状样。张拉式新型直剪试验法在覆盖层地基中应用具有明显的优势，能在原位直接测定出天然状况下覆盖层地基的强度，在丹巴水电站中的应用即为一个很好的实例。

丹巴水电站位于四川省甘孜藏族自治州丹巴县境内的大渡河干流上，为大渡河干流 22 级梯级开发中的第 8 级水电站，上接巴底水电站，下临猴子岩水电站。丹巴水电站坝型为混凝土闸坝，最大坝高 42.0m。闸坝基础河床覆盖层深厚，最大厚度达 133m，主要由漂卵石层及砂层、砂质粉土层和砂质壤土层等组成。物质成分、成因复杂，各层厚度、组成及物理力学特性差异较大，呈现出较大的不均匀性，其中有静水沉积的粉细砂、粉土层及砂层透镜体分布，坝基条件复杂。工程设计中，坝址河床覆盖层拟采用固结灌浆法处理。

该工程采用张拉式现场直剪试验法研究了固结灌浆前、后河床覆盖层的抗剪强度变化。固结灌浆前共进行了四组试验，图2.1.16为其中的一组试验状况及试验结果。固结灌浆后共进行了四组试验。采用预制混凝土试块施加垂直荷载，剪切框尺寸为 $60\text{cm} \times 60\text{cm} \times 15\text{cm}$（长×宽×高）。在试验现场，将4个剪切框排放在地面上，用人工掏出剪切框内的覆盖层砂砾石，使剪切框缓慢地压入覆盖层中。待剪切框完全进入覆盖层内时，将掏出的砂砾石等量放回进剪切框内，确保剪切框内砂砾石的密度与原覆盖层地面相同；埋入剪切框后，移除剪切框周围，特别是剪切框前缘的覆盖层砂砾石料，以便于进行剪切；然后，依次在剪切框上施加不同的垂直荷载，以 2.0mm/min 左右的速率进行张拉剪切。表2.1.3为试验得到的抗剪强度指标汇总。可见，灌浆后河床覆盖层抗剪强度有较大提高，黏聚力 c 由灌浆前的 4.6kPa 增大到 24.35kPa，内摩擦角 φ 由 35.0°提高至 36.15°。由于试验条件基本模拟现场实际情况，试验结果直接被设计采用。

（a）4个剪切框排列情况

（b）4个剪切框上分别施加4级荷载后的剪切过程照片

图 2.1.16（一） 丹巴水电站固结灌浆前覆盖层现场直剪试验（GQF3）相关图

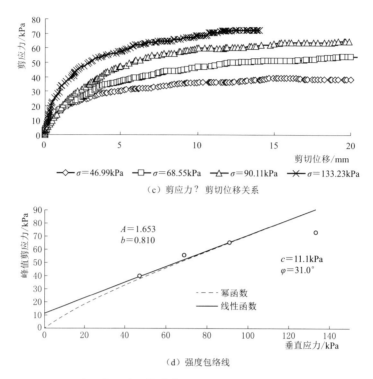

（c）剪应力？剪切位移关系

图 2.1.16（二）　丹巴水电站固结灌浆前覆盖层现场直剪试验（GQF3）相关图

表 2.1.3　　　　　　　　　固结灌浆前、后覆盖层抗剪强度指标

灌浆情况	试验组号	莫尔-库仑强度		幂　函　数	
		c/kPa	$\varphi/(°)$	A	b
固结灌浆前	GQF1	0.6	41.3	0.943	0.985
	GQF2	0.19	34.2	0.741	0.98
	GQF3	11.1	31	1.653	0.81
	GQF4	6.7	33.6	1.052	0.924
	平均值	4.6	35.0	1.097	0.925
固结灌浆后	GHF1	4.2	39.1	0.981	0.969
	GHF2	44.5	33.2	3.388	0.744
	平均值	24.35	36.15	2.185	0.857

需要说明的是，该次试验中剪切框的埋入方式虽无法做到剪切框内的试样与覆盖层原状组构完全一致，但剪切框内试样的密度与级配与覆盖层原状仍是一致的。用此制样方式进行试验测得的抗剪强度仍为覆盖层原状的抗剪强度，因为剪切框底面下部为原状的覆盖层，而张拉式现场直剪试验中试样的剪切破坏发生在剪切框底面下方的狭窄区域内，即原状的覆盖层中。图 2.1.17 为该直剪试验中剪切面的状况，其中图 2.1.17（a）为在铝棒堆积体中进行的试验照片，在试样表面画上了标线以观察铝棒的运动轨迹，图 2.1.17（b）为在细砂试样中进行的试验照片，根据初始为直线的深色砂柱的变形可以观

测到剪切带，图 2.1.17（c）为用离散单元法（DEM）数值计算得到的速度矢量分布判断剪切过程中颗粒的运动。从图 2.1.17 中可以清楚地看出，剪切破坏（剪切带）发生在剪切框底面以下的试样中，剪切框内部试样与剪切框一起运动。这也就是该新型直剪试验中剪切框不需要太厚（高）、剪切框内试样无需原状样的原因。

（a）铝棒试样照片

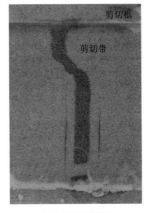

（b）细砂试样照片

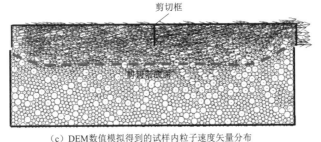

（c）DEM数值模拟得到的试样内粒子速度矢量分布

图 2.1.17 张拉式新型直剪试验中剪切面状况

2.2 温、湿控制的粗粒料大型三轴仪

粗粒料的力学特性不仅与所受荷载相关，还与温、湿环境的变化密切相关（沈珠江等，1998；Alonso et al.，2016）。例如，堆石坝受蓄水、降雨、库水位波动、气温波动等温、湿环境的变化，会产生相应的变形（沈珠江，2004）。温、湿环境的变化对粗粒料力学特性影响的研究逐渐引起人们的关注。湿度影响方面，早期的试验主要关注粗粒料的饱和湿化特性及干湿循环劣化特性，比如：保华富等（1989）、李广信（1990）、魏松等（2007）采用浸水湿化的方法研究了粗粒料的湿化变形特性；王海俊等（2007）、张清振等（2015）通过浸水和排水反复循环的方法研究了干湿循环对粗粒料劣化变形特性的影响。近年来，一些研究开始关注粗粒料的非饱和力学特性。比如：张丹（2007）通过高温水蒸气对粗粒料增湿，开展了粗粒料非饱和湿化变形特性试验；丁艳辉等（2013）通过模拟降雨入渗的方法控制堆石体的湿化饱和度，进行了侧限压缩条件下的非饱和湿化试验；Oldecop 等（2001，2007），Chávez 等（2009）利用饱和盐溶液产生一定相对湿度的湿空

气，通过蒸汽平衡的方法对粗粒料控湿，开展了一系列三轴剪切及流变试验。温度影响研究方面，石北啸等（2016）通过向试样内通恒温水的方式对试样控温，进行了不同温度条件下粗粒料的三轴流变试验。

上述考虑温、湿度影响的粗粒料试验仪器大多实现了温、湿度单独控制。而实际情况下，粗粒料的力学特性受温、湿度共同影响，如 Zhang 等（2015）、孙国亮等（2009）通过直剪仪中增设气体循环系统及液体循环系统，开展了温度变化的粗粒料风化试验，发现，湿冷干热-耦合循环作用引起了受荷堆石料明显的劣化变形。因此，有必要通过精确控制粗粒料的温度与湿度控制研究粗粒料在复杂温、湿度环境下的力学行为。下面介绍作者研究团队研制的温、湿度联合控制的粗粒料大型三轴仪，该三轴仪采用模块化设计思路，主要由加载及量测系统、湿度控制系统、温度控制系统三部分组成。图 2.2.1 为仪器的结构示意图和实物照片。

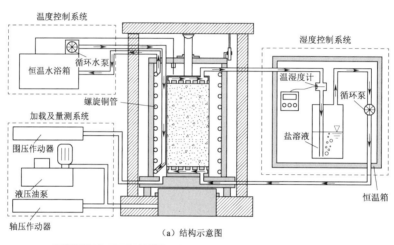

（a）结构示意图

（b）实物照片

图 2.2.1　温、湿控制的粗粒料大型三轴仪

2.2.1　试验仪器的设计开发

2.2.1.1　加载及量测系统

加载及量测系统由反力架、压力室、压力作动器、液压油泵、位移及压力传感器、加

载控制器等部件组成。轴向压力通过轴压作动器结合液压油泵的方式施加，最大轴向荷载可达 2000kN，最大轴向变形可达 250mm。围压通过围压作动器施加，最大压力可达 4MPa。为了完成非饱和条件下粗粒料试样的体变量测，采用外体变量测方法，具体做法是记录压力室内水量变化，通过换算得出试样的体积变化。加载及量测系统所采集的数据均传输至加载控制器，通过采集信息与控制信息对比，再通过控制系统进行调整，形成闭环控制回路。基于 LabVIEW 程序开发环境编写控制及采集软件，可实现恒定应变速率、恒定应力状态等多种加载方式控制。

2.2.1.2 湿度控制系统

饱和盐溶液可以在密闭空间中形成稳定均匀的湿度场，其原理是在特定的温度和压力下，经过溶液的电离和水合作用及水分的蒸发和凝结作用后，饱和盐溶液所在的密闭空间形成了一个三相热力学平衡体系，其上方空气的相对湿度值保持恒定。饱和盐溶液控湿技术的控湿精度非常高，可用于相对湿度计的校准（易洪等，1998）。

Oldecop 和 Alonso（2001）最早将饱和盐溶液控湿技术用于粗粒料试验，具体做法是将恒定相对湿度的空气通入制备好的试样，粗粒料颗粒与湿空气充分接触的条件下会吸附湿空气中的水分，待出口处空气的相对湿度值与进口处相同时，认为达到平衡状态。由于空气的相对湿度受温度影响显著，仅昼夜温差的变化就会引起湿度测量值的波动。

为了保证控湿精度，笔者在 Alonso 的粗粒料控湿方法的基础上进行改进，设计出湿度控制系统，如图 2.2.2 所示，主要由湿度发生装置、气体循环泵、温湿度计、恒温箱等组成。该湿控系统有两大优势：①湿度发生装置及温湿度计均处于恒温环境中，控制精度更高；②对湿度发生装置控温，使通入试样的恒湿空气保持恒温，在控温试验中实现内外兼顾，可大幅缩短温度稳定所需时间。湿度控制系统所用饱和盐溶液利用国际法制计量组织（OIML）所建议的盐类制备（Oldecop et al.，2001），可实现 0～100% 范围内不同湿度的控制。

图 2.2.2　湿度控制系统照片

2.2.1.3 温度控制系统

为了使试样在试验过程中保持温度恒定，设计了温度控制系统，由恒温水浴箱、螺旋铜管、保温罩、循环水泵、温控电磁阀等部件组成。其设计思路是控制压力室内水温度，通过热传导控制试样温度。具体为：利用循环泵驱动恒温介质在压力室内壁上的螺旋铜管内循环，利用压力室内温度传感器反馈回的信息控制循环管道上电磁阀的开启和闭合。压力室外部设置隔热层，用于减少压力室内部与外界环境的热交换。恒温水浴箱分别采用电加热管和制冷压缩机对导温介质进行温度控制，电加热管和压缩机的功率分别为 18kW 和 11kW，温控机组照片如图 2.2.3 所示。温度控制系统可对试样进行快速的升温或降温，设计控制范围 −20～70℃。

图 2.2.3　温控机组照片

2.2.1.4　新研制仪器的技术优势

新研制的仪器具有以下技术优势：试样底座可更换，可实现高 400mm 直径 200mm 及高 600mm 直径 300mm 两种试样尺寸的三轴试验；通过外体变量测系统，可实现非饱和粗粒料试样的体变量测；通过加载的闭环控制，可实现试样饱和及非饱和条件下的三轴剪切试验及三轴流变试验；通过温、湿度控制功能，即可实现恒定温、湿度的常规三轴试验，也可实现湿度循环、温度循环、温湿耦合循环等不同环境因素作用下粗粒料的三轴劣化试验。

2.2.2　温、湿度控制及外体变校正试验方法

为了提高试验效率，增加试验精度，提出了粗粒料湿度快速控制方法、外体变量测的修正方法、粗粒料温控可靠性的检测方法等。

2.2.2.1　粗粒料湿度快速控制方法

该方法采用蒸汽平衡法控湿，其本质是使粗粒料颗粒吸附蒸汽中的水，控湿稳定即颗粒的含水量达到稳定值。由于粗粒料三轴试样的尺寸较大，仅通过通气管道对安装好的试样循环湿空气，颗粒由于与空气的接触面积小，吸湿稳定所需时间长，控湿均匀性差。

为了提升控湿效率，提高控湿均匀性，提出了粗粒料湿度快速控制方法。具体分两个步骤：首先在恒温空间内养护粗粒料颗粒，使颗粒在松散状态下迅速吸水稳定，如图 2.2.4 所示。随后迅速制备试样，再对试样循环恒温、恒湿蒸汽进行二次控湿。在恒温养护阶段，恒湿盒内放置循环风扇会大幅度提升颗粒的吸湿速率，恒温盒放置在恒温箱内会保证盐溶液的控湿精度。

2.2.2.2　外体变量测的修正方法

外体变量测的原理是通过记录压力室内进出水的体积反算得出试样的体积变化。由于

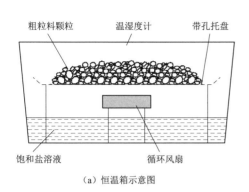

粗粒料颗粒　　　温湿度计　　　带孔托盘

饱和盐溶液　　　循环风扇

（a）恒温箱示意图

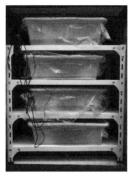

（b）恒湿盒照片

图 2.2.4　恒温、恒湿养护

温度变化会引起试验系统的热胀冷缩变形，施加围压会引起试验系统的膨胀变形。因此，在变温、变压条件下，外体变量测系统记录到的体积变化不仅含有试样的体积变化，还包含变温、变压所引起的试验系统体积变化，即

$$\Delta V = \Delta V_s + \Delta V_{cell,T} + \Delta V_{cell,\sigma_3} \tag{2.2.1}$$

式中：ΔV 为试验过程中记录到的体积变化值；ΔV_s 为试样的真实体积变化；$\Delta V_{cell,T}$ 为由温度变化所引起的试验系统体积变化；$\Delta V_{cell,\sigma_3}$ 为由压力变化所引起的试验系统体积变化。

在利用所研制的仪器开展试验研究前，需开展外体变量测系统的标定试验，标定出 $\Delta V_{cell,T}$ 及 $\Delta V_{cell,\sigma_3}$。

这里重点关注 5～55℃ 变温幅度引起的系统体变 $\Delta V_{cell,T}$，以及 5℃、30℃、55℃ 恒温条件下加压引起的系统体变 $\Delta V_{cell,\sigma_3}$。标定试验在压力室内充满水（不安装试样）的条件下进行，为了检验变温及加压是否会引起试验系统的不可恢复变形，标定试验以循环变温及加卸载的方式进行。

变温对系统体变影响的标定试验在不施加围压的条件下进行，以 5℃ 的变温幅度逐级变温，按照室温（25℃）→55℃→5℃→25℃ 的变温路径经历一个变温循环。记录每级温度稳定后的体积变化值 ΔV_1。加压对系统体变影响的标定试验分别在 5℃、30℃、55℃ 三个不同温度下开展，以 200kPa 的变载幅度逐级变载，从初始状态加载至 1600kPa 后再卸载至初始状态，完成一个加卸载循环，记录每级荷载稳定后的体积变化值 ΔV_2。

由于标定试验是在未安装试样的条件下进行的，因此标定试验中记录到的体积变化与试验系统的体积变化有如下关系：

$$\Delta V_{cell,T} = \Delta V_1 - \Delta V_{w,T} \tag{2.2.2}$$

$$\Delta V_{cell,\sigma_3} = \Delta V_2 - \Delta V_{w,\sigma_3} \tag{2.2.3}$$

式中：ΔV_1 为变温过程记录到的体积变化值；$\Delta V_{w,T}$ 为变温前后与试样同体积水的体积变化，可以计算得出；ΔV_2 为加压过程记录到的体积变化值；$\Delta V_{w,\sigma_3}$ 为加压前后与试样同体积水的体积变化，由于水的压缩系数很大，可以近似认为 $\Delta V_{w,\sigma_3} = 0$。

按照高 400mm、直径 200mm 的圆柱体试样尺寸处理数据，绘制系统体积变化 $\Delta V_{cell,T}$ 随温度变化曲线，如图 2.2.5 所示；系统体积变化 $\Delta V_{w,\sigma_3}$ 随围压变化曲线，如图 2.2.6 所示。从图 2.2.5 和图 2.2.6 中可以看出，升、降温曲线几乎是重合的，加、卸载曲线也几乎是重合的，这说明变温及变压所引起的系统不可恢复变形较小。在实际应用时，$\Delta V_{w,T}$ 的值参考升温曲线及降温曲线的平均线，根据实际的变温幅度插值得出，$\Delta V_{w,\sigma_3}$ 的值参考对应温度下加载及卸载曲线的平均线，根据实际施加的压力值插值得出。

2.2.2.3　粗粒料温控可靠性的检测方法

控制温控系统的温度传感器只能设置在试样外部，试样内部的温度是否能够达到设定值及何时达到设定值不得而知。由于试样温控的精度及均度直接影响温控试验的结果，因此必须检测试样的温控效果。

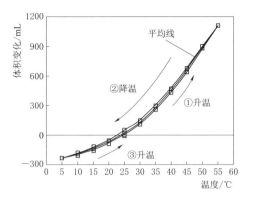

图 2.2.5　温度变化引起的系统体积变化

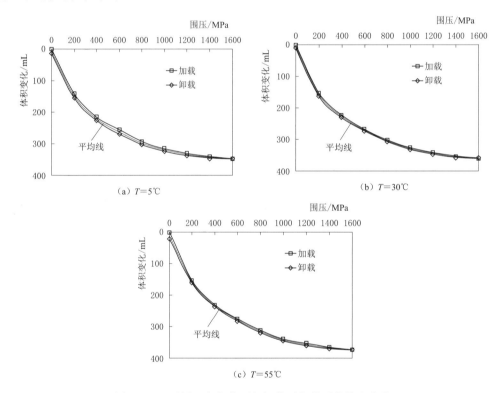

（a）$T=5℃$

（b）$T=30℃$

（c）$T=55℃$

图 2.2.6　不同温度条件下加卸载引起的系统体积变化

这里重点关注试样尺寸为高 400mm 直径 200mm 时，5～55℃温控范围内试样的温度效果。将可移动式的温度传感器埋设在试样的顶部及底部，开启温度控制系统，设置目标温度为 55℃，待控温稳定值后，再降温至 5℃，记录试样内不同位置的温度及压力室温度随时间的变化曲线，如图 2.2.7 所示。

从图 2.2.7 中可以看出，不论控制高温还是低温，随着时间的推移，试样顶部及底部的温度均可达到设定的目标，上下温差小于 1℃，这表明温控系统的控温精度高，控温均匀性较好。在实际应用时，待压力室温度达到目标温度后，应放置8h以上再开始试验。

2.2.3 温、湿度控制的加载与流变试验

应用新研制的粗粒料劣化三轴仪开展温、湿度影响的粗粒料三轴剪切及流变试验，验证该仪器的稳定性。试验所用粗粒料是粉砂质千枚岩粗粒料，取自江西省莲花县寒山水库，颗粒比重是2.64。其母岩单轴抗压强度平均值为39MPa，软化系数平均值为0.63，物理性质较差。粗粒料颗粒的最大粒径为40mm，级配曲线见图2.2.8；试样尺寸为高400mm直径200mm，在自然风干状态下制备试样，制样密度为1.83kg/cm³，制样步骤按照《土工试验方法标准》（GB/T 50123—2019）的相关规定进行。

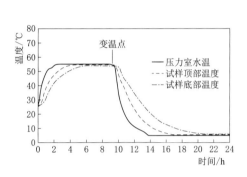

图2.2.7 温度随时间变化曲线

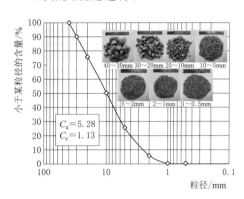

图2.2.8 试验材料的级配曲线

2.2.3.1 温、湿度影响的粗粒料三轴试验

温、湿度影响的粗粒料三轴剪切试验均在800kPa围压下开展，试验剪切速率控制为1mm/min（0.25%/min），剪切应变达到20%时停止剪切。温控试验所用试样均为饱和样，试验温度分别控制为5℃、30℃及55℃；湿控试验所用试样为非饱和样，控制试样温度为30℃，利用饱和NaCl溶液（$RH=75.09\%\pm0.11\%$）及饱和$MgCl_2$溶液（$RH=32.44\%\pm0.14\%$）控制试样的湿度。

图2.2.9和图2.2.10分别为温控和湿控三轴剪切试验结果，其中在图2.2.10中加入30℃时饱和样的结果与两个非饱和样结果一同对比。从图2.2.9和图2.2.10中可以看出，随着温度及湿度的升高，粗粒料的剪切强度降低，剪缩变形量增大。

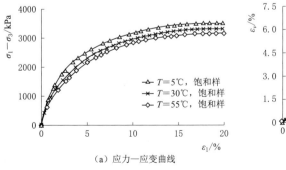

（a）应力—应变曲线

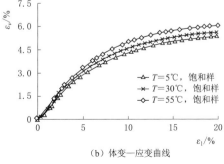

（b）体变—应变曲线

图2.2.9 温控三轴剪切试验结果

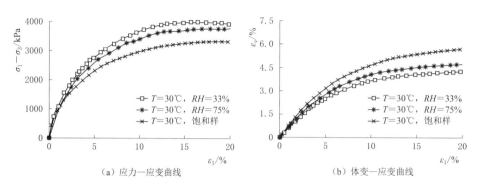

图 2.2.10　湿控三轴剪切试验结果

2.2.3.2　温、湿度影响的粗粒料三轴流变试验

温、湿度影响的粗粒料三轴流变试验在三轴剪切试验的基础上开展，其对应的围压及环境工况与三轴剪切试验相同。试验过程是先以 1mm/min（0.25%/min）剪切速率剪切至规定的应力水平（$s=50\%$），随后开启等应力剪切模式，在切换剪切模式的瞬间开始记录流变变形，待流变至第 5 天时停机。

图 2.2.11 和图 2.2.12 分别为温控和湿控三轴流变试验结果，其中在图 2.2.12 中加入 30℃时饱和试样的结果与两个非饱和试样结果一同对比。从图 2.2.10 和图 2.2.12 中可以看出，随着温度及湿度的升高，粗粒料流变变形发展得更快，流变变形量更大。

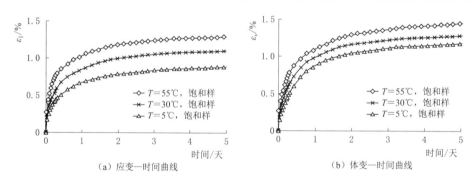

图 2.2.11　温控三轴流变试验结果

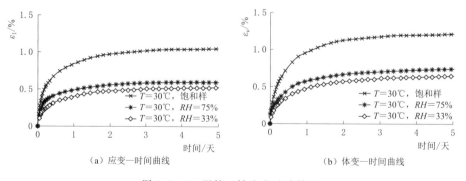

图 2.2.12　湿控三轴流变试验结果

2.3　温、湿度控制真三轴仪

在土石坝建设和蓄水过程中，筑坝料经受了极其复杂的应力状态的变化。目前有关筑坝料的静力学特性主要采用常规三轴试验进行研究，但常规三轴试验只能模拟两个主应力相等的应力状态，无法考虑中主应力的影响。而在实际工程中筑坝料所受3个主应力一般并不相等，处于三向受力状态，与常规三轴条件相差很大，相应的真实力学特性与常规三轴试验得出的结果有明显的区别。目前建立的筑坝料本构模型多基于常规三轴试验资料，如推广到三维情况，需要真三轴试验资料进行验证。2.2节中介绍的温、湿度控制常规三轴仪无法模拟三向真实应力，基于研发温、湿度控制系统的实践经验，笔者研究团队进一步自主研发了温、湿控制真三轴仪。

2.3.1　仪器组成

温、湿度控制真三轴仪由大主应力和中主应力加载框架、恒温压力室、大主应力伺服加载及控制系统、中主应力伺服加载及控制系统、小主应力伺服加载及控制系统、高低温控制系统、湿度控制系统、试验软件及计算机、打印机、辅助设备（制样模具、装样附件、乳胶膜、硅油、真空泵、冰柜等）、封闭式操作间组成。其设计示意图和实物图如图2.3.1所示。其中，大主应力和中主应力均使用双油缸加载，动力源由伺服电机提供，伺服电机减速驱动滚珠丝杠螺母，推动油缸前进或后退，可以实现等应力等应变方式的加载。大主应力上下布置两个相同的油缸保证在加载过程中试样的中心轴线不变。小主应力使用油缸加载，动力源由伺服电机提供，伺服电机减速驱动滚珠丝杠螺母，推动油缸前进或后退，可以实现等压力加载，测定进出压力室的液体量。其中大小主应力为内置水下载荷传感器，直接测量上下、左右载荷，减少活塞之间的摩擦阻力。该温、湿度控制真三轴仪的主要规格与技术参数见表2.3.1。

表 2.3.1　　　　　　　温、湿度控制真三轴仪的主要规格与技术参数

项　目	规格与技术参数	备　注
竖向载荷	量程：1000kN	刚性加载，伺服电机控制液压加载
	精度：±1.0％FS	
侧向荷载	量程：500kN	刚性加载，伺服电机控制液压加载
	精度：±1.0％FS	
小主应力	量程：10MPa	围压加载方式，伺服电机控制液压加载
	精度：±1.0％FS	
变形量测	竖向位移：0～100mm；分辨率：0.01mm	
	侧向位移：0～100mm；分辨率：0.01mm	
	围压体积：>15L，测量精度±0.5％FS	
温度控制	温度范围：-25～70℃，精度：±0.5℃	导热介质：硅油
	恒温冷、热浴的容量：>50L	

续表

项　目	规格与技术参数	备　注
湿度控制	范围：5～100%RH	饱和盐溶液法
	精度：±3%	
加载框	主应力方向载荷能力：1500kN	极限载荷下变形不大于 1/1000，焊接质量不低于 1 级
	中主应力方向载荷能力：1500kN	
试样规格	长 30cm、宽 15～30cm、高 30～50cm	适用于堆石、黏土等土料的各种尺寸

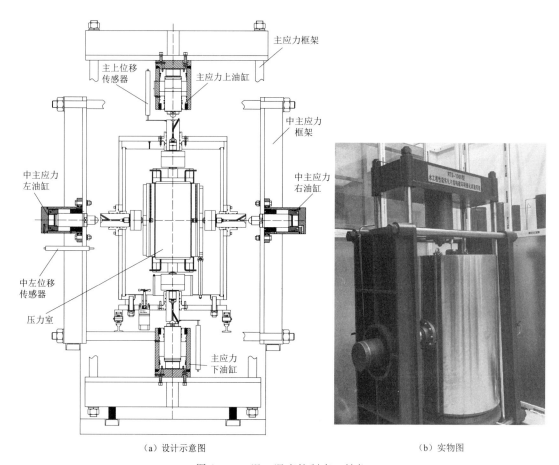

（a）设计示意图　　　　　　　　（b）实物图

图 2.3.1　温、湿度控制真三轴仪

2.3.2　主要功能

（1）能够用于复杂应力和环境条件下筑坝料的静力特性试验；能够用于研究复杂运行环境下筑坝料长期力学特性演变规律。

（2）实现筑坝料在干湿、温度变化条件下在固结压力下的一维压缩试验；实现筑坝料在三向应力作用下剪切强度及变形的测量；实现筑坝料在三向应力作用下蠕变性能测试；实现筑坝料在三向应力、劣化环境作用下强度和变形测试。

（3）计算机软件按照试验要求控制大主应力、中主应力和小主应力，测定三个方向的变形情况，能够进行复杂应力条件下筑坝料的强度变形特性试验，包括但不限于：等 σ_3 等 b 试验、等 p 等 b 试验、等 p 等 q 试验、平面应变试验、单向加载试验，同时具备自定义应力应变加载功能，以及流变性能测试；提供温度及湿度控制装置，满足研究复杂环境及应力条件下的材料特性的变化规律，包括但不限于：控制湿度和温度的不同应力路径下三轴剪切和流变试验。

2.3.3 温、湿度控制系统

温、湿度控制是该真三轴仪区别于常规真三轴仪的显著特色。仪器采用硅油作为导热介质，试验温度控制范围为 $-25\sim70℃$，精度为 $\pm0.5℃$；湿度调节范围为 $5\%\sim100\%$ RH，精度：$\pm3\%$。下面对其温湿度控制系统进行简要介绍。

2.3.3.1 高、低温控制系统

温度控制示意如图 2.3.2 所示。高温换热介质采用水，低温换热采用 95% 的酒精。使用低温（恒温）搅拌反应浴作为高低温源，该反应浴储液槽容积为 50L，使用温度 $-30\sim99℃$，内置循环泵。高低温控制系统采用全闭环控制系统。闭环控制温度，系统精度满足技术指标要求，温度传感器采用 PT100。温度控制系统接受上位机指令，回传数据并按指令要求控制。此外，采用翅片换热器增加换热面积，提高换热效率，换热器的换热面积不小于 $1m^2$；为了提高压力室内温度的均匀度，设置两组电机搅拌装置。在压力室侧面、上下面设置高性能保温材料；同时利用搅拌电机，提高压力室内的温度均匀度。

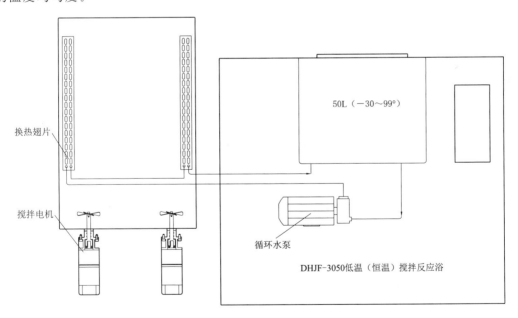

图 2.3.2 温度控制示意图

2.3.3.2 湿度控制系统

湿度控制系统采用饱和盐溶液蒸气作为介质，蠕动泵作为循环的动力源，控制试样湿度在设定的范围，盐溶液的容积为 30L。湿度控制示意图如图 2.3.3 所示。湿度控制系统

采用 LFC－200 全闭环控制系统，与温度控制系统共用一个控制系统。闭环控制湿度，系统精度满足技术指标要求。湿度控制系统接受上位机指令，回传数据并按指令要求控制。

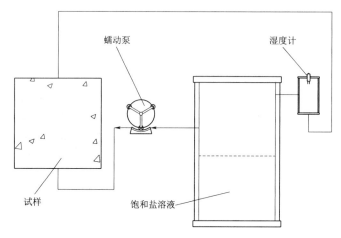

图 2.3.3 湿度控制示意图

2.4 低温冻土三轴仪

随着高寒高海拔地区土石坝工程的持续建设，寒冷条件对筑坝料工程特性的影响正变得越来越重要。然而普通的三轴仪不具备开展低温试验的能力，必须附加低温控制系统才能达到试验目的。通常有两种方式来实现三轴仪的负温环境：一种是利用制冷装置来控制压力室的温度；另一种是利用防冻液来控制温度。这两种方式存在制冷效率低和受环境温度影响大的缺点。本书研制的可控温度三轴试验机采用外部环境控温和压力室内部冷却液联合控温的方法，通过大功率恒温房的气体制冷装置来控制室内温度，三个液体制冷装置来控制压力室内试样顶部、底部和中部的温度。这种制冷方式可精确地控制试验温度（加载前 ±0.05℃，加载时 ±0.1℃），开展筑坝料在低温条件下的力学强度特性试验。

2.4.1 仪器组成

所研制的低温冻土三轴仪置于河海大学冻土试验室的恒温房内，恒温房规格为 4m×3.5m×2.8m、控温范围为 −30～30℃、控温精度为 ±0.1℃、控温均匀度为 ±0.5℃，恒温室在试验前设置一个较低温度，减小仪器外部环境与低温三轴仪压力室温度的温差，可显著提高试样的控温速率和精度。低温冻土三轴仪的最大轴压为 100kN，最大围压为5MPa，试验过程由计算机全自动控制，轴向变形通过轴位移变化由轴压系统自动量测，试样体积变化通过压力室油量变化由围压系统直接量测。压力室温度由 3 台冷浴控制，温度波动小于 ±0.1℃。该仪器主要由加载系统（轴压和围压系统）和温度控制系统组成，各部分组成如图 2.4.1 所示。

（1）轴压系统。试验机的轴压系统包括主机、轴向加载框架、轴向控制器等组成。轴向加载框架由四立柱、滚珠丝杠、伺服电机、同步带减速机构、移动横梁、试验力传感器

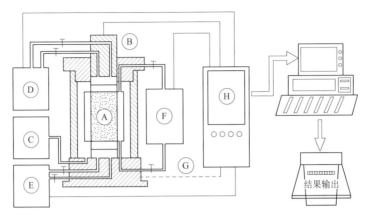

（a）示意图

（b）实物图

图 2.4.1　低温冻土三轴试验机

Ⓐ—三轴圆柱试样；Ⓑ—轴压加载系统；Ⓒ—围压加载系统；Ⓓ—上端温控系统；

Ⓔ—下端温控系统；Ⓕ—周围温控系统；Ⓖ—温度测量电路；Ⓗ—自动控制中心

等组成，该结构型式可保证轴向加载的稳定性、控制的精确性、测量的准确性和操作的便捷性。轴向控制器采用德国 DOLI 公司原装进口的全数字伺服控制器，具有分辨率高、控制精度高、无漂移、故障率低、控制方式的无冲击转换和故障自诊断等特点。轴向可以实现力控制、位移控制和试样的变形控制。

（2）围压系统。试验机的围压系统包括三轴压力室、围压加压装置和围压控制器等。围压加压装置采用伺服电机系统；压力室采用自平衡压力室，具有装卸试样方便、直接量测试样变形的特点。压力室在加载轴压（或围压）时围压（或轴压）不会变化，两者互不影响，可保证试验的精确性。压力室内有制冷交换装置，以进行压力室的温度控制，压力室的试样上下压板中均通有制冷液进行温度控制。围压控制器也采用了德国 DOLI 公司原装进口的全数字伺服控制器进行控制。

（3）温度控制系统。温度控制系统主要由温度源和温度控制器组成。温度源由杭州雪中炭恒温技术有限公司生产，共有三台液浴装置，分别为压力室内试样的上压帽、下底座和试样周围提供温度源。温度控制器由厦门宇电有限公司生产，可以分别调节低温和高温控制，并实现温度的自整定功能。

2.4.2　仪器工作原理

试验机的工作原理是通过轴向系统对试样施加轴向试样力，通过压力室对试样施加围压，同时通过温度控制系统使试样的上、下端面、试样中部分别处在不同的温度环境下，从而模拟试样的冻结、冻融等多种工作状态。

（1）加载系统。该系统有一个可承受 30MPa 围压的密封钢制压力单元。在该单元里，硅油可降低液体在低温中的黏度，还可以避免腐蚀试验中密封试样的橡皮薄膜。围压通过活塞将硅油压入油缸的方式施加在试样上。轴压通过一个淬火钢活塞施加在试样上。该活塞通过两个 O 形密封环进入压力室的顶部，这两个 O 形环密封着底盘和压力室的节点。径向和轴向活塞的位移通过伺服电机旋转的角度来记录，这个角度将会通过外部数字控制器转化为距离。轴向压力依托测力传感器来监测，同时径向和孔隙水压力（对于未冻结土）采用两个压力传感器来监测。全数字伺服控制器（德国 DOLI 公司制造，四个控制循环，可单独控制径向和轴向的应力应变）使得数据采集和实验仪器闭合线路能够实现自动控制。

（2）温度控制系统。仪器使用了一个大功率空调来维持实验室温度在 22℃ 左右，这可以防止实验室温度波动对温度控制精度的影响，也可以让实验员在一个舒适的环境中工作。三个制冷装置可以控制试样顶部、底部和周围的温度，考虑到由于室内温度和管道的热影响所产生的制冷损失，制冷室中的温度将比目标温度低。根据在室内温度为 22℃ 时的经验，每一个目标温度都与一个实际制冷室温度相对应。在加载之前，为了使试样温度稳定，目标温度需持续 4h，并将三个温度传感器（一种由冻土工程国家重点实验室专门为冻土试验研制的特殊热敏电阻）分别安装在试样的顶部、底部和中部。这些传感器监测着相应位置上的温度并将测量值传给温度控制器。每一个温度控制器有一个单回路，控制器可以自动控制电磁阀并调整冷却液的流动来控制个别位置上的温度。另外，在压力室中，硅油对温度波动也有一个缓冲作用。因此压力室中的温度波动将比没有加载时的制冷装置中的小。

2.4.3　仪器功能

低温三轴仪的主要功能是在设定的温度条件下进行三轴剪切试验，以探究温度因素对试样强度变形特性的影响，可模拟土样的冻结、冻融等多种实际工况。此外，可以通过轴向和径向加载活塞的位移精确地计算出体积变化。本仪器主要针对低温条件设计的三轴仪，不仅适合做传统的三轴试验，更适合对冻土力学特性进行试验研究，当采用酒精作为温度循环工质时，既可以进行低温状态的模拟，也可以进行一定范围内的正温控制。

本仪器可以实现以下多种控制：①轴向的恒速率试验力控制、恒试验力控制（蠕变试验）、恒速率位移控制、恒位移控制、恒速率变形控制、恒变形控制（松弛试验）；②围压的恒速率加压控制、恒围压控制、恒速率径向变形控制、恒径向变形控制；③试样上、下端面和中部同温控制，试样上、下端面和中部不同温控制；④三轴及单轴的动态试验。

仪器主要性能参数指标如下。

（1）最大轴向试验力 100kN，测量分辨率 1N，精度 $\pm 1\%$；最大围压 30MPa，测量分辨率 0.3kPa，精度 $\pm 1\%$ FS。

（2）轴向变形测量范围 0～25mm，测量分辨率 0.0002mm；径向变形测量范围 0～15mm，测量分辨率 0.0001mm；变形测量精度精度 $\pm 0.5\%$ FS。

（3）温度控制范围 $-40\sim 30$℃（酒精为循环工质），分辨率 0.01℃，精度 ± 0.1℃。

（4）位移范围 0～300mm，测量分辨率 0.001mm，精度 $\pm 0.5\%$ FS。

（5）孔隙水压力测量范围 0～2MPa，精度 $\pm 1\%$ FS。

（6）试样尺寸：直径 61.8mm、高 125mm 和直径 100mm、高 200mm 的圆柱体。

本书第 3 章关于筑坝掺砾黏土低温特性方面的试验，依托该仪器开展，因此关于仪器的详细测试方法和相关应用在此不再赘述。

第 3 章　筑坝掺砾黏土工程特性

本章首先回顾当前筑坝掺砾黏土在压实特性、强度特性及渗透特性等方面的研究进展，然后结合笔者近年来在心墙坝筑坝料工程特性方面开展的研究，重点对寒冷条件下筑坝掺砾黏土的工程特性进行阐述。

3.1　掺砾黏土工程特性概述

3.1.1　压实特性

目前，关于掺砾黏土压实特性的研究主要集中在击实仪器研发、击实方法改进、压实机理探究及现场压实质量控制等方面。

针对掺砾黏土中存在较大粒径的砾石，常规的小型击实仪无法满足要求，重型击实仪又存在用料多、耗时等特点，Chinkulkijniwat 等（2010）研发了一种省时、高效的小型击实装置，建立了统一的细料最优含水率与砾石含量的关系，有效地预测了砾石土的标准击实特性。任金明（2002）对传统的三点击实法进行了改进，即快速测定含水量与将测定全级配土料的压实度改为测定小于 5mm 土料的压实度，采用该方法对含砾量变化较大的满拉工程掺砾心墙土料进行了压实质量控制，取得了较好的效果。

室内试验方面，李锡林和董艳萍（2009）开展了不同掺砾量的掺砾土进行击实试验，以 20mm 作为粗细料分级粒径，研究了不同击实参数下掺砾土全料及细料的击实性能。试验结果表明：掺砾土全料最大干密度及相应细料部分的干密度均随掺砾量增加呈现先增后降的变化规律；细料最大干密度随掺砾量增加而增加，但没有明显峰值；掺砾土全料及细料最优含水率均随掺砾量增加大致线性降低。费康等（2015）采用室内重型击实试验对含砾黏土的压实特性进行了分析，结合 CT 断层扫描研究材料整体干密度、最优含水率及黏土的压实程度与掺砾量、含水率等因素之间的关系。结果表明：掺砾量较低时砾粒与黏土之间就已出现粒间空隙；含水率较高时，这些空隙及黏土孔隙中的水在击实过程中难以排出，同时水还阻碍了封闭气泡的逸出，造成黏土的压实效果明显降低；随着含砾量的增加砾粒逐渐起到骨架作用，减小了作用在黏土上的击实能量，使得黏土的压实程度差于纯黏土。此外，对某些特殊土掺砾后工程特性的研究也如火如荼，例如，吕海波等（2015）对三种不同级配的红黏土开展了击实和加州承载比（CBR）试验，讨论了不同粗粒含量和含水率对其填筑性能的影响。结果表明：天然红黏土颗粒组成中砾粒和粉粒含量较多，不同级配的压实土处于最优含水率时，其 CBR 均为最大值，浸水后 CBR 值有不同幅度的下降，但均趋向一个稳定的值；饱和度较高时，其工程特性主要受土中的黏粒及具有黏粒特性的粉粒级团粒结构所控制，增加粗粒组（大于 0.5mm）含量不能提高泡水后 CBR 强度及改善水稳定的范围，不能起到类似于掺加粗颗粒对土性改良的效果。Rücknagel

等（2013）将黏土、淤泥质壤土和砂质壤土三种细料与石英砾（形状选取：圆砾和尖砾）按 $0\sim40\%$ 的不同掺比混合，探究粗砾含量和形状对混合土压实特性的影响。试验结果表明：当掺砾量处于 $15\%\sim20\%$ 时，砾石形成骨架，抑制了黏土被继续压实，且大幅度提高其前期固结应力；对于高掺砾量，需要考虑压实破坏的敏感性；而当掺砾量小于 10% 时，砾石含量对压实的影响很少考虑；颗粒形状对于前期固结应力的影响未明，还有待进一步探索。此外，有些学者还尝试对掺砾土进行改性以提高其压实性能，如王腾等（2013）通过室内试验，通过轻型和重型击实试验研究了添加减水剂后两种宽级配砾质土试样的压实特性，研究表明添加减水剂的土样可以在较小的击实功下得到较大的干密度，并在一定程度上降低最优含水率。

在开展室内压实试验的同时，一些学者尝试建立概念模型来解释不同掺砾量情况下掺砾土的压实状态和压实机理。例如，Wickland 等（2006）研究了废矿岩石和矿渣混合料的流变和压缩特性，并建议了一个弹簧模型来预测岩石和细料矿渣混合物的压缩特性。Monkul 和 Ozden（2007）开展了重塑高岭土-砂土混合土的一维压缩试验。试验表明：初始条件、细料百分比和应力条件显著影响混合土的压缩特性，在临界细料含量之前，压缩特性主要由砂土控制；当高岭土含量超过临界含量之后，由高岭土控制着整体压缩行为，临界细料含量为 $19\%\sim34\%$。

此外，许多学者结合实际土石坝工程的筑坝料，开展了现场掺砾料的压实特性研究。例如，陈志波等（2008）对糯扎渡堆石坝心墙料进行了重型击实试验，发现随掺砾量的增大，最大干密度先升后降，击实后颗粒破碎逐渐增大。马洪琪等（2013）则针对糯扎渡心墙坝工程提出以压实度为控制指标，现场对填筑体试坑中的细料进行三点击实压实度快速检测，研发了直径 $600mm$ 的超大型击实仪，实现全料压实度复核。王小二（2009）介绍了双江口水电站大坝心墙料采用粉质黏土与花岗岩破碎料按重量比 $50\%：50\%$ 比例掺合，能够满足心墙料强度和防渗要求。高鹏和吴世勇（2012）对两河口水电站 $300m$ 级心墙坝掺砾黏土防渗料进行了击实和力学性能试验，发现随着掺砾比增大，心墙防渗料的最大干密度逐渐增大，最优含水率逐渐减小，掺砾比为 40% 的心墙防渗料的变形和强度性质较好，临界水力梯度最高。徐亮和宋建坤（2014）则介绍了两河口水电站心墙料掺砾工艺研究及现场碾压试验，建议填筑质量控制标准采用全料或细料压实度和全料含水率作为控制标准。刘勇林等（2014）针对毛尔盖水电站大坝心墙料场砾石土与黏土均不能单独作为心墙料且天然含水率低于最优含水率的情况，通过室内掺配试验确定砾石土与黏土掺配比例为 $5.5：4.5$，并通过检验 P5 含量和含水率及碾压试验进行压实性验证。

从上述研究的综述中可以看出，尽管在击实仪器研发和击实方法改进、室内压实机理试验、现场掺砾料压实特性研究与实践等方面已经对掺砾黏土开展了不少研究，但上述研究内容主要是围绕常规环境下的压实特性，目前还没有对掺砾黏土低温压实特性的探究。

3.1.2 强度特性

关于掺砾料强度变形特性的研究主要涉及静力和动力两个方面。诸多学者利用落锤贯入、压缩、直剪和三轴等试验手段对其强度变形特性开展了大量的研究工作，下面从试验方法角度对国内外研究现状进行总结。

落锥贯入试验是一种快速、有效测试黏性土不排水强度的方法（Koumoto et al.，2001），早期在掺砾黏土混合料的强度测试方面有一定的应用。例如，Tan 等（1994）研究了掺砂砾对超软黏土强度的影响，采用降锥法和贯入试验法快速测量混合料抗剪强度，对于试验所测的泥浆，如果砂砾掺量很小，掺入的砂砾"悬浮"在泥浆中并不增加强度，混合料可以看成是泥浆流体在砂砾集合的孔隙中流动，当砂砾的孔隙比为 5.0 时强度显著增加。除了应用于超软黏土，Kumar 和 Wood（1999）对高岭土和细砾石混合物也开展了落锤贯入试验和压缩试验。落锤贯入试验简单、快捷，尤其适用于现场原位快速检测，一定程度上反映土的摩擦强度，但无法反映土体剪胀性的贡献。Kyambadde 等（2012）采用常规圆锥下降试验和准静态锥贯入试验来确定掺砾黏土的塑性指标，结果表明：高塑性黏土和细粒砾石混合料的塑性在掺砾量小于 50% 时随着掺砾量线性变化，采用该方法可以直接得到掺砾黏土混合料的塑性指标，而不需要剔除粗颗粒进行测量。

一些学者采用直剪试验研究掺砾混合土料的强度变形特性。例如，Simoni 和 Houlsby（2006）开展了 81 组大型直剪试验探究砂-砾混合料的强度和剪胀特性，试验揭示了强度和密度的关系，分析了摩擦和剪胀的贡献，并与剪胀理论和经验公式进行了比较，结果表明很小比例砾石的加入也会引起峰值摩擦角的增大。Xu 等（2011）基于数字图像处理技术定量分析土石混合料土石占比与分布，开展了混合料大型直剪试验，发现随着砾石含量的增加，剪切带增大，当掺砾量处于 25%～70% 时，内摩擦角随着掺砾量线性增加。Li 等（2013）为研究砾石形状对黏土-砾石混合料强度的影响，开展了高岭土和砾石颗粒（粒径范围为 2～15mm）混合料的大型直剪试验，砾石含量为 40%、70% 和100%，砾石选取玻璃珠、河卵石和花岗岩碎片三种类型，试验结果表明：增加砾石含量可以同时增加峰值和常体积摩擦角；颗粒对称度（延长率）和表面平滑度（凸度）对特征摩擦角有着重要的影响，增加凸度可以减小常体积摩擦角但增加峰值摩擦角，增加延长率可以增加常体积摩擦角但是减小峰值摩擦角。

上述直剪试验研究主要报道了常温环境下掺砾黏土的强度变形特性，对于低温冻结和冻融作用的影响也有相关学者开展了系列研究。例如，祁长青等（2016）则对冻结土石混合料开展了直剪试验，研究了温度、含冰量和法向应力对冻结土石混合体剪切特性的影响，发现抗剪强度随温度下降呈指数型增长，当温度高于 −5℃ 时，抗剪强度增加速率很快，当温度低于 −5℃ 时，抗剪强度仅有微小增加；在 −5℃ 时，抗剪强度随着含冰量的增加先增大后减小，最大值出现在含冰量为 11% 附近；冻结土石混合体的抗剪强度随着法向应力的增加而增大，但在高法向应力下，其塑性增强。王红雨等（2015a）和朱洁等（2016）用直剪仪测定了防渗垫 GCL 与宽级配砾石土（保护层）之间的抗剪强度，分析了两者接触面抗剪强度与冻融循环次数的关系及其变化规律。结果表明：接触面抗剪强度随冻融循环次数的增加而减小；相同冻融温度下，接触面抗剪强度随 GCL 含水率的增大而减小；随着冻融循环次数增加，接触面的黏聚力逐渐下降，内摩擦角有减小趋势，但降幅较小；宽级配砾质土与 GCL 接触面强度大于黏土与 GCL 接触面强度。

目前，大多采用常规三轴压缩试验对掺砾黏土强度变形特性进行研究。例如，卢廷浩和钱玉林（1996）针对瀑布沟土石坝宽级配土心墙料开展了常规三轴压缩、等应力比和应力路径转折试验。Jafari 和 Shafiee（2004）对高岭土-砾石和高岭土-砂混合物进行了三轴试验，研究了其单调和循环加载特性，探究砾石对其力学性能的影响。朱俊高和闫勖念（2005）对糯扎渡心墙掺砾黏土料进行了 0％、35％和 45％三种不同掺砾量条件下的非饱和三轴试验，以研究掺砾对心墙料的强度和应力应变性质的影响，建议了一种既考虑黏聚力、又考虑强度非线性指标的非饱和掺砾黏土邓肯-张模型参数整理方法，可用于总应力有限元分析。张丙印等（2005）采用室内中型三轴试验对糯扎渡心墙砾石土料的变形特性进行了研究，结果表明，采用掺入 35％花岗岩碎石的风化混合土料作为心墙防渗土料是合适的，掺入的碎石料可显著提高心墙土料的变形模量，有利于减少心墙和堆石体的不均匀沉降和拱效应，防止心墙发生水力劈裂。陈志波等（2010a，2010b）对某宽级配砾质土进行了中型和大型三轴固结排水剪试验，研究了不同试样干密度、掺砾量下宽级配砾质土的强度、应力应变特性及邓肯-张模型参数，并对中三轴与大三轴 2 种不同尺寸试验结果进行了分析和对比；对某土石坝工程的宽级配砾质土进行了三轴等应力比应力路径试验，分别模拟了土石坝施工填筑期及蓄水期可能的应力路径，研究了宽级配砾质土在复杂应力状态下的应力应变特性。罗仁辉等（2011）对金沙江塔城黏土心墙堆石坝工程的掺砾黏土料进行了大型压缩、中型三轴试验，结果表明：黏土料在掺砾后其物理力学性能指标发生很大变化，当掺砾比例在 60％时，掺砾黏土料具有低压缩性和较高的抗剪强度，可以用作大坝心墙防渗料。李云清（2015）结合我国某在建 300m 级心墙堆石坝，研究了掺砾黏土的静、动力特性，建议了卸载模量与加载模量的关系，建议掺砾黏土在有限元计算中采用广义塑性模型。杨俊等（2015）在红黏土中掺入 10％、20％、30％、40％、50％的天然砂砾，分别进行 CBR 值、回弹模量值、无侧限抗压强度值、抗剪强度指标试验。结果表明：随着掺砂量的增加，CBR 值和回弹模量值均增大，而无侧限抗压强度则先逐渐增大后逐渐减小，30％掺砂量时，无侧限抗压强度最大；随着掺砂量的增加，黏聚力逐渐减小，内摩擦角逐渐增大，抗剪强度先增大后减小，30％掺砂量时，抗剪强度达到最大值。

此外，除了常规三轴压缩试验，也有学者采用真三轴试验来研究掺砾黏土的强度变形特性。例如，张坤勇等（2010）采用新型真三轴仪器对掺砾黏土进行了复杂应力条件下加载试验，近似模拟了土石坝填筑期心墙土体单元的加荷过程。结果表明：由于土体单元处于复杂应力状态，即使是单向加载这样简单的加荷应力路径，在不同应力方向上的应力和变形也都呈现显著的应力各向异性。

坝体长期变形和变形协调问题是高土石坝关注的重要问题，因此掺砾黏土的蠕变（流变）特性也受到了特别关注。例如，王琛等（2011）开展了不同围压和应力水平下的三轴排水蠕变试验，掺砾量为 30％、40％、50％和 70％，试验围压 50～200kPa，应力水平 0.21～1.0。结果表明：蠕变变形随应力水平和围压的增大而增大，随掺砾量的增加而减小。赵娜等（2015）对掺砾黏土样进行了大型三轴流变试验，结果表明掺砾黏土蠕变量与时间呈现较好的幂函数关系，蠕变量较低，说明掺砾改善了土样的工程性状。

对于低温冻结条件下冻结黏土-石英砂混合物的强度变形特性，近年来有学者相继开展了试验研究。例如，Liu 等（2019）开展了冻结粉质黏土和石英砂砾混合料的三轴压缩试验，控制混合料的干密度一定，制备不同掺砾量的混合料试样，试验温度为 -6℃、-10℃和 -15℃，围压控制为 0.3～15.0MPa。结果表明：随着掺砾量的增加，冻结混合料的强度先减小后增加，体变（剪胀和剪缩量）随着围压的增大而减小，所有试样在剪切过程中均表现为应变软化。Hou 等（2018）开展了冻结粉质黏土和石英砂砾混合料在0.3MPa 围压、−10℃下的三轴蠕变试验，设计了 0％、20％、40％和 60％四种掺砾量。试验结果表明：当应力水平较低时，试样表现出衰减型蠕变；当应力水平较高时，表现为非衰减型蠕变；初始剪切模量和屈服强度随着掺砾量的增加逐渐增大，但是长期强度呈现相反的规律。

　　抗拉强度也是掺砾黏土的一个重要力学性质，其与土体裂缝、坍塌、土石坝心墙水力劈裂等工程问题都有着密切的关系。为了研究掺砾黏土的抗拉强度特性，一些学者开发了断裂、拉伸等模具进行试样的剪切断裂和单轴拉伸试验。比如，胡骏峰（2015）使用土体剪切断裂韧度测试仪，在掺入不同粒径大小的砂砾和不同含量砂砾的情况下，探究对土体剪切断裂韧度值的影响。结果表明：剪切断裂韧度值随着掺砂量的增高而增高，掺入颗粒的粒径越大，其断裂韧度值提高的幅度越低，掺入砂砾对土体剪切断裂特性有团粒化、填充和摩擦三个方面的作用。吉恩跃等（2019）自主研制了单向拉伸试验模具，对不同掺砾量下的砾石土进行了系列的单向拉伸试验，得到以下结论：砾石土的抗拉强度随着含水率的增大而减小，随着干密度的增大而增大；对于处于各自最优含水率和最大干密度下的砾石土，掺砾量从 0 增加到 50％时，试样的抗拉强度从 122.6kPa 减小到了 49.8kPa，且两者呈线性递减关系；随着掺砾量的增加，土样的抗拉能力不断减弱，在略高于最优含水率及处于最大干密度时砾石土试样的综合抗拉能力最强。

　　综上所述，可以看出，目前关于常温条件下掺砾黏土强度变形特性有一定的研究，低温条件下的工程特性也有所涉及，但其中的粗砾采用粒径较小的砂代替，限于大尺寸混合料试样较难均匀制备的问题，关于掺大粒径粗颗粒砾石的冻结掺砾黏土料的研究还未见报道。

3.1.3　渗透特性

　　目前，关于掺砾黏土渗透特性的研究主要集中在黏土团聚颗粒大小、掺砾量和不同细料类型等影响方面。例如，Benson 和 Daniel（1990）研究了制样土块大小对高塑性黏土渗透特性的影响。最优含水率干侧制样时，土块直径 19mm 试样的渗透系数是直径为4.6mm 试样的 100 万倍；而在最优含水率湿侧制样时，土块大小的影响则不显著。标准Proctor 击实和改进的 Proctor 击实所测的渗透系数有显著差异，为了消除制样土块粒径对渗透系数的影响，应该尽量采用较湿的土或采用较大的压实功制样。Shelley 和Daniel（1993）研究了黏土中掺砾石对渗透特性的影响，结果表明：当掺砾量高达 50％～60％时，渗透系数仍然小于 1×10^{-7} cm/s；当掺砾量小于 60％时，渗透性都很小，掺砾影响不大；当掺砾量大于 60％时，黏土不能填充砾石之间的孔隙，此时渗透系数显著增加。吴珺华等（2015）等研究了掺砾量为 33％～60％时掺砾黏土的渗透系数演变规律，发现随着掺砾量的增大，试样内部孔隙数量和规模不断增大导致渗透系数迅速增大。而李方振等（2016）则对不同砾石含量的宽级配砾质土进行了一系列三轴渗透试验，发现随砾石含量的增大，渗透系数呈现出先略微减小然后逐渐增大、最后迅速增大的变化规律，但没有解释发生该现象的内在原因。

不同的细料掺混砾石后，渗透特性也有较为显著的差异。比如，Shafiee（2008）开展了陶瓷珠-低塑性黏土混合物及砂质砾-高塑性黏土混合物在不同围压下的渗透特性试验，研究了颗粒含量、颗粒尺寸、围压及组构各向异性对混合料水平和竖向渗透系数的影响。研究表明，对于陶瓷珠-低塑性黏土混合物，随着陶瓷珠颗粒量增加到 40％，渗透系数减小到最小值，当含量超过 40％后，渗透性反而继续增加；而对于砂质砾-高塑性黏土混合物试样，随着砂质砾含量的增加，渗透性持续增加。这表明，当混合料的黏性成分是低塑性黏土时，总体孔隙比控制着渗透系数；而当混合料的黏性成分是高塑性黏土时，黏性组分的孔隙比（而不是总体孔隙比）控制混合料的渗透性。

史新等（2018）采用不同细粒含量、不同种类细粒部分及不同级配的宽级配砾质土进行室内变水头渗透试验。试验结果表明：渗透系数随细粒含量的增加先迅速降低后趋于平稳；随着细粒料液限和塑性指数的增加，渗透系数逐渐降低；以粉质黏土和黏土为细粒料的混合土的渗透系数均随击实功的增加呈指数函数形式下降；粗粒料级配连续性越好，混合料的渗透系数越低。

Al-Moadhen 等（2018）试验研究了四种黏土和两种砂土混合料的渗透系数随黏土含量、黏土类型和孔隙比的变化关系。结果表明：对于黏土占主导地位的混合料（超过35％的黏土），渗透特性主要是黏土基质孔隙比和黏土类型的函数；对于砂砾石主导的混合料（黏土占比小于 20％），渗透特性主要由粒间孔隙比和颗粒级配决定；对于黏土含量为 20％～35％的混合料，则主要决定于围压和密度。

考虑到实际运行环境，掺砾黏土往往处于饱和-非饱和的干湿交替状态，或者处于寒区冻融循环环境中，其渗透特性随环境因素的演变规律备受关注。例如，Rahardjo 等（2008）研究了人行道上覆土掺花岗岩碎砾在饱和与非饱和条件下的渗透性，结果表明：掺入花岗岩砾片后的土水特征曲线的主要参数（进气值、残余基质吸力和残余体积含水率）发生较大变化，且非饱和渗透系数发生较大变化，而饱和渗透系数随着掺砾量的增加而逐渐增大。王红雨等（2015b，2010）研究了冻融循环作用下宽级配砾质土的渗透特性，发现随着冻融次数的增加，土样的冻胀率逐渐变大，渗透系数也相应增大，经过 12 次冻融循环后，渗透系数增大 1～2 个数量级；冻融循环初期，冻融作用对土样的影响最为剧烈，但随着冻融次数的增加，土样性状逐渐趋于稳定。进一步地，李雨佳等（李雨佳，2014a；李雨佳等，2014b，2014c）则采用压力膜仪测试其在干-湿循环作用下的土-水特征曲线参数，并借助 van Genuchte 方程和 Fredlund 3 参数方程拟合了 0～3 次干湿循环的压实宽级配砾质土样的 4 条脱湿土-水特征曲线，探究了砾质土作为垃圾填埋场复合防渗系统中土工织物黏土垫和土工膜（GCLs/GM）防渗衬垫的保护层时其水力特性的变化规律。研究表明，以砾质土代替黏土作为隔渗层的保护层构成复合防渗系统，能有效抵御干湿与冻融交替循环作用的影响，显著提高垃圾填埋场长期防渗能力和整体稳定性。

综上可以看出，针对掺砾黏土的渗透特性，目前在黏土团聚颗粒大小、掺砾量、细料类型和孔隙比等影响因素方面已经开展了一些试验研究，但还缺乏对渗透特性影响机理的挖掘。此外，目前的研究大多围绕常温环境下的渗透特性，尽管在饱和-非饱和、干湿循环、冻融循环等影响方面也有一些报道，但还不够全面，尤其针对寒区低温与冻融因素影响的报道还比较少。

3.2 掺砾黏土压实特性

在寒冷气候条件下，掺砾黏土的压实特性是寒区工程施工中关注的重要问题。本节分别在室温环境、负温环境下对不同掺砾量的掺砾黏土开展室内重型击实试验，探究压实参数随掺砾量的变化规律及冻结温度对掺砾黏土压实特性的影响。

3.2.1 常温环境下室内击实试验

为探究寒冷条件下掺砾黏土的压实规律，有必要首先摸清常温条件下掺砾黏土的压实特性。为此，笔者针对在建的两河口水电站大坝心墙掺砾料开展了室温（约 23℃）环境下的击实试验。

3.2.1.1 试样制备

试验土样取自两河口水电站心墙堆石坝的工程料场，其中黏土料土粒比重为 2.71，液限为 28.0%，塑限为 15.5%，塑性指数为 12.5，属于低塑性黏土；砾石料为板岩，饱和抗压强度约为 36MPa（属中硬岩），饱和面干吸水率为 0.54%。

试验采用扰动土样，参照《土工试验方法标准》（GB/T 50123—2019），对于物理性和力学性试验的细粒土样需过 2mm 筛，故将黏土风干后采用木槌敲碎，并过 2mm 筛。由于试验装置的限制，制样的粒径最大不宜超过 20mm，故试验砾石的粒径范围取为 2～20mm，属于砾粒组。以现场实际施工的心墙混合料级配曲线上下包络线的平均值为原始级配，按照混合缩尺法对原始级配进行缩放（比例系数 $n=2.5$），缩尺后的不均匀系数为 $C_u=3.16$，曲率系数 $C_c=1.14$。试验用的黏土和砾石的级配曲线如图 3.2.1 所示。

掺砾黏土作为一种混合土，本质上是一种颗粒增强的复合材料，砾石颗粒如何分布在黏土基质中将很大程度上决定其物理力学和强度变形特性。为了最大限度地减小制样带来的人为误差，笔者采用图 3.2.2 所示的步骤进行试样掺拌和制备：①将黏土含水率配制成目标含水率；②将黏土试样掺入不同含量的饱和面干的砾石；③分层掺配，形成掺砾黏土混合物。

该试验中试样制备前给定已知量干密度 r_d、含水率 w、掺砾量 C_g 的定义分别为

$$r_d = \frac{m_c + m_g}{V} \quad (3.2.1)$$

$$w = \frac{m_w}{m_c + m_g} \quad (3.2.2)$$

$$C_g = \frac{m_g}{m_g + m_c} \quad (3.2.3)$$

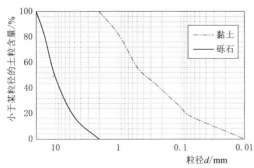

图 3.2.1 黏土和砾石的级配曲线

式中：m_c 和 m_g 分别为黏土和砾石完全干燥状态下的质量，g；m_w 为试样中水的质量，g；V 为试样体积，cm^3。

制样时，先采用烘干法分别测定风干黏土和风干砾石的风干含水率 w_{c0} 和 w_{g0}，

（a）黏土（数字代表后期拟掺入的砾石含量）

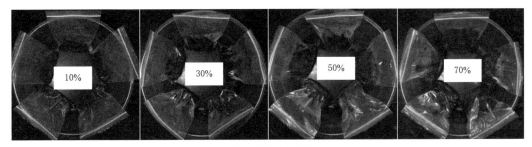

（b）砾石（数字代表掺砾量）

（c）某一含水率不同掺砾量的掺砾黏土

图 3.2.2　不同掺砾量的试样备样和掺混步骤（以 10%、30%、50% 和 70% 掺砾量为例）

然后根据试验设计的掺砾量和风干含水率分别计算试样所需的风干黏土和风干砾石的质量，根据试样的目标含水率计算需要加入的水量，均匀喷洒拌和，最后将拌和好的掺砾黏土装入密封袋密封约 24h 使水分均匀。

风干黏土的质量（m_1）为

$$m_1 = m_c(1 + w_{c0}) \tag{3.2.4}$$

风干砾石的质量（m_2）为

$$m_2 = m_g(1 + w_{g0}) \tag{3.2.5}$$

需要加水的质量（m_3）为

$$m_3 = (m_c + m_g)w - (m_c w_{c0} + m_g w_{g0}) \tag{3.2.6}$$

采用上述方法制样可以有效减小制样过程中混合土样中砾石分布的不均匀性。例如，击实试验时，对于一个试样，规范规定分 5 层击实，则制样时掺配 5 小份掺砾黏土试样，每层的砾石单独与黏土掺配，击实完一层，再添加第二层，这样能控制每层土样中黏土和砾石的分布尽量均匀。

3.2.1.2　试验方法

该试验采用的砾石粒径范围为 2～20mm，参考规范，采用室内重型击实试验开展掺砾黏土的击实试验，其单位击实功能为 2684.9kJ/m³。击实仪主要部件及参数见表 3.2.1。

表 3.2.1　　　　　　　　　　　　击实仪主要部件及参数

试验方法	锤底直径/mm	锤质量/kg	落高/mm	击实筒			护筒高度/mm
				内径/mm	筒高/mm	容积/mm	
重型击实试验	51	4.5	457	152	116	2103.9	≥50

掺砾黏土用于土石坝工程中，掺砾量一般小于 70%，而用于路基、垃圾填埋场、堤防等工程时，掺量却各有不同。为了探究不同掺砾量土样压实特性及其一般性规律，该试验拟定 7 种掺砾量（0、10%、30%、50%、70%、80% 和 90%）开展击实试验，试验方案见表 3.2.2，具体击实试验步骤参见《土工试验方法标准》（GB/T 50123—2019），在此不再赘述。

表 3.2.2　　　　　　　　　常温环境下掺砾黏土的击实试验方案

掺砾量/%	全料含水率/%	掺砾量/%	全料含水率/%
0	7.5，9.6，11.6，13.5，15.8	70	2.4，2.8，3.9，5.1，5.8
10	5.6，7.4，9.4，10.8，14.0	80	2.5，2.9，3.2，3.6，4.0
30	4.6，5.9，6.6，8.9，10.5	90	1.0，1.4，1.9，2.3，2.8
50	4.1，4.9，5.8，6.8，7.9		

3.2.1.3　试验结果分析

1. 击实曲线

图 3.2.3 为不同掺砾量的掺砾黏土的击实曲线。可见，当掺砾量小于 70% 时，掺砾黏土击实曲线形态与纯黏土的类似，均呈现"单峰"状，存在最大值，且随着掺砾量的增加，击实曲线逐渐向左上方移动，即：压实干密度随掺砾量的增加而增加，相应的压实最优含水率随掺砾量的增加而减小。但是，当掺砾量大于 70% 时，掺砾黏土的击实曲线形态接近于砂土，不存在明显的最大干密度和最优含水率，其击实曲线相对于 0～70% 掺砾

量时有一个大幅度的下降，难以达到较高水平的压实效果。根据 Cardoso 和 Alonso (2012) 的建议，对于压实的土石料，其压实空间大致可划分为土区和石区两个部分，而最优压实区域基本落在土-石转换过渡区内（见图 3.2.4），也就是说当掺砾量不大时，掺砾黏土混合料的特性基本表现为土的性质，当掺砾量很大时则表现为砾石的性质。该试验中，从击实曲线可以看出，掺砾量小于 70% 时基本表现为土的击实曲线形态，当掺砾量大于 70% 时表现为砾石的击实曲线形态，因此不同掺砾量的最优压实的状态，也就是说土-石过渡转换区出现在 70% 掺砾量附近。

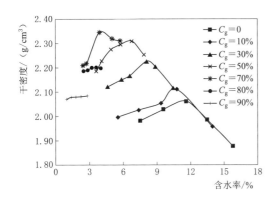

图 3.2.3　不同掺砾量的掺砾黏土的击实曲线

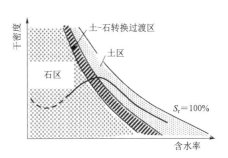

图 3.2.4　压实空间分区示意图

(Cardoso et al.，2012)

2. 最大干密度和最优含水率

图 3.2.5 为最大干密度和最优含水率随掺砾量的变化曲线（80% 和 90% 掺砾量下不存在明显的最优击实参数，这里取其平均值处理）。可以看出，随着掺砾量的增加，最大干密度逐渐增加到最大值，最大值对应的掺砾量约为 70%，随后最大干密度随着掺砾量的增加反而迅速减小；最优含水率随掺砾量的增加而降低。

值得关注的是，当掺砾黏土混合料达到最优压实状态时，即处于最优含水率和最大干密度时，混合料内部黏土成分的含水率波动并不大。由于 80% 和 90% 掺砾量下不存

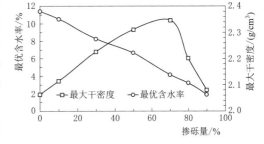

图 3.2.5　最大干密度和最优含水率随掺砾量的变化曲线

在显著的最优压实状态，这里仅考察 0～70% 掺砾量试样在最优压实状态下内部黏土基质的含水率。通过各个掺砾量下的全料最优含水率和砾石的饱和面干含水率，可以采用式（3.2.7）反算出最优压实状态下黏土基质的含水率（见图 3.2.6）：

$$w_c = \frac{w_{opt} - C_g w_{g0}}{1 - C_g} \tag{3.2.7}$$

式中：w_c、w_{g0} 和 w_{opt} 分别为细料（黏土基质）含水率、砾石饱和面干含水率（约 0.54%）和试样整体含水率，%；C_g 表示掺砾量，%。

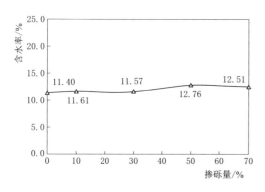

图 3.2.6 最优压实状态下黏土基质含水率随掺砾量的变化

由图 3.2.6 可以看出，当黏土含水率处于其自身最优含水率附近（11.4% ~ 12.7%）时，加入一定量的砾石后比较容易达到最优压实状态。因此在工程实践中，为方便实际施工，可以统一将黏土调配至最优含水率附近，此时掺入砾石，基本可以达到任意掺比下混合料的最优压实状态。Shelley 和 Daniel（1993）的渗透试验研究也发现与之类似的结论：虽然不同掺砾量下掺砾黏土的全料最优含水率各不相同，但渗透系数达到最小值时黏土组分的含水率（即细料含水率）基本相等（均比纯黏土击实含水率大 4% 左右）。这给施工质量控制提供一个便捷的启示方法，即：实际施工时，为了达到最优压实状态，可不拘泥于不同料场或不同压实部位砾石的含量不同，重点关注纯黏土组分的含水率即可，而不用逐个考究不同掺砾量混合土料的全料含水率。

为何最优压实状态下黏土基质的含水率基本不依赖于掺砾量的变化呢？笔者尝试基于非饱和土力学的观点来解释。黏土和砾石料是两种材料特性显著不同的土石材料，其非饱和土水特性也差异很大。根据诸多试验结果，可以概化出黏土类和砾石类材料土水特征曲线的典型形态（见图 3.2.7）。当黏土和砾石混合，并经过充分压实后，土石结合面逐渐紧密结合，土水基质势能互相交换，最终整体试样的基质势达到一个平衡状态。当黏土组分达到最优含水率时，黏土对应的基质势能与砾石的基质势能也是相等的（如图 3.2.7 中点划线所示），从而该状态下砾石的含水率很小，近似接近其饱和风干含水率。当掺砾量变化时，砾石的整体饱和面干含水率基本维持很小的数值不变，此时对应的黏土和砾石"等基质势能"基本不变，从而黏土的含水率依旧保持在基本同样的位置。即最优压实状态下，不管掺砾量如何变化，其中的黏土组分含水率基本维持不变。

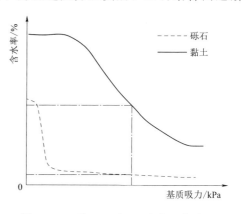

图 3.2.7 黏土和砾石土水特征曲线的典型形态

3. 压实孔隙比

（1）全料（掺砾黏土混合料）孔隙比。密实状态下，设掺砾黏土混合物的比重为 $G_{mixture}$，体积为 $V_{mixture}$，掺砾量为 C_g（$C_g = m_{gravel}/m_{mixture}$），其中：黏土的比重为 G_{clay}，体积为 V_{clay}；砾石的比重为 G_{gravel}，体积为 V_{gravel}。则有：

$$\begin{cases} m_{gravel} = G_{gravel} V_{gravel} = C_g G_{mixture} V_{mixture} \\ m_{clay} = G_{clay} V_{clay} = (1 - C_g) G_{mixture} V_{mixture} \\ V_{gravel} + V_{clay} = V_{mixture} \end{cases} \quad (3.2.8)$$

解方程组，可得

$$G_{\text{mixture}} = \left(\frac{C_{\text{g}}}{G_{\text{gravel}}} + \frac{1 - C_{\text{g}}}{G_{\text{clay}}} \right)^{-1} \tag{3.2.9}$$

则掺砾黏土混合物的理论孔隙比为

$$e_{\text{mixture}} = \frac{G_{\text{mixture}}}{\rho_{\text{d}_{\text{mixture}}}} - 1 = \left(\frac{C_{\text{g}}}{G_{\text{gravel}}} + \frac{1 - C_{\text{g}}}{G_{\text{clay}}} \right)^{-1} \rho_{\text{d}_{\text{mixture}}}^{-1} - 1 \tag{3.2.10}$$

将各个掺砾量下最大干密度的试验数据代入式（3.2.10），可得掺砾黏土最优压实状态下的全料孔隙比随掺砾量的变化曲线，如图 3.2.8 所示。可以看出，随着掺砾量的增大，混合料试样的整体最优压实状态孔隙比先减小后增大，在掺砾量为 70% 左右达到最小孔隙比 0.17。

（2）细料（黏土基质）孔隙比。不同掺砾量情况下，黏土基质、孔隙及砾石共同组成了整体混合土结构，若砾石考虑成没有内部空隙的实心结构，则对于黏土来说内部存在一定量的孔隙，且掺砾量不同，黏土基质的孔隙也不一样，黏土基质的孔隙比对试样的强度和整体渗透性有着重要的影响，有必要单独考察讨论。根据黏土基质干密度和孔隙比的计算公式［式（3.2.11）和式（3.2.12）］，可以得到整体试样处于最优压实状态时黏土基质干密度和孔隙比随掺砾量的变化曲线，如图 3.2.9 所示。

$$\rho_{\text{d}}^{\text{clay}} = \frac{G_{\text{gravel}} \rho_{\text{d}} (1 - C_{\text{g}})}{G_{\text{gravel}} - \rho_{\text{d}} C_{\text{g}}} \tag{3.2.11}$$

$$e_{\text{c}} = \frac{G_{\text{clay}}}{\rho_{\text{d}}^{\text{clay}}} - 1 \tag{3.2.12}$$

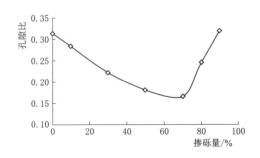

图 3.2.8 掺砾黏土全料孔隙比随掺砾量的变化

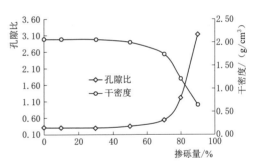

图 3.2.9 掺砾黏土细料孔隙比和干密度随掺砾量的变化

从图 3.2.9 可以看出，随着掺砾量的增加，黏土的干密度有逐渐减小的趋势，但是减小的程度依赖于掺砾量的范围：当掺砾量为 0～30% 时，黏土干密度较纯黏土变化不大，孔隙比基本保持不变，孔隙比数值维持在 0.314～0.316；当掺砾量在 30%～70% 之间时，黏土干密度有所减小，孔隙比从 0.316 增大到 0.360，接着又增至 0.549，增大的程度越来越大；当掺砾量超过 70% 时，黏土干密度显著降低，孔隙比急剧增大。

3.2.2 低温环境下室内击实试验

前面讨论了常温环境下不同掺砾量掺砾黏土的压实特性，基于同样的试验方法，继续

开展该筑坝心墙掺砾料在低温环境下的室内击实试验，试验在步入式恒温房中开展（见图
3.2.10）。步入式恒温房负温环境设定为－10℃，配制 10％、30％和 50％三个掺砾量的掺
砾黏土，各个掺砾量配制 5 种不同的含水率。

（a）步入式恒温房

（b）低温（－10℃）击实试验过程照片

图 3.2.10　低温环境下的击实试验

3.2.2.1　低温击实曲线

图 3.2.11 为不同掺砾量的掺砾黏土低温击实曲线。从图 3.2.11（a）和图 3.2.3 可
以看出，常温和负温下掺砾黏土的击实曲线表现出显著的不同。从单个曲线来看，负温条
件下，不存在类似常温曲线的峰值点，即没有显著的最大干密度和最优含水率，且相同含
水率下击实得到的最大干密度比常温状态下要小很多。这个结论与张守杰等（2016）和
De Guzman 等（2018）开展的不同温度环境下的筑堤砂性土料和混合土料的击实曲
线（见图 3.2.12）基本一致。这主要是因为在低温条件下，液态水冻结成固态冰，黏土
颗粒间缺少水分的湿润滑动，水分的多或少最终都转化为含冰量的影响，因此不存在一个
最优含水率的水分湿润润滑状态；另一方面，冰晶作为固相参与试样内部孔隙的填充和荷
载扰动下的重排列，而冰的密度小于土和砾石，因此压实获得的干密度也基本比常温的
要小。

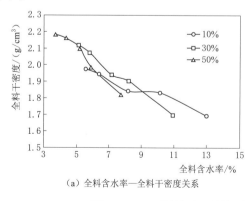

（a）全料含水率—全料干密度关系

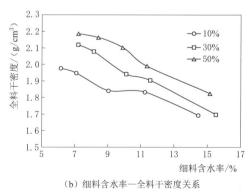

（b）细料含水率—全料干密度关系

图 3.2.11　不同掺砾量的掺砾黏土低温击实曲线（温度－10℃）

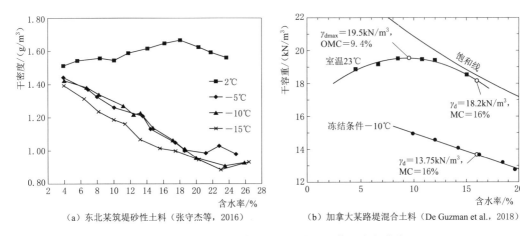

（a）东北某筑堤砂性土料（张守杰等，2016）　　（b）加拿大某路堤混合土料（De Guzman et al.，2018）

图 3.2.12　不同温度条件下两种典型土体的击实曲线

然而，低温条件下不同掺砾量全料的压实干密度存在一定的规律性：初始全料含水率较低时，掺砾量高的试样压实干密度要大一些；而初始全料含水率较高时，掺砾量低的试样压实干密度要大一些。这主要是因为当初始全料含水率较小时，掺砾黏土混合料里面的水分冻结后成冰的量也不大，很难占据土体内部的孔隙充当支撑骨架，此时的击实规律类似常温的情况，即掺砾量越大，击实后的干密度越大；而当初始全料含水率较大时，掺砾黏土内部大量的液态水遇冷冻结成冰，大量的冰晶体充填在土体空隙里形成骨架支撑结构，此时掺砾量越低，则结冰黏土的含量就越大，冰晶充当骨架作用就更明显，所以宏观上表现为掺砾量越低，压实干密度越大。

图 3.2.11（b）为细料含水率与全料干密度的关系。可以看出，此时的试验曲线并不像图 3.2.11（a）中那样产生交叉。表现的规律是：不管细料的初始含水率如何变化，随着掺砾量的增加，冻结后压实全料的干密度越大。这似乎与图 3.2.11（a）中分析的结论相矛盾。但实际上，图 3.2.11（b）与图 3.2.11（a）的直观区别在于，每个数据点的纵坐标不变，横坐标被"横向拉伸"了，掺砾量越大被拉伸的程度越大，这主要是因为全料含水率和细料含水率、砾石含水率以及掺砾量直接相关，掺砾量越大，同样的掺砾量情况下，细料含水率和全料含水率的差别越大。

3.2.2.2　正负温度条件下压实特性对比

将常温环境下的压实曲线和负温的击实曲线画在同一个坐标系中，如图 3.2.13 所示。图 3.2.13（a）表示了不同掺砾量情况下掺砾黏土的全料含水率和全料干密度关系曲线，可以发现一个有趣的现象：同一掺砾量情况下，常温击实曲线和负温击实曲线在较低含水率时存在一个交点，此时的含水率笔者暂且称为临界含水率，在该临界含水率下常温和负温环境均可压实到相同的干密度，即此时的掺砾黏土压实性能不受低温影响。此外，可以看出掺砾量越大，上述的临界含水率越小。也就是说，要使得掺砾黏土料在负温和正温下的压实效果一样，试样的掺砾量越大，就需要试样具有更小的全料含水率，但这个规律理解起来似乎不是很直观。

实际上，从上节的内容分析可知，掺砾黏土中的砾石是个亲水性比较差的材料，混合料的含水率主要由其中的黏土含水率决定，尤其是低温冻结情况下，黏土的冻结程度较砾石要显著得多。所以有必要考察黏土基质的含水率对全料压实干密度的影响，这里笔者进一步给出了细料含水率（黏土基质含水率）和全料干密度的关系，如图 3.2.13（b）所示。可以看出，此时的临界含水率的规律与上述全料的临界含水率恰好相反，即：随着掺砾量的增大，细料的临界含水率越大。这意味着要使得掺砾黏土料在负温和正温下的压实效果一样，若砾石含量越大，则允许黏土的含水率更大一些。

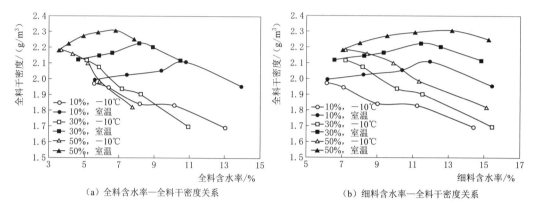

（a）全料含水率—全料干密度关系　　　　（b）细料含水率—全料干密度关系

图 3.2.13　不同掺砾量掺砾黏土的室温和负温击实曲线比较

3.3　冻结掺砾黏土的强度变形特性

3.3.1　单轴压缩特性

尽管三轴压缩试验是研究岩土类材料强度变形特性的基本方法，但考虑到冻土材料的类岩石特性，单轴压缩试验依然是研究低温冻土特性的首要和必要手段。单轴加载条件下试样的应力—应变曲线特点及单轴抗压强度、破坏应变、弹性模量等则是认识冻土材料力学特性的重要内容。因此，针对前述压实试验中取自西南高寒区某在建工程料场的黏土和砾石料，开展冻结掺砾黏土的单轴压缩试验，研究温度（T）和掺砾量（C_g）对冻结掺砾黏土应力—应变关系、单轴抗压强度、破坏应变和弹性模量的影响，以期为寒区工程建设提供有益参考。

共进行了 5 种掺砾量（0、10%、30%、50%、70%）的掺砾黏土在 4 个负温（−2℃、−5℃、−10℃、−15℃）下的单轴压缩试验。试验所用黏土与砾石料与前述压实试验所用的相同，均取自中国西南高寒区某工程料场，其级配曲线见图 3.2.1。在实际工程与室内试验研究中，掺砾料通常以压实度作为压实质量设计或试样制备的控制指标（金磊等，2017；马洪琪等，2013），并要求 0.9 以上。对于不同掺砾量的试样，为防止试样制备击实过程中砾石颗粒破碎而影响其初始级配，同时考虑试样分层击实的难易程度，制样时控制压实度为 0.8。根据前述压实试验结果，对应于压实度 0.8，掺砾量 0、10%、30%、50%、70% 的掺砾黏土试样的干密度分别为 1.65g/cm³、1.69g/cm³、1.78g/cm³、1.85g/cm³、1.88g/cm³；此外，制样含水率均为各掺砾量下的最优含水率，分别为 11.4%、

10.5%、8.26%、6.65%、4.13%。掺砾黏土试样的具体制备方法同压实试验试样，单轴压缩试验试样为圆柱体，直径101mm、高200mm。参考中国科学院冻土国家重点实验室采用的试样冻结方法（Lai et al.，2016；Qi et al.，2010），将制备好的圆柱体试样脱模并用保鲜膜（内侧涂一薄层凡士林）包裹密封，放入-30℃低温冷冻箱中冻结24h。单轴压缩试验机置于恒温房内，其控温精度为±0.1℃。试验采用应变控制式加载方式，应变速率设定为2mm/min。

3.3.1.1 应力—应变关系和破坏特征

由于各工况下冻结掺砾黏土试样的应力—应变关系曲线形态表现出较大的相似性，这里选取掺砾量30%和冻结温度-10℃为例，其典型的单轴应力—应变关系曲线如图3.3.1所示。通过试验结果发现，冻结掺砾黏土试样在不同冻结温度和掺砾量条件下的应力—应变曲线均表现为应变软化型特征，即存在明显的峰值，取该峰值应力为单轴抗压强度σ_m，对应的应变为破坏应变ε_f。

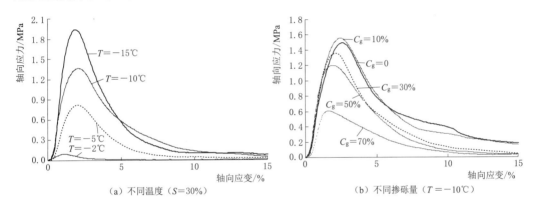

图 3.3.1　不同温度和掺砾量条件下掺砾黏土典型单轴应力—应变关系

比较图3.3.1（a）和图3.3.1（b）可知，冻结掺砾黏土的单轴应力—应变关系受冻结温度和掺砾量影响显著。同一掺砾量水平下，随着温度的降低，应力—应变曲线从"扁平"态逐渐演变成"尖瘦"状，表明温度的降低使试样在单轴荷载下具有更大的强度和更高的模量；同一冻结温度情况下，随着掺砾量的增大，应力—应变曲线从"尖瘦"态逐渐演变成"扁平"状，表明随着掺砾量的增大，试样的单轴抗压性能显著降低，抗变形能力也急剧减弱。温度和掺砾量对冻结掺砾黏土的破坏方式没有明显的影响，试样均呈现典型的脆性破坏。依据刘恩龙和沈珠江（2005）提出的基于弹性模量和软化模量定义的脆性指数，对冻结掺砾黏土试样的脆性指数进行定量计算，得出试样的掺砾量越小，其脆性破坏特征越显著（见图3.3.2）。各温度和掺砾量水平下，试样的轴向应力均随着应变的增加先缓慢增大后线性增长，随后发生屈服直至达到峰值，

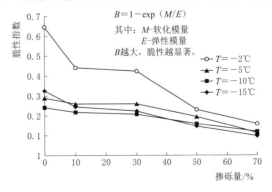

图 3.3.2　冻结掺砾黏土脆性指数与掺砾量的关系

此时试样开始产生裂缝，之后随着应变的增加轴向应力迅速降低，直至试验结束。此外，冻结温度越低、掺砾量越小，试样的残余强度越大。

如图3.3.3所示，即使温度和掺砾量对应力—应变曲线形态有显著影响，但各工况下试样均表现出类似的破坏特征，其破坏过程可大致分为5个阶段。

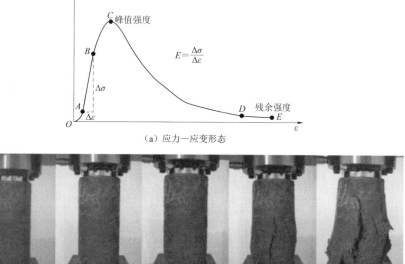

（a）应力—应变形态

（b）破坏模式

图3.3.3　冻结掺砾黏土的典型单轴应力—应变形态及其破坏模式

（1）土体压密段（OA）。由于黏土和砾石的弹性模量相差较大，其抵抗变形的能力差别也较大，在试样加载初始阶段，试样主要表现为土石之间大孔隙的逐渐压密。

（2）线弹性段（AB）。伴随着土体的压密，内部大孔隙逐渐减小至稳定值，试样在荷载作用下呈现出典型的弹性变形状态。

（3）塑性屈服段（BC）。在竖向荷载作用下其变形具有塑性特征，轴向应力随着应变的增加缓慢上升直至达到峰值，试样内部逐渐产生新的微裂隙。

（4）软化破坏阶段（CD）。超过峰值应力之后，应力—应变曲线开始下降，轴向应力急剧降低，试样进入持续破坏阶段，裂隙持续扩展并产生贯穿性裂缝，试样开始出现局部脱落。

（5）残余破坏阶段（DE）。随着应变不断增加，应力逐渐减小至几乎保持恒定不变的状态，直至试样完全破坏。

3.3.1.2　单轴抗压强度特性

整理不同工况下应力—应变曲线的峰值可得到单轴抗压强度随冻结温度和掺砾量的演变规律，如图3.3.4所示。可见，不同掺砾量冻结掺砾黏土的单轴抗压强度均随温度的降低而增大。这主要是因为冻结掺砾黏土的抗压强度主要受冰的强度、土骨架的强度、土中未冻水含量及冰与土颗粒、砾石颗粒之间黏聚力的影响。当试样处于冻结状态时，随着温度的降低，一方面，冰的强度逐渐提高（孟广琳等，2012）；另一方面，试样中未冻水含量逐渐降低，冰与土颗粒、砾石颗粒之间的胶结能力进一步加强（Andersland et al.，2003）。值得注意的是，当温度为 $-5\sim-2℃$ 时，冻结掺砾黏土的单轴抗压强度随温度升高而降低的速率明显高于 $-15\sim-5℃$ 工况，这是因为 $-2℃$ 较接近掺砾黏土冻结的相变临界温度，试样中冰的强度及冰与土颗粒、砾石颗粒之间的胶结能力受温度影响的敏感性较大。此外，相同温度下掺砾量较小的试样，其单轴抗压强度明显较大，并且较低掺砾量水平下单位温度降低所引起的强度增量也较大。这可解释为不同掺砾量的试样，其土体与砾石所占比例不同，对于低掺砾量的试样，试样中土体所占的比例较大，而冻结黏土的抗压强度受温度的影响较大，砾石的抗压强度受温度的影响较小。

　　图3.3.5为4种不同冻结温度条件下的冻结掺砾黏土单轴抗压强度与掺砾量的关系，可见，冻结掺砾黏土的单轴抗压强度受掺砾量的影响也非常显著，并且其强度特性以掺砾量10%和50%为界表现出不同的特征。当掺砾量小于10%时，同一冻结温度下试样的单轴抗压强度大致相等；当掺砾量大于10%时，同一冻结温度下试样的单轴抗压强度随着掺砾量的增加显著降低，其强度降低速率在掺砾量为10%～50%时大致保持恒定，当掺砾量超过50%时，其强度降低速率迅速增大。这种变化规律与各掺砾量试样内部的土-石结构分布存在着紧密的关系。

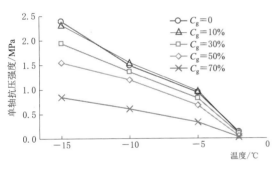

图3.3.4　冻结掺砾黏土单轴抗压强度
与温度的关系

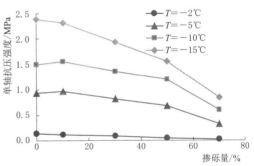

图3.3.5　冻结掺砾黏土单轴抗压强度与
掺砾量的关系

　　为更好地理解这一规律，分别对掺砾量为10%、30%、50%和70%的试样进行了CT断面扫描，其结构示意图如图3.3.6所示。可以看出，当掺砾量为0～30%时，试样中的砾石基本"悬浮"在黏土之中；随着掺砾量的增加，"悬浮"的砾石数量逐渐增多，当掺砾量达到50%时，土-石结构已经出现部分砾石-砾石颗粒之间的接触；当掺砾量进一步增加至70%时，所有砾石都处于密实接触状态，形成了较为明显的砾石骨架结构，黏土基本被隔离在砾石骨架的空隙之间。由前面的讨论可知，温度变化对冻结黏土的抗压强度影响很大，而对砾石的抗压强度影响很小。在冻结试样中，黏土充当了连接键的作用，温度高低则决定了连接键的强弱，温度越低，其连接强度就越高；掺砾量决定了土-石结构分布的型式（即反映了连接键的型式），不同结构型式的试样，发挥有效黏结作用的黏土含量不同，黏土含量越高，其黏结强度也就越高。当掺砾量为0～50%时，随着掺砾量的增加，黏土之间形成的连接通道逐渐从完全连通状态转变为间断状态，导致冻结黏土与砾石之间的黏结力不断降低，宏观上表现为抗压强度随着掺砾量的增加不断降低；当掺砾量大于 50% 时，由于黏土的缺失导致冻结试样胶结能力大幅度减小，进而使得试样的抗压强度急剧降低（Jafari et al.，2004）。

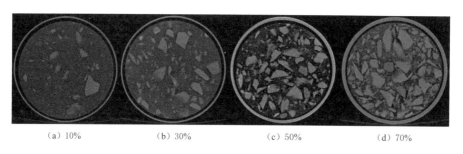

（a）10%　　　　　（b）30%　　　　　（c）50%　　　　　（d）70%

图 3.3.6　不同掺砾量试样 CT 扫描结构图

3.3.1.3　破坏应变特性分析

图 3.3.7 为不同掺砾量及负温条件下冻结掺砾黏土的破坏应变的试验结果。图 3.3.7（a）表明：冻结掺砾黏土的破坏应变受温度影响显著，并且以−5℃为界呈现出显著的差异性。当温度为−5～−2℃时，破坏应变随温度降低而急剧增大。这是因为在−2℃时冰与土颗粒、砾石颗粒之间的胶结能力较弱、整体性较差，所以单轴加载过程中在较小应变下试样即发生了破坏。

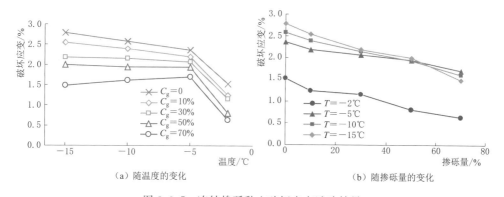

（a）随温度的变化　　　　　　　　　（b）随掺砾量的变化

图 3.3.7　冻结掺砾黏土破坏应变试验结果

当温度为−15～−5℃时，不同掺砾量试样的破坏应变随温度的变化规律呈现出不同的变化，具体表现为：掺砾量等于 50% 时，温度对试样的破坏应变影响不显著；掺砾量小于 50% 时，破坏应变随着温度的降低而增大；掺量大于 50% 时，试样的破坏应变随温度的降低而减小。产生这种现象的原因是：当掺砾量小于 50% 时，砾石主要是"悬浮"在黏土基质之中，试样更多地表现为黏土的性质，随着温度的降低，试样中冰晶的含量升高、未冻水含量降低，导致土颗粒之间、土颗粒与砾石颗粒之间的黏聚力增大，试样抵抗破坏的能力逐渐增强；而当掺砾量大于 50% 时（此时形成砾石骨架结构），试样的破坏应变随温度的变化规律与岩石类材料极其相似（徐光苗等，2006），尤其是低温条件下掺砾量 70% 的试样表现出了"类岩石"的性质。这可能是因为少量黏土冻结后将砾石紧密束缚在一起，尽管试样主体由砾石组成，但却具有一定的冻结黏聚力，从而表现出"类岩石"性质，但产生这种现象的根本原因仍值得进一步深入研究。

由图3.3.7（b）可以看出，在同一负温条件下，破坏应变整体表现为随着掺砾量的增加而减小。这是因为：在相同条件下，随着掺砾量的增加，一方面试样中土体的占比减少，在竖向荷载作用下，试样发生破坏时土体的累积变形减小；另一方面，试样中土体难以完全填充砾石颗粒之间的空隙（即砾石处于"骨架空隙"结构状态），进而使得试样中不同组分之间的胶结能力减弱，试样在较小应变情况下即发生结构破坏。

3.3.1.4 弹性模量特性分析

定义图3.3.3（a）所示应力—应变关系 AB 段（即线弹性段）的斜率为试样的弹性模量。图3.3.8为不同负温及不同掺砾量条件下冻结掺砾黏土的弹性模量的试验结果。由图3.3.8（a）可见，同一掺砾量的冻结试样，弹性模量随着温度的降低而近似线性增大，因为随温度的降低，试样内部冰与土颗粒、砾石颗粒之间的胶结黏聚作用增大，抵抗单位变形量所需要的外力也就增大。但当掺砾量为70％时，各温度水平下试样的弹性模量均远小于其他低掺砾量工况，因为此时试样处于砾石"骨架空隙"结构，黏土的缺失导致试样的胶结能力极大削弱、试样整体抵抗变形的能力急剧降低。

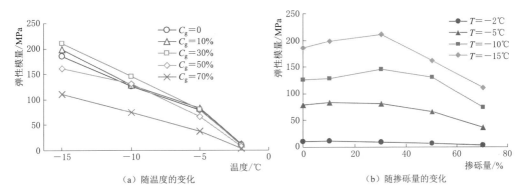

（a）随温度的变化　　　　　　　　　　（b）随掺砾量的变化

图3.3.8　冻结掺砾黏土弹性模量试验结果

由图3.3.8（b）可见，随着掺砾量的增加，冻结掺砾黏土弹性模量呈现出先增大后减小的趋势，但不同冻结温度下的最大弹性模量出现在不同掺砾量水平下，−2℃和−5℃时出现在10％掺砾量，−10℃和−15℃时出现在30％掺砾量。此变化规律可解释为：一定的负温条件下，冻结的黏土基质对砾石颗粒起到胶结约束作用，在该约束下，试样的整体抵抗变形能力将大幅提高，这一过程类似于对常温的试样进行了有"侧限"的压缩，单轴荷载下的这种"侧限"作用主要由冻结黏土内部冰-土基质之间的拉应力提供（Ladanyi et al.，1990）。由于砾石的刚度远大于黏土，约束作用下砾石的少量增加将增强试样整体的抗变形能力，宏观上表现为弹性模量随掺砾量的适量增加而增大。但是同一冻结温度下的黏土，其胶结约束能力与黏土基质的含量也密切相关。随着掺砾量的进一步增大，黏土含量越来越少，便难以"约束"越来越多的砾石，砾石颗粒之间发生剪切滑移就变得更加简单，试样整体又表现出弹性模量随着掺砾量的增加而减小。因此，同一冻结温度下，存在一个"临界掺砾量"：当掺砾量小于该值时，弹性模量随掺砾量的增加逐渐增大；当掺砾量大于该值时，弹性模量随掺砾量的增加反而减小。此外，当温度降低时，冻结黏土的胶结约束能力增强，等量的黏土能够"约束"更多的砾石，因此其"临界掺砾量"也就更大。

3.3.2　三轴压缩特性

对于与单轴压缩试验同样的冻结掺砾黏土试样，在第 2 章介绍的低温冻土三轴仪上进行了系列三轴压缩试验。为研究温度和掺砾量对冻结掺砾黏土强度变形特性的影响，针对 30% 掺砾量的掺砾黏土设计了 −2℃、−5℃、−10℃ 和 −15℃ 四种冻结温度；针对 −10℃ 设计了 10%、30%、50% 和 70% 四种掺砾量，每种温度和掺砾量的工况均开展了 0.2MPa、0.5MPa、1.0MPa 和 2.0MPa 四种围压的三轴压缩试验。具体试验方案见表 3.3.1。对于每个试验，试样先在设定的低温下冻结 2~3h，然后施加设定的围压进行等向固结，固结完成后开始剪切，剪切应变速率为每分钟 1%（即 2mm/min），加载到 25% 应变时停止，即剪切时间为 25min。

表 3.3.1　　　　　　　　　　　低温三轴压缩试验方案

试验编号	温度/℃	掺砾量/%	围压/MPa	含水率/%
T−01	−2	30	0.2	8.3
T−02	−2	30	0.5	8.3
T−03	−2	30	1.0	8.3
T−04	−2	30	2.0	8.3
T−05	−5	30	0.2	8.3
T−06	−5	30	0.5	8.3
T−07	−5	30	1.0	8.3
T−08	−5	30	2.0	8.3
T−09	−10	30	0.2	8.3
T−10	−10	30	0.5	8.3
T−11	−10	30	1.0	8.3
T−12	−10	30	2.0	8.3
T−13	−15	30	0.2	8.3
T−14	−15	30	0.5	8.3
T−15	−15	30	1.0	8.3
T−16	−15	30	2.0	8.3
T−17	−10	10	0.2	10.5
T−18	−10	10	0.5	10.5
T−19	−10	10	1.0	10.5
T−20	−10	10	2.0	10.5
T−21	−10	50	0.2	6.6
T−22	−10	50	0.5	6.6

试验编号	温度/℃	掺砾量/%	围压/MPa	含水率/%
T-23	-10	50	1.0	6.6
T-24	-10	50	2.0	6.6
T-25	-10	70	0.2	4.1
T-26	-10	70	0.5	4.1
T-27	-10	70	1.0	4.1
T-28	-10	70	2.0	4.1

3.3.2.1　应力—应变关系

图 3.3.9、图 3.3.10 为掺量 30% 的三轴试样在不同围压及不同冻结温度下应力—应变-体变曲线。从图 3.3.9 中可以看出，在低围压（0.2MPa）时，不同冻结温度条件下偏应力均随轴应变的增加先增大到一定峰值后再减小，表现为典型的"应变软化"型。温度越低，峰值强度越大，而体变均表现为典型的"剪胀"特性，且温度越低剪胀特征越显著；当围压中等时（0.5MPa 和 1.0MPa），较低冻结温度的试样表现为"应变软化"型，较高冻结温度的试样表现为"应变硬化"型，体变曲线则在较低温度时表现为"剪胀"，在较高温度时表现为"剪缩"；而在较高围压（2.0MPa）时，不同的冻结温度下试样在三轴加载条件下均表现为"应变硬化"和"剪缩"特征。从图 3.3.10 中可以看出，不同冻结温度下，应力应变曲线随着围压的变化规律大致相当，即低围压时表现为"应变软化"和"剪胀"，高围压时"应变硬化"和"剪缩"。

图 3.3.11、图 3.3.12 为冻结温度 -10℃ 时，不同掺砾量的三轴试样在不同围压下应力—应变和体变—应变曲线。从图 3.3.11 中可以看出，在低围压（0.2MPa）时，不同掺砾量下的三轴试样偏应力与轴应变关系表现为典型的"应变软化"型，掺砾量越低，峰值强度越大，而体变均表现为典型的"剪胀"特性；当围压中等时（0.5MPa 和 1.0MPa），掺砾量较低的试样表现为"应变软化"型，掺砾量较高的试样表现为"应变硬化"型，体变曲线则在较低掺砾量时表现为"剪胀"，在较高掺砾量时表现为"剪缩"；而在较高围压（2.0MPa）时，不同掺砾量的试样在三轴加载条件下均表现为"应变硬化"和"剪缩"特征。

从图 3.3.12 可以看出，对于同一掺砾量试样，低围压下应力—应变关系呈现"应变软化"特征，存在峰值强度，高围压时呈现"应变硬化"特征；低围压下剪胀显著，高围压表现为剪缩；掺砾量越小，剪胀越显著。

3.3.2.2　峰值应力及抗剪强度参数

根据图 3.3.9～图 3.3.12 的应力—应变曲线，对于应变软化型应力—应变曲线，取偏应力峰值作为破坏强度值，对于应变硬化型曲线，取 20% 应变对应的偏应力为破坏强度。

掺砾量为 30% 时的掺砾黏土在不同冻结温度下的应力莫尔圆和强度包线如图 3.3.13 和图 3.3.14 所示，其应力莫尔圆参数见表 3.3.2。由图 3.3.13 可见，对于掺砾量 30% 的冻结黏土，按莫尔-库仑强度理论整理得到的黏聚力随着冻结温度的降低基本呈线性增大，

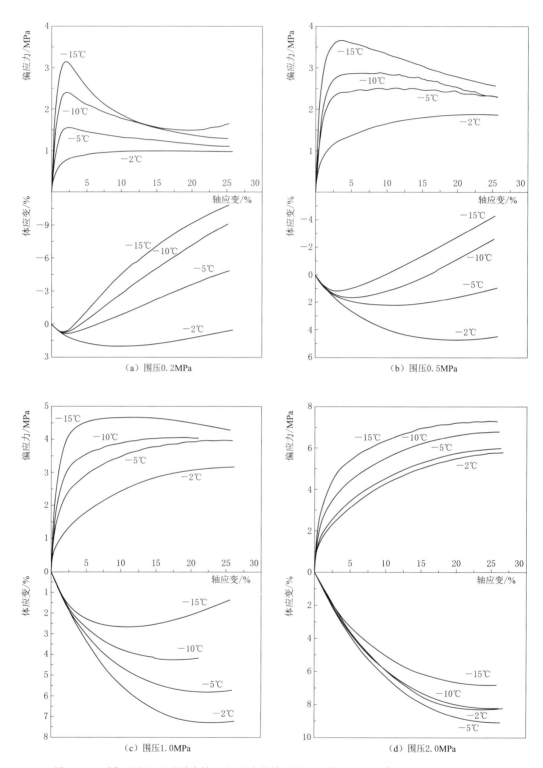

图 3.3.9 同一围压下不同冻结温度时冻结掺砾黏土（掺砾量 30%）的应力—应变曲线

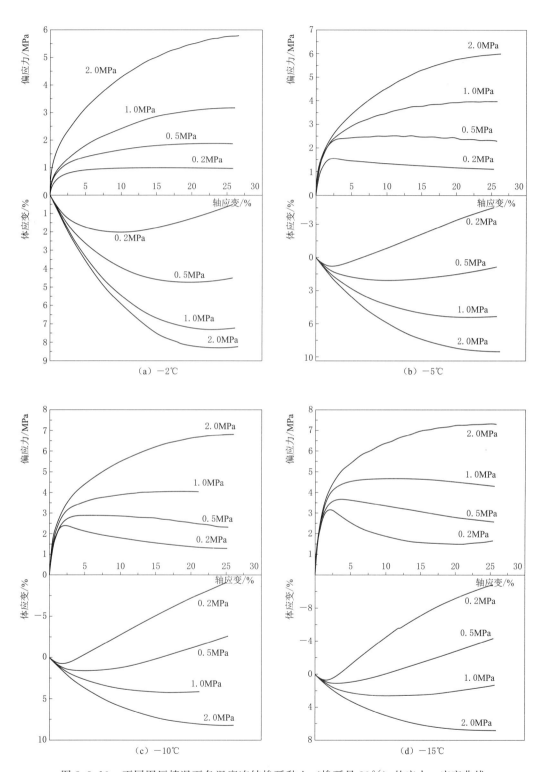

图 3.3.10 不同围压情况下各温度冻结掺砾黏土（掺砾量 30%）的应力—应变曲线

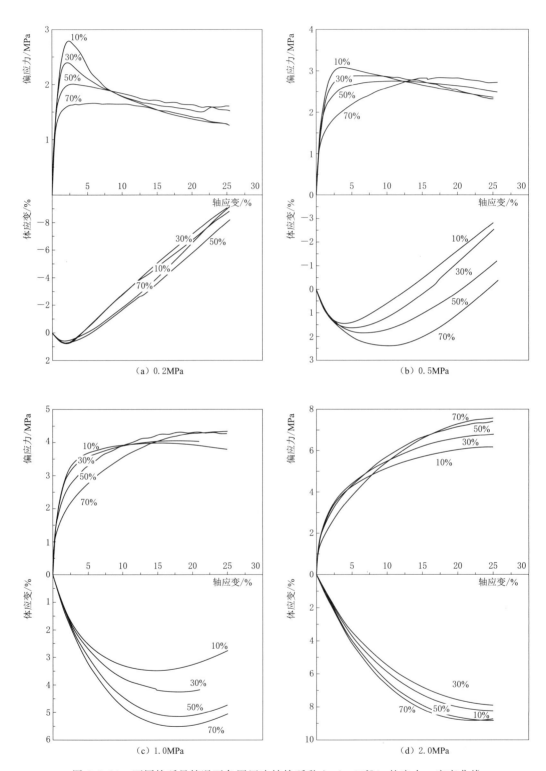

图 3.3.11　不同掺砾量情况下各围压冻结掺砾黏土（－10℃）的应力—应变曲线

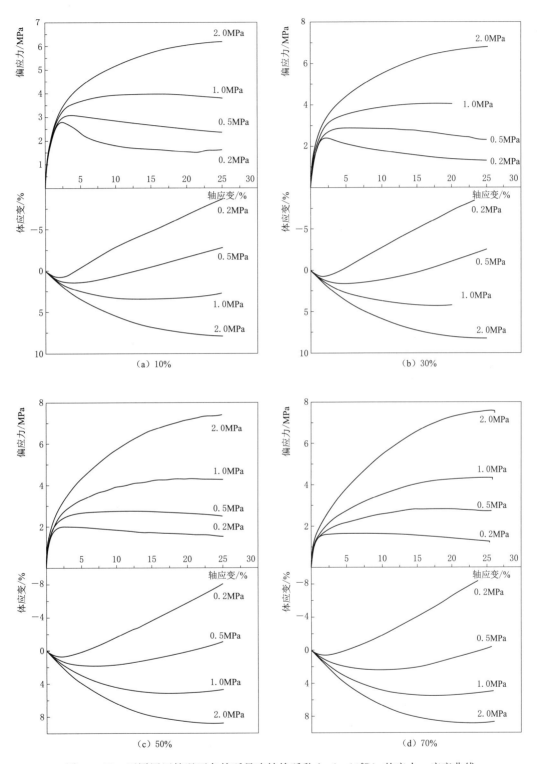

图 3.3.12 不同围压情况下各掺砾量冻结掺砾黏土（−10℃）的应力—应变曲线

而内摩擦角随冻结温度的变化并不显著，基本维持不变。这意味着，对于掺砾量为 30％ 的试样（悬浮-密实结构），当温度的降低，相当于增加了一个随温度降低而近似线性变化的"附加黏聚力"或"冻结黏聚力"，但并不改变黏土颗粒、黏土-砾石颗粒之间的摩擦咬合特性。从非饱和土力学的角度也可以理解为，随着冻结温度的降低，未冻水含量迅速减小，冻吸力逐渐增大，导致试样的黏聚强度大幅度提升。

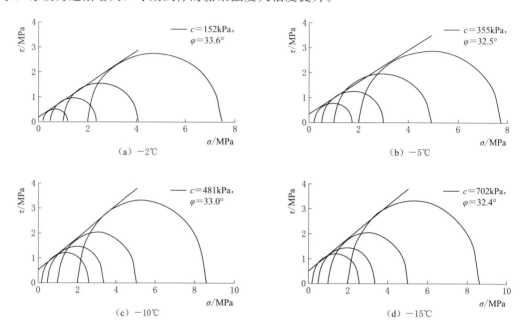

图 3.3.13　掺砾量 30％黏土不同冻结温度情况下应力莫尔圆及强度包线

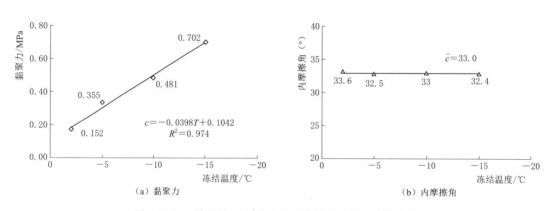

图 3.3.14　掺砾量 30％黏土强度参数随冻结温度的变化

表 3.3.2　　　掺砾量 30％试样在不同冻结温度下破坏应力及抗剪强度参数

温度/℃	应力圆 1		应力圆 2		应力圆 3		应力圆 4		强度参数	
	σ_3	$(\sigma_1-\sigma_3)_f$	σ_3	$(\sigma_1-\sigma_3)_f$	σ_3	$(\sigma_1-\sigma_3)_f$	σ_3	$(\sigma_1-\sigma_3)_f$	c/MPa	φ/(°)
−2	0.2	0.99	0.5	1.87	1.0	3.08	2.0	5.49	0.152	33.6
−5	0.2	1.16	0.5	2.42	1.0	3.93	2.0	5.75	0.355	32.5

温度/℃	应力圆 1		应力圆 2		应力圆 3		应力圆 4		强度参数	
	σ_3	$(\sigma_1-\sigma_3)_f$	σ_3	$(\sigma_1-\sigma_3)_f$	σ_3	$(\sigma_1-\sigma_3)_f$	σ_3	$(\sigma_1-\sigma_3)_f$	c/MPa	φ/(°)
−10	0.2	2.40	0.5	2.88	1.0	4.05	2.0	6.63	0.481	33.0
−15	0.2	3.15	0.5	3.67	1.0	4.67	2.0	7.24	0.702	32.4

冻结温度−10℃时不同掺砾量黏土的应力莫尔圆及强度包线和强度参数随掺砾量的变化如图 3.3.15 和图 3.3.16 所示，其应力莫尔圆参数见表 3.3.3。由图 3.3.15 可见，随着掺砾量的增大，冻结掺砾黏土的黏聚力逐渐减小，而内摩擦角逐渐增大，且在掺砾量较大时，黏聚力和内摩擦角的变化逐渐平缓。掺砾量较低时，砾石处于悬浮−密实结构，增加的砾石替换了同等质量的黏土，黏聚力降低显著，同样地内摩擦角增大的也显著；而高掺砾量时，砾石形成了骨架，内摩擦角的增大主要由骨架的咬合作用来贡献，稍微的砾石增加量，并不会导致骨架发生显著的变化，故高掺量时的强度参数变化率要比低掺砾量时要低一些。换言之，这种变化规律是由砾石在黏土中的分布结构决定的。

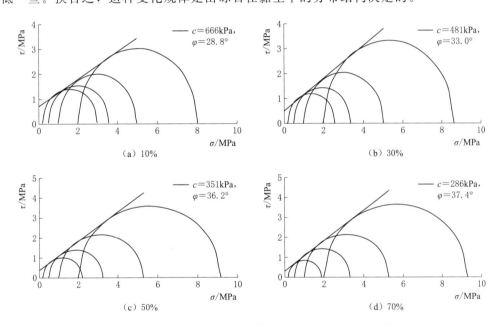

图 3.3.15 冻结温度−10℃时不同掺砾量黏土应力莫尔圆及强度包线

表 3.3.3　　　冻结温度−10℃时不同掺砾量黏土破坏应力及强度参数

掺砾量/%	应力圆 1		应力圆 2		应力圆 3		应力圆 4		强度参数	
	σ_3	$(\sigma_1-\sigma_3)_f$	σ_3	$(\sigma_1-\sigma_3)_f$	σ_3	$(\sigma_1-\sigma_3)_f$	σ_3	$(\sigma_1-\sigma_3)_f$	c/MPa	φ/(°)
10	0.2	2.79	0.5	3.08	1.0	3.98	2.0	6.04	0.666	28.8
30	0.2	2.40	0.5	2.88	1.0	4.05	2.0	6.63	0.481	33.0
50	0.2	2.01	0.5	2.76	1.0	4.30	2.0	7.17	0.351	36.2
70	0.2	1.66	0.5	2.83	1.0	4.27	2.0	7.30	0.286	37.4

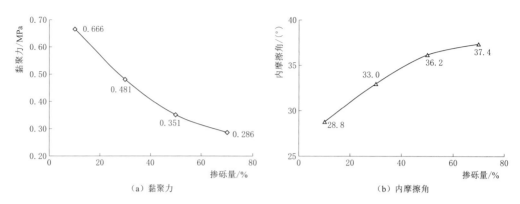

（a）黏聚力　　　　　　　　　　　　　（b）内摩擦角

图 3.3.16　冻结温度－10℃时不同掺砾量黏土强度参数随掺砾量的变化

根据表 3.3.2 及表 3.3.3 中的峰值应力，可以按式（3.3.1）计算对应于每一围压下的峰值内摩擦角：

$$\varphi_f = \arcsin \frac{\sigma_1^f - \sigma_3^f}{\sigma_1^f + \sigma_3^f} \qquad (3.3.1)$$

图 3.3.17 和图 3.3.18 为不同冻结温度和掺砾量条件下峰值内摩擦角随围压的变化。可以发现在不同冻结温度和掺砾量条件下，随着围压的增大，峰值内摩擦角均逐渐减小。温度越低，峰值内摩擦角越大，且在较低围压时，各个冻结温度下的峰值内摩擦角差别较大，随着围压的增加，不同冻结温度下的峰值内摩擦角逐渐靠近。这是因为，较高的围压下，冻结温度的影响逐渐弱化，由结冰胶结对土颗粒和砾石颗粒间摩擦作用的贡献将变得越来越小。对于不同掺砾量的情况，低围压下各个掺砾量下的峰值内摩擦角很接近，随着围压的增加，各个掺砾量下的峰值内摩擦角的差异越来越大，这是因为随着围压的增大，黏土颗粒之间及砾石颗粒之间的摩擦咬合作用愈加显著，且主要依赖于掺砾量的大小，掺砾量越大，这种摩擦咬合作用越大。

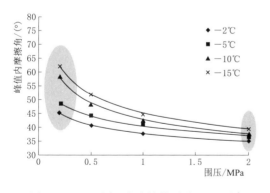
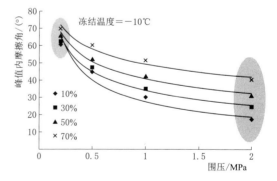

图 3.3.17　不同温度冻结掺砾黏土（30%　　　图 3.3.18　不同掺砾量冻结掺砾黏土
　　　　　掺砾量）的峰值内摩擦角　　　　　　　　　　　　（－10℃）的峰值内摩擦角

3.3.2.3　剪胀角

类似地，剪胀角表达了体积应变率和剪应变率的比值，其一般定义为

$$\sin\psi = -\frac{\dot{\varepsilon}_1 + \dot{\varepsilon}_2 + \dot{\varepsilon}_3}{\dot{\varepsilon}_1 - (\dot{\varepsilon}_2 + \dot{\varepsilon}_3)} \qquad (3.3.2)$$

严格地来说，剪胀角的定义中应当采用应变率的塑性部分，而不是总应变率。

因此，理论上从试验获得严格的剪胀角较为困难，因为需要获得土体的弹性特性。然而，Houlsby（1991）认为对于大多数土体来说，在分析剪胀角时这种区别不是特别重要，因为土体的弹性刚度相对很大，整个应变累积过程中弹性应变与塑性应变相比很小，因此采用式（3.3.2）进行剪胀角的计算。

对于常规三轴试验，直接测量的是轴向应变和体积应变，体积应变可表示为

$$\varepsilon_v = \varepsilon_1 + \varepsilon_2 + \varepsilon_3 \tag{3.3.3}$$

其中

$$\varepsilon_2 = \varepsilon_3 \tag{3.3.4}$$

为便于分析，将式（3.3.3）和式（3.3.4）代入式（3.3.2），可得

$$\sin\psi = -\frac{\dot{\varepsilon}_v}{\dot{\varepsilon}_1 - (\dot{\varepsilon}_v - \dot{\varepsilon}_1)} = -\frac{\dot{\varepsilon}_v}{2\dot{\varepsilon}_1 - \dot{\varepsilon}_v} \tag{3.3.5}$$

即

$$\sin\psi = -\frac{\dfrac{\dot{\varepsilon}_v}{\dot{\varepsilon}_a}}{2 - \dfrac{\dot{\varepsilon}_v}{\dot{\varepsilon}_a}} \tag{3.3.6}$$

根据三轴试验获得的应力应变、体变应变关系结合式（3.3.6）来估计剪胀角，如图3.3.19和图3.3.20所示。其中，负值表示发生"剪缩"，正值表示发生"剪胀"。

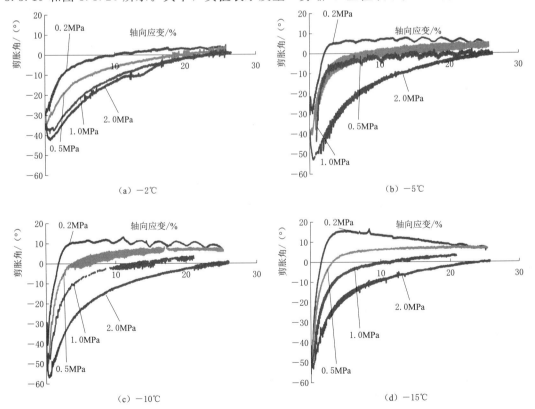

图 3.3.19　不同温度冻结掺砾黏土（30%掺砾量）的剪胀角变化过程

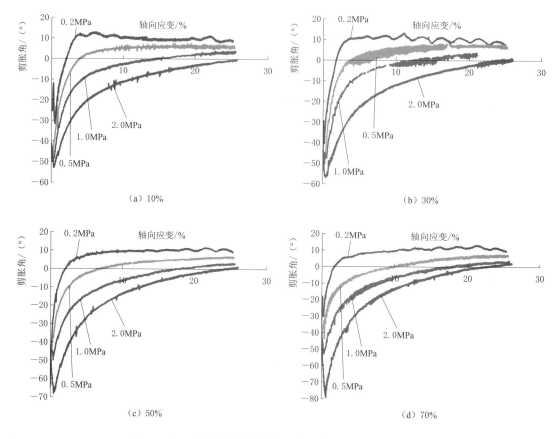

图 3.3.20　不同掺砾量冻结黏土剪胀角变化过程（－10℃）

由图 3.3.19 和图 3.3.20 可以看出，随着轴向应变的逐渐增大，各个工况下剪胀角均从较大的负值逐渐往较小的负值变化，在较低围压时（0.2MPa 和 0.5MPa），剪胀角会出现明显的正值区间，即低围压下"剪胀"特征更加明显，对比不同冻结温度的曲线可以发现，冻结温度越低，越早出现正值的剪胀角，且数值更大；对比不同掺砾量的曲线也可发现，掺砾量越小，越早出现正值的剪胀角，即冻结温度越低、掺砾量越小，"剪胀"特征更明显。

3.4　掺砾黏土渗透特性

掺砾黏土的渗透特性关系到高黏土心墙坝、垃圾填埋场等工程的防渗安全，而冻融作用对渗透特性的影响是寒区工程中关注的突出问题。为此，开展了系列压实掺砾黏土三轴渗透试验，研究围压、掺砾量、砾石级配、冻融循环次数、初始含水率等因素对压实掺砾黏土渗透特性的影响。基于黏土-砾石的结构分布特征，引入渗透性分区概念模型对压实掺砾黏土的渗透特性演变规律进行解释。

3.4.1 常温环境下三轴渗透试验

3.4.1.1 试验原理和仪器

掺砾黏土料是一种由黏土和砾石组成的复合材料，具明显的不均匀性，且其中的砾石颗粒粒径较大。此外，当掺砾量变化时压实土样的渗透系数变化范围也较大，因此，室内常用的 55 型变水头渗透仪和 70 型常水头渗透仪在研究压实掺砾黏土的渗透特性时并不适用。鉴于常规土工渗透仪不能满足压实掺砾黏土渗透试验的要求，笔者采用改进的中三轴仪开展渗透试验。将常规中三轴的反压装置改装为施加渗透水压力的装置（图 3.4.1），可以提供试验所需的额定水头差；原围压装置上安装内刻度管，用于测量施加围压过

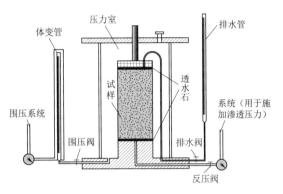

图 3.4.1　三轴渗透仪结构示意图

程中压力室内水量的变化，从而可以间接计算出试样体积的变化。改进后的三轴渗透仪主要包括压力室、围压系统、反压系统和体变管。由于所采用三轴仪自带一个反压力系统，根据朱思哲（2003）的建议，饱和试样所需的反压力与施加水头差所需的反压力共用一个反压力系统。反压系统接于试样底部、体变管接于试样顶部。三轴渗透试验的优点在于可以对试样施加反压力，使之达到饱和，同时增加试样两端头差，加快试验进程，缩短试验时间，尤其适用于较难饱和、渗透系数较小的黏土试样。此外，三轴渗透试样外部采用柔性橡皮膜包裹可避免试样周边渗水，不致产生非均匀渗流的影响。三轴渗透仪可同时用于常水头渗透试验与变水头渗透试验，区别在于常水头试验计算简单，操作复杂，需在试验过程中逐渐降低体变管位置使得体变管液面与试样顶部出水口的高差 h 为常数，而变水头试验计算相对复杂，但操作简单。考虑到黏土试样渗透系数较小，为减小试验操作所造成的误差，采取变水头渗透试验测定掺砾黏土的渗透系数。

变水头渗透试验原理示意图如图 3.4.2 所示，土样高度为 L，截面积为 A，在 t_1 时刻、初始水头差 h_1 的作用下水从变水头管中自上而下渗流通过土样。一段时间后，记录 t_2 时刻的水头差 h_2。设试验过程中任意时刻 t 的水头差为 h，经过时间 dt 后，变水头管中水位下降 dh，那么 dt 时间内流入试样的水量为

$$dQ = -a \cdot dh \tag{3.4.1}$$

式中：a 为变水头管内截面面积；负号表示渗流水量随 h 的减小而增加。

根据达西定律，建立 dt 时间段内渗流量 dQ 与渗透系数 k 之间的关系：

$$dQ = kiA\,dt = k\frac{h}{L}A\,dt \tag{3.4.2}$$

根据饱和试样渗透水流的连续条件，流入与流出试样的水量相等，则

$$-a\,dh = k\frac{h}{L}A\,dt \tag{3.4.3}$$

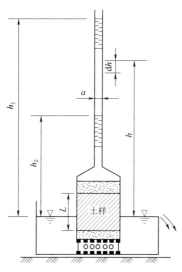

图 3.4.2　变水头渗透试验原理示意图

$$\mathrm{d}t = -\frac{a}{k}\frac{\mathrm{d}h}{h}\frac{L}{A} \tag{3.4.4}$$

对等式两端在 $t_1 \sim t_2$ 时间段内积分：

$$t_1 - t_2 = -\frac{a}{k}\frac{L}{A}\ln\frac{h_2}{h_1} \tag{3.4.5}$$

因此，土的渗透系数 k 为

$$k = \frac{aL}{A(t_2 - t_1)} \cdot \ln\frac{h_2}{h_1} \tag{3.4.6}$$

由于三轴渗透试验的水头是通过反压 P 施加，为此将水压换算成相应水头：

$$k = 2.3\frac{aL}{A(t_2 - t_1)}\lg\frac{102P - h_1}{102P - h_2} \tag{3.4.7}$$

式中：数值 2.3 为 lg 与 ln 之间的换算系数；k 为渗透系数，m/s；a 为体变管面积，m^2；L 为试样高度，m；A 为试样截面积，m^2；P 为施加反压力，kPa；t_1、t_2 为液面从试样顶端出水口上升达到 h_1、h_2 时的时间，min；h_1、h_2 为 t_1、t_2 时排水管中液面高于试样顶端出水口的高度，mm。

3.4.1.2　试验材料、方案与步骤

1. 试验材料及试样制备

试验用的黏土和砾石材料与前述压实试验的一样，均取自中国西南高寒区某在建高黏土心墙坝工程。在研究不同掺砾量的影响时，同样采用控制压实度的方法进行制样，即通过控制试样干密度制样实现不同掺砾量的掺砾黏土都处于同一压实度条件，制样含水率取各个掺砾量下所对应的最优含水率。与单轴压缩试验相同，制样时控制压实度为 0.8。试样的制备条件对于试验结果有重要的影响，为尽量减小试验人为误差，应尽量保证试样制备的初始条件相同。试样直径 $D = 101\mathrm{mm}$，高度 $H = 200\mathrm{mm}$，按控制干密度的要求分五层，每层质量相等，压实后保证每层高 40mm，具体制备方法同压实试验试样。

2. 试验方案及步骤

基于上述试验原理，利用改进的柔性壁三轴渗透仪，开展常温环境下掺砾黏土的渗透试验，研究不同掺砾量、不同砾石级配掺砾黏土的渗透特性，具体试验方案见表 3.4.1 和表 3.4.2。

表 3.4.1　　　　　　　　　不同掺砾量的黏土三轴渗透试验方案

编号	掺砾量 C_g/%	围压 σ_3/kPa	初始含水率/%	黏土干密度/(g/cm³)
1 - 1	0		11.4	1.65
1 - 2	10		10.5	1.62
1 - 3	30	0，100，200，300，400，500，600	8.3	1.55
1 - 4	40		7.5	1.49
1 - 5	50		6.6	1.40

表 3.4.2　　　　　　　　　　　　不同砾石级配的掺砾黏土三轴渗透试验方案

方案编号	掺砾量 C_g/%	围压 σ_3/kPa	最大粒径/mm	单一粒径组/mm
2-1	30		20	—
2-2	30		15	—
2-3	30		10	—
2-4	30	0，100，200，300，400，500，600	5	—
2-5	30		—	15～20
2-6	30		—	5～10
2-7	30		—	2～5

具体试验步骤操作如下。

（1）首先用无气水将仪器各管充满，将管道中的气泡排尽并检查有无渗漏。

（2）将试样放入饱和装置中抽气饱和并浸泡 24h 以上，取出试样装入三轴仪并向压力室内注水。

（3）压力室内水满后，封闭排水阀、反压阀，打开围压阀，利用调压筒施加第一级围压 20kPa（$\Delta\sigma_3$），待孔压传感器示数稳定后读取孔压值（$\Delta\mu$），根据 Skempton 孔压系数 B 值（$B=\Delta\mu/\Delta\sigma_3$）判断试样的饱和情况，若 $B<0.95$，则认为试样未完全饱和。此时打开反压阀，利用调压筒加第一级反压 20kPa、第二级围压 20kPa（此时围压应为 40kPa），待孔压传感器示数稳定后读数，若试样仍未完全饱和，再加第三级反压与围压，如此反复直至满足 $B>0.95$，利用压力系统将围压与反压均稳定至饱和所需的压力值（注：实际试验时发现，试样在抽气饱和阶段均已达到基本饱和，故反压系统仅用于施加渗透水头，未用于反压饱和）。

（4）根据试验方案施加围压 σ_3，打开排水阀使试样从顶端排水，当试样顶端停止排水或孔隙水压力消散到等于反压力时说明固结完成。

（5）将反压调至 P（施加水头），等到体变管中液面高于试样顶端出水口后开始记录数据。

（6）记录 t_1 时刻体变管中液面高于试样顶端出水口的高度 h_1，t_2 时刻体变管中液面高于试样顶端出水口的高度 h_2，此为一组数据，重复记录三组数据。

3.4.1.3　试验结果与分析

1. 围压的影响

图 3.4.3 为不同掺砾量（0、10％、30％、40％和50％）下掺砾黏土试样的渗透系数随着围压的变化。由图 3.4.3 可见，随着围压的增加，各掺砾量试样的渗透系数逐渐减小，且衰减幅度逐渐减小。这是因为随着围压的增加，试样逐渐被压密，内部孔隙逐渐减小，从而渗透性逐渐降低，由于土体的"压硬性"，随着围压的增大，土体越来越难被压密，孔隙减小的程度也逐渐减低，因此渗透系数降低的幅度也越来越小。

2. 掺砾量的影响

图 3.4.4 为不同围压（0kPa、100kPa、200kPa、300kPa、400kPa、500kPa 和 600kPa）下掺砾黏土试样的渗透系数随掺砾量的变化。从图 3.4.4 中可以看出，各围压下试样的渗透系数的变化呈现出基本相似的规律：随着掺砾量的增加，渗透系数逐渐减

小，当掺砾量增加到 30% 时渗透系数减小至最小值，而后渗透系数又开始逐渐增大，且增大幅度较为明显。此外，可以看出围压为 0kPa 和 100kPa 各掺砾量条件下渗透系数的变化较大，随着围压的逐渐增加，相邻围压梯度之间的曲线距离逐渐减小，这也从另一个角度反映了围压的变化在低围压范围内对渗透系数的影响较为显著，而高围压范围内影响逐渐减弱。在试验范围内，掺砾量为 30% 时，掺砾黏土的渗透系数达到最小值，这个拐点掺砾量反映的内在本质后面将尝试给出解释。

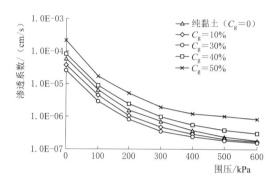

图 3.4.3　不同掺砾量的掺砾黏土渗透系数
随围压的变化

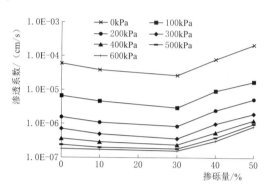

图 3.4.4　不同围压时掺砾黏土渗透系数
随掺砾量的变化

3. 砾石级配的影响

图 3.4.5 为具有不同最大粒径的连续级配砾石混合土的渗透系数随围压的变化。从图 3.4.5 中可以看出，在相同砾石含量（30%）下，当最大粒径为 5mm 和 10mm 时，渗透系数比较接近；随着砾石最大粒径进一步增大（15mm 和 20mm），试样的渗透系数逐渐减小。但当围压增加到 500~600kPa 时，各个级配下的渗透系数大小基本相当，也就是说，在 30% 掺砾量下，改变砾石连续级配的最大粒径，在高围压对渗透系数的影响不再显著。

图 3.4.6 为间断级配（不同单一粒径组）砾石混合土的渗透系数随围压的变化。可以看出，在相同砾石掺量（30%）下，砾石颗粒处于单一粒径组时，粒径的颗粒大小对渗透系数有一定的影响：随着粒径的增大，试样的渗透系数有所减小，这种减小的程度在高围压下变得不再显著。

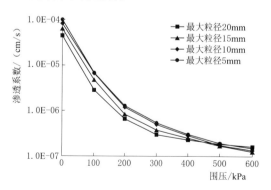

图 3.4.5　连续级配（不同最大粒径）砾石
混合土的渗透系数随围压的变化

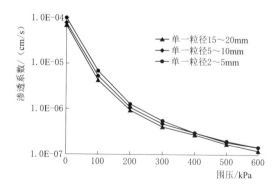

图 3.4.6　间断级配（不同单一粒径组）砾石
混合土的渗透系数随围压的变化

砾石粒径大小对渗透性的影响可以通过混合物中黏土组分密度的非均质性来解释。
Fragaszy 等（1992）及 Jafari 和 Shafiee（2004）的研究表明，当粗颗粒悬浮在细料基质中时，会导致原有细料的密度场产生不均匀分布。如图3.4.7 所示，当黏土基质中投入粗颗粒时，粗颗粒周围的黏土受到挤压，每两个颗粒之间的黏土形成了"黏土桥"，而两端的粗颗粒可看作是起支撑作用的"桥头堡"，由于粗颗粒分布的随机性，"黏土桥"的分布也是方向各异的。当受到固结应力时，大部分外力由"黏土桥"及其两端颗粒构成的"桥头堡"承担，而很少由外围的黏土基质承担，这些外围远离"黏土桥"和两端颗粒的黏

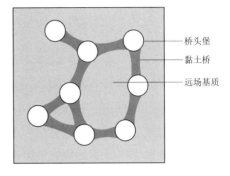

图 3.4.7　粗粒-黏土混合料中非均质密度场的分布示意图（Fragaszy et al.，1992）

土基质被称为"远场基质"。因此固结后，混合料中会形成非均质的有效应力场和相应的密度场，如图 3.4.8 所示，这种猜想在后来的扫描电镜试验（SEM）中也得到了证实（Shafiee，2008）。实际上，这种非均质密度场在压实制样的过程中已经初步形成，属于一种原生各向异性，而在渗透试验过程中加载不同水平的围压，在应力诱导下这种各向异性将更加显著。据以上概念可知，因为远场黏土基质的孔隙比要远大于"黏土桥"的孔隙比，远场基质控制着整体混合料的渗透系数，因此在粗粒含量一定的情况下，当砾石平均粒径增大，则远场基质黏土的密度也随之增大，从而渗透系数减小。

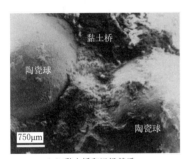

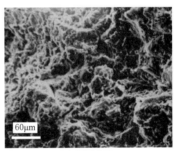

（a）黏土桥和远场基质　　　　　　（b）黏土桥　　　　　　（c）远场基质

图 3.4.8　掺 40％陶瓷球的黏土混合试样中黏土桥和远场基质示意图（Shafiee，2008）

3.4.1.4　渗透机理分析

　　掺砾黏土是由黏土和砾石组成的复合材料，其渗透性由黏土基质、砾石和内部孔隙共同决定。由压实试验可知，对于掺砾量大的试样，一方面，其黏土基质的干密度越小，理论上渗透系数应该增大；另一方面，其试样整体的孔隙率越小，渗透系数理论上应该减小。实际上，掺砾黏土在 0～30％掺量范围内试样的渗透系数随着掺砾量的增大而有所减小，并在 30％掺砾量时达到最小值。由此推断，砾石在压实的土-石结构中起着非常特别的作用：当试样整体较为密实时，砾石的掺入对于渗透性的减小作用要远大于黏土干密度减小而造成的渗透性增大作用，即在一定的掺砾量范围内，砾石的掺入可有效地降低掺砾黏土的整体渗透系数，提高其防渗性能；而当掺砾量超过 30％时，随着掺砾量的增加，

尽管掺砾黏土试样的初始孔隙率是逐渐减小的，但黏土基质干密度过小使其不再处于密实状态，土-石结构内部孔隙联接形成渗流通道，导致掺砾黏土的渗透系数又快速上升。可以判断，对于不同掺砾量的试样，由于土、砾石及土-石界面的渗水能力差异，其渗透性能较一般均质土体更为复杂，不能简单地用干密度或者孔隙率的大小来评估其渗透性的高低。吴珺华等（2015）研究了掺砾量为 33%～60% 的掺砾黏土的渗透系数演变规律，得出结论：随着掺砾量的增大，试样内部孔隙数量和规模不断增大导致渗透系数迅速增大；而李方振等（2016）对不同砾石含量的宽级配砾质土进行了一系列的三轴渗透试验，发现随砾石含量的增大，渗透系数呈现出先略微减小然后逐渐增大、最后迅速增大的变化规律。为解析上述不同掺砾量的掺砾黏土渗透试验规律，提出以下考虑渗透路径的概念模型。

如图 3.4.9 所示，通过 CT 扫描试样的纵断面可以看出，不同掺砾量的试样内部本质上对应着不同的土-石结构分布。针对掺砾黏土含有黏土、砾石两种不同的渗透介质，将其内部划分为：低渗透性压实黏土、超低渗透性含砾石黏土、中渗透性土石结合面、高渗透性骨架空隙四种渗透路径，如图 3.4.10 所示。

低渗透性压实黏土路径：该路径由贯通的压实黏土连接而成，主要指的是黏土基质形

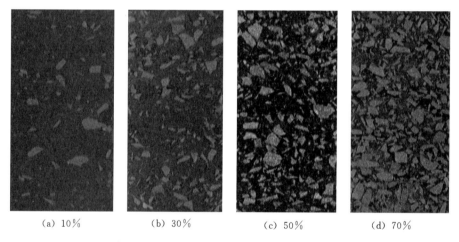

| (a) 10% | (b) 30% | (c) 50% | (d) 70% |

图 3.4.9　不同掺砾量试样纵断面的 CT 扫描图

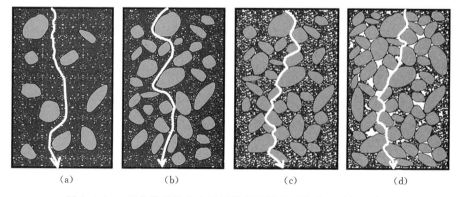

| (a) | (b) | (c) | (d) |

图 3.4.10　压实掺砾黏土在不同掺砾量情况下的渗透路径示意图

成的连续通道，渗透水流沿着黏土基质中的孔隙流动。该渗透路径广泛分布在无或低掺砾量的试样中，该路径的渗透性主要取决于黏土基质的孔隙比，由于此时黏土基质中孔隙较小，渗透路径较长。

超低渗透性含砾石黏土路径：该路径主要为渗透水流沿砾石周围在黏土基质中绕渗。该路径主要发生在中低掺砾量试样中，适量悬浮砾石的存在进一步增长了流动路径，从而该路径的渗透系数要比纯黏土更低。

中渗透性土石结合面路径：该路径指的是土-石结合面形成的交界面或接触面，由于土-石材料的吸水性和黏结性差异，界面处黏结作用往往不稳定，在水流作用下容易形成渗透薄弱面。掺砾量越大，黏土基质越松散，则该路径就越显著，该路径主要广泛存在于中高掺砾量的情况。

高渗透性骨架空隙路径：该路径主要发生在砾石掺比较大的情况下，由压实试验可知，高掺砾量工况下砾石之间广泛接触、形成骨架，骨架空隙之中的黏土很难被压实甚至出现脱空现象，从而形成很高的渗透路径。

根据上述渗透路径概念模型，可以对不同掺砾量下渗透系数的演变规律进行较为合理的解释。当掺砾量从 0% 逐渐增加到 30% 时，土-石混合体内部的不透水砾石含量逐渐增大，且此时砾石主要悬浮在黏土基质之中，虽然此时混合体中同时存在上述图 3.4.10（a）、图 3.4.10（b）和图 3.4.10（c）合计三种渗透路径，且主要由图 3.4.10（a）和图 3.4.10（b）两种渗透路径控制。随着掺砾量的增加，路径图 3.4.10（b）增加，而此时由于压实黏土的干密度减小得并不多，在中渗透性土石结合面路径还处于较为紧密的情况下，试样整体的渗透系数呈现出逐渐减小的趋势，并在减小到 30% 时达到了渗透系数的最小值。当掺砾量进一步增大时，尽管路径图 3.4.10（b）继续增大，但是砾石含量的增大引起了压实黏土干密度的逐渐减小，从而低渗透性压实黏土路径图 3.4.10（a）大大削弱。此外，土石结合面随着掺砾量的进一步增加而逐渐松散，渗透薄弱界面越来越显著，中渗透性土石结合面路径图 3.4.10（c）诱发渗透系数增大的作用已经远远超过了超低渗透性含砾石黏土路径图 3.4.10（d）引起渗透系数减小的作用，从而表现为掺砾量超过 30% 后，渗透系数又逐渐增大，该阶段的试验规律与吴珺华等（2015）报道的掺砾量为 33%～60% 时掺砾黏土的渗透系数随着掺砾量的增大而迅速增大的结论相一致。

3.4.2 冻融作用后渗透特性

在高寒区，水工岩土工程中涉及的掺砾黏土料不仅仅需要关注常温条件下的渗透特性，冻融循环作用作为高寒区的典型环境因素，其对压实掺砾黏土渗透特性的影响也是需要关注的重点问题。为此，开展了冻融作用后压实掺砾黏土试样的渗透特性试验，以揭示该环境下掺砾黏土渗透特性的影响因素及其冻融演化规律，为寒区防渗工程建设提供参考。

3.4.2.1 试验方案

将制备好的掺砾黏土试样用保鲜膜包裹，防止水分散失，放入自主研制的冻融循环试验箱内（见图 3.4.11），进行冻融循环试验，冻融试验的冻结温度设为 −10℃，融化温度为室温（约 20℃）。一次冻融循环时间为 24h，包括冻结 12h，融化 12h，待达到指定的冻融循环次数后，采用与常温环境三轴渗透试验同样的操作步骤开展三轴渗透试验。

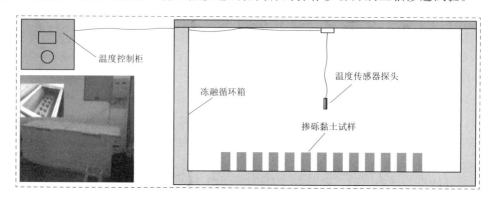

图 3.4.11　冻融循环试验箱

为了分别探究掺砾量、冻融次数、初始含水率和围压等对冻融作用后掺砾黏土试样渗透特性的影响，设计如下系列试验方案。

系列 1：不同掺砾量的影响。开展 0、10％、30％和 50％四种掺砾量试样在经历 1 次冻融循环作用后的渗透试验。

系列 2：冻融次数的影响。开展 8.3％和 12.0％含水率掺砾量为 30％的试样经历 0 次、1 次、2 次、3 次、5 次、7 次和 10 次冻融循环作用后的渗透试验。

系列 3：初始含水率的影响。开展 4.0％、6.5％、8.3％、10.0％和 12.0％几种初始含水率下 30％掺砾量试样在经历 1 次冻融循环作用后的渗透试验。

3.4.2.2　试验结果与分析

1. 掺砾量对渗透性的影响

将不同掺砾量试样经历 1 次冻融作用后的试验结果与常温工况进行对比分析，得到不同掺砾量（0、10％、30％和 50％）的掺砾黏土未经历冻融和经历 1 次冻融后渗透系数随围压的变化曲线，如图 3.4.12 所示。可以发现，在经历了 1 次冻融作用后，在相同围压下，不同掺砾量的渗透系数均有所增大，但增大的幅度与掺砾量紧密相关。掺砾量为 0 和 10％时，在相同围压下，经历 1 次冻融作用后渗透系数增大的幅度较小；30％掺量时，渗透系数增大的幅度较 0 和 10％时有所增加，当掺砾量增大到 50％时，增大幅度进一步增大。值得注意的是这种差异在低围压情况下比较显著，而在高围压时（大于 400kPa），这种由于冻融作用引发的渗透性增强作用变得不再显著，试验曲线上表现为高围压下，未经历冻融和经历 1 次冻融的试验曲线相当接近。也就是说，在低围压条件下，冻融

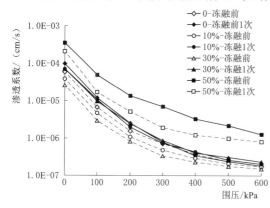

图 3.4.12　不同掺砾量的掺砾黏土冻融作用前和
冻融 1 次渗透系数随围压的变化

作用使得掺砾黏土的渗透系数显著增加，掺砾量越大，增加的程度越大；而在高围压条件下，冻融作用对渗透性的影响比较微弱，0～30％掺砾量的试样渗透系数比较接近，但50％掺砾量时的渗透系数比其他掺砾量要明显大很多。这与不同掺砾量下土-石结构不同密切相关，0～30％掺砾量下的土石结构比较类似，砾石都悬浮于黏土基质中，而50％掺砾量时，砾石与砾石之间开始接触，逐渐形成骨架。因此，要深入分析试验规律，有必要结合不同掺砾量的土石结构进行分析。以30％掺砾量为界，再次观察试验数据可以发现，在未经冻融前，渗透系数表现为：纯黏土＞10％掺量＞30％掺量；而经过1次冻融后，三者的渗透系数十分接近，且高围压下出现相反的规律：纯黏土＜10％掺量＜30％掺量，这个现象说明掺砾量大的试样受冻融影响十分显著，一方面表现在低围压情况下，冻融作用使得30％掺砾量试样的渗透系数降低很多，另一方面表现在高围压下即使冻融作用的影响削弱后，仍然表现为掺砾量大的试样渗透系数要大。

这一现象可以联系以上常温渗透试验中渗透分区的概念模型来解释（见图3.4.10）。一方面，掺砾量越高，试样中黏土所占的比例越少，从图3.4.10中可以看出冻融循环作用对黏土孔隙的影响较小且能被高围压所消除；另一方面，随着掺砾量的增加，掺砾黏土的渗流路径逐渐从低渗透黏土路径向中渗透土石结合面路径转移。据此可以合理推断：冻融作用对掺砾黏土结构的影响主要表现在对黏土孔隙的影响和对土-石结合面黏结程度的影响。30％掺砾量时渗透系数表现得最小，主要是由于此时存在最为显著的超低渗透性含砾石黏土路径。冻融1次后，渗透系数大幅度增加的原因一方面归结于黏土孔隙的变大，但是30％掺砾量时试样的黏土含量并没有0和10％掺砾量时的多，其孔隙的变化不至于引起如此大的渗透系数变化，因此更主导的另一方面是由于黏土与砾石交界面黏结程度的急剧衰减导致。在高围压情况下，冻融作用撑大的黏土孔隙在应力作用下逐渐密闭愈合，但是土-石结合面的胶结程度是不可恢复的，随着掺砾量的增加，土-石胶结面积越大，所以出现高围压下渗透系数纯黏土＜10％掺量＜30％掺量的情况。此外，50％掺砾量的试样经历1次冻融循环作用后，渗透系数增大幅度最大，主要是因为50％掺砾量时，砾石与砾石之间开始接触，具有大量的土石结合面，并逐渐形成骨架-空隙结构，此时渗透系数的大幅度增加主要是由于冻融作用大大破坏了土-石结合面，形成了大量不可恢复的接触面裂隙渗透路径，使得渗透系数大大增加。因此，这种与0～30％掺砾量时明显不同的规律，主要是土石结构的不同所致。

2. 冻融次数对渗透性的影响

图3.4.13和图3.4.14分别为掺砾黏土（30％掺砾量）在含水率分别为8.3％和12.0％时的渗透系数与孔隙比随冻融循环次数的变化规律。不同围压下渗透系数随着冻融循环次数的增加表现出相似的规律，即：随着冻融次数的增加，渗透系数逐渐增加，且在1～2次冻融作用后增加的幅度最大，说明冻融对渗透系数的影响作用主要发生在1～2次冻融循环。当冻融循环次数增加至7～10次时，渗透系数基本增大到一个较为稳定的值。通过对比同一含水率、不同围压下的试验曲线可以看出，以上讨论的冻融循环次数对渗透系数的影响规律在低围压下表现得较为显著，随着围压的增加，冻融次数的影响逐渐减弱。通过对比同一围压、不同含水率的试验曲线可以看出，初始含水率的不同并不影响渗透系数随冻融次数变化的整体规律，只是在数值上表现的有所不同，初始含水率越大的试

样，其渗透系数随冻融次数增加得更快，数值也更高一些，这种差异在低围压（100kPa以内）下表现得较为显著，当围压比较高时，除了首次冻融导致的渗透系数增加幅值随含水率的增加而增大，随后冻融次数的不同初始含水率的渗透系数大小基本相当。

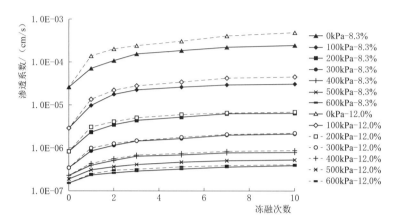

图 3.4.13　掺砾黏土渗透系数随冻融循环次数变化

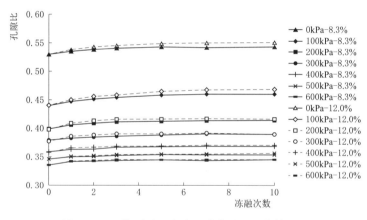

图 3.4.14　掺砾黏土孔隙比随冻融循环次数变化

以上宏观测得的渗透试验结果本质上反映在试样孔隙比随冻融作用的变化过程中。通过试验过程中体变管的排水量及试样的初始孔隙比可以换算出经历不同冻融次数试样的孔隙比在不同围压下的变化过程，如图 3.4.14 所示。由图 3.4.14 可见，孔隙比随冻融循环次数的变化规律与上面分析的渗透系数变化规律基本一致。低温冻结作用下，试样中的孔隙水冻结成孔隙冰，体积膨胀，在冻胀力的作用下土体内的部分孔隙被撑开，孔隙比增大；由于未经历冻融的压实试样较为密实，因此首次冻融后孔隙比增大最为明显，多次冻融后，试样内部绝大多数孔隙路径均被撑开，此时孔隙水的冻胀不再能够撑开更大的孔隙，孔隙比也基本保持不变，反映在渗透系数上便使得渗透系数随冻融次数的增加近乎趋于一稳定值的变化趋势。随着围压的增加，试样被快速压缩，孔隙比越来越小，孔隙比减小幅度最大的工况发生在 100kPa 和 200kPa 围压下，当围压增至 400kPa 以上时，孔隙比减小并在 0.42 附近并基本趋于稳定，说明试样在围压作用下很难被压缩的更加密实，此时渗透系数也降低至 10^{-7} cm/s 数量级。此外，还可以看出，即使在较高的围压水平下，无论是渗透系数还是孔隙比，在经历一定次数的冻融作用逐渐稳定后，其数值还是比初始未冻融时的数值要大，说明围压的作用可以削弱冻融作用对掺砾黏土内部孔隙结构的影响，但是不能消除这种影响，冻融作用对土-石交界面胶结程度的影响是不可忽视的。

3. 围压对渗透性的影响

图 3.4.15 和图 3.4.16 分别为含水率为 8.3% 和 12.0% 的掺砾黏土试样（30% 掺砾量）在不同围压下渗透系数和孔隙比的变化。由图 3.4.15 和图 3.4.16 可见，两种不同含水率下的试验结果较为类似，随着围压的增加渗透系数迅速降低，当围压增大到 400kPa 时，渗透系数基本稳定，并维持在 $10^{-6}\sim10^{-7}$ cm/s 数量级；当围压从 0kPa 增大到 200kPa 时，压实的幅度最大，孔隙比急剧减小，从 0.55 降低到 0.40 左右，当围压增大到 400kPa 时，孔隙比稳定于 0.35 左右。

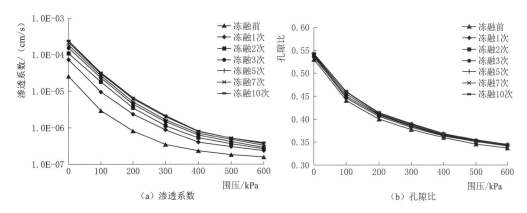

图 3.4.15　掺砾黏土渗透系数和孔隙比随围压的变化（8.3% 含水率）

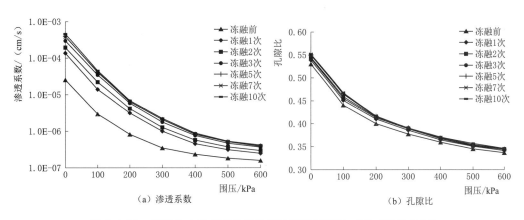

图 3.4.16　掺砾黏土渗透系数和孔隙比随围压变化（12.0% 含水率）

4. 初始含水率对渗透性的影响

常规渗透试验（饱和渗透系数）不需要考虑初始含水率对试样渗透特性的影响。但冻融作用下土样内部冰晶生长及冷生结构的形成导致土样中孔隙体积增加，土颗粒受到挤压并形成新的土骨架结构，因而在冻融过程中需考虑初始含水率对试样渗透特性的影响。从以上的分析可知，第 1 次冻融循环对渗透系数的影响最大，图 3.4.17 为经历 1 次冻融作用后不同初始含水率的试样（30%掺砾量）的渗透系数随围压的变化。由图 3.4.17 可见，冻融 0 次和 4%含水率的试样冻融 1 次后，其试验曲线十分接近，且有波动重合的趋势，说明 4%含水率的试样在经过冻融作用后，其渗透系数基本不受冻融作用的影响。这是由于含水率低时，负温作用下，一方面由于土颗粒对这部分水的强吸附作用，这部分水可能基本以未冻水的形式存在；另一方面含水率低时，即使水分全部冻结，也很难对土体内部已存在的孔隙产生挤压膨胀作用，因此土体结构基本不会受冻融作用的影响，从而表现为 4%初始含水率的试样在经过 1 次冻融后的渗透系数和未经冻融的试样基本接近。随着初始含水率的增加，曲线逐渐向右上方移动，说明初始含水率增大，冻融作用对土体结构的影响逐渐增大，但这种增大趋势并不是线性的，当含水率很高时（10%和 12%），试验曲线又变得比较接近。此外可以发现，在高围压下试验曲线逐渐收拢，说明围压的增大可以抑制由于初始含水率不同而导致的冻融作用对土体结构的影响。

为了更清晰地分析这一现象，将试验结果表示为渗透系数随初始含水率的变化过程，如图 3.4.18 所示。可以看出，当初始含水率从 4%逐渐增加到 12%时，不同围压下的渗透系数均表现出逐渐增大，但在低围压下增加的幅度要大，高围压下增加的幅度要小一些。此外，可以观察到一个有趣的现象：当含水率从 4%增加到最优含水率 8.3%时，渗透系数增加非常显著；但是当含水率从 8.3%增加到 12%时，渗透系数增加的幅度较之前有所减小，且在高围压下这种增加的趋势表现得更加平缓。这主要是因为不同压实含水率情况下的黏土结构不一样所致。压实黏土的击实曲线中，最优含水率左侧为干侧，右侧为湿测，左侧的土样微观结构呈现为双孔隙结构，大孔和小孔交错分布，在压汞试验获得的孔径分布函数呈"双峰"分布；而右侧的土样微观结构呈现为单孔结构，孔隙分布比较均匀，孔径分布函数呈"单峰"分布（Delage et al.，1996）。相对而言，双孔结构较单孔结构更加不稳定，双孔结构的土体在外力作用下"大孔"更容易被压密，也更容易受到外界环境因素的影响，比如干湿、冻融等作用。

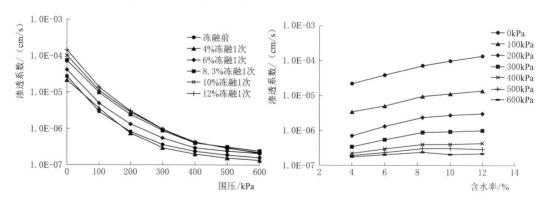

图 3.4.17　第 1 次冻融作用后不同初始含水率　　图 3.4.18　第 1 次冻融作用后不同围压下渗透
　　　　　试样渗透系数随围压的变化　　　　　　　　　　　系数随初始含水率的变化

此外，如图 3.4.19 所示，Alonso（2007）的扫描电镜试验也显示出压实黏土的这一特性：干于最优含水率的压实黏土结构表现为黏土颗粒团聚体周围存在许多大孔隙〔见图

3.4.19（a）］，而黏土团聚体由成层的黏粒基本单元堆积而成，内部存在大量的小孔隙，这种情况下的压实结构呈现大孔和小孔都很显著的双孔结构状态；而湿于最优含水率的黏土结构分布更加均匀，干侧压实时显示的那种大孔隙基本没有出现［见图 3.4.19（b）］。试样的最优含水率为 8.3％，因此含水率从 4％增加到最优含水率 8.3％时，试样基本处于双孔隙结构分布，随着含水率的增加，冻融对结构的影响十分显著，渗透系数增加显著；而当含水率从 8.3％增加到 12％时，单孔隙结构试样的渗透系数增加的幅度将有所减小。

 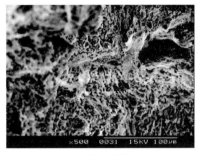

（a）干侧　　　　　　　　　　　（b）湿侧

图 3.4.19　不同压实含水率下压实土的微观结构 SEM 图（Alonso，2007）

图 3.4.20 为 8.3％和 12.0％含水率的试样在不同冻融次数下渗透系数随围压的变化。可以看出，随着围压的增大，不同含水率的渗透系数均随着围压的增大而逐渐减小，且在冻融次数相同的条件下，高含水率的试样受冻融影响更显著，随着围压的增大，12％与8.3％初始含水率试样之间的渗透系数差值逐渐减小，两条试验曲线逐渐靠近并最终在某一围压处开始重合。冻融 1 次时，围压达到 500kPa 时，两条曲线开始重合；冻融 2～3 次时，围压达到 300kPa 时，两条试验曲线开始重合；冻融 3 次及其以上时（3～10 次），围压达到 200kPa 时，两条试验曲线就已经重合。这是因为，随着冻融次数的增多，反复冻融作用下，土体中水分多次冻结与融化，土体结构性逐渐弱化，内部微裂缝不断扩大，土体孔隙结构变得更加蓬松，施加较小的围压后便很容易被再次压实。

3.4.2.3　冻融演化机理分析

掺砾黏土可以看作由几乎不透水的砾石、低渗透性黏土和土石结合面 3 个部分组成的集合体。砾石与黏土的结合界面是渗透性相对薄弱的面，但由于受土体应力的影响，不同部位结合面的渗透性又有一定差异，汪小刚（2018）将在大致正交于大主应力的方向上、结合面结合较紧、渗透性较低的土石结合面定义为中渗透性结合面；而将在大致正交于小主应力的方向上、结合面结合相对较松、渗透性较高的土石结合面定义为高渗透性结合面，如图 3.4.21 所示。

基于上述试验结果，可以总结：冻融作用后，掺砾黏土的渗透系数显著增加，增加的程度受掺砾量、冻融次数、围压和初始含水率影响。下面结合上述概念模型分析冻融作用对掺砾黏土渗透特性的影响。

1. 掺砾量的影响

冻融作用对掺砾黏土结构的影响主要表现在对黏土孔隙的影响和对土-石结合面黏结程度的影响。掺砾量大的试样受冻融影响十分显著，具体表现在：低围压情况下，冻融后

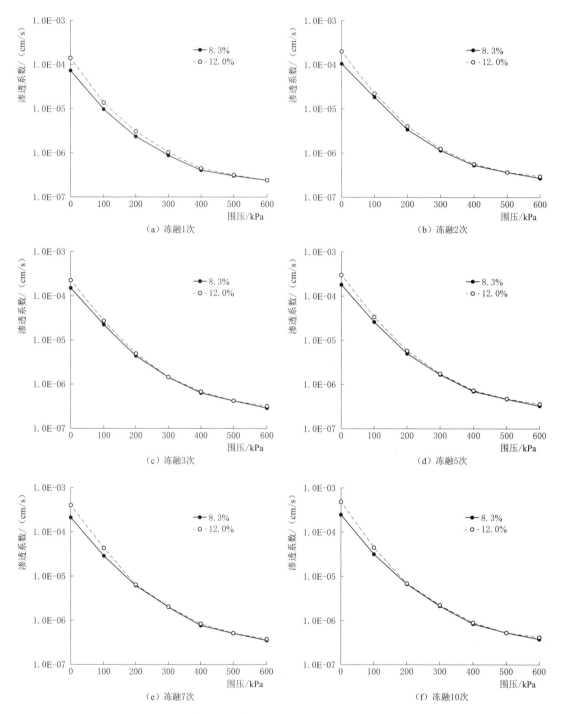

图 3.4.20　含水率 8.3％和 12.0％的试样在不同冻融次数下渗透系数随围压的变化

土样的渗透系数降低很多；高围压下冻融作用有所削弱，但仍表现为掺砾量大的试样渗透系数要大些。这可以解释为：随着掺砾量的增加，土-石胶结面积越大，即中、高渗透性结合面占主导作用，在高围压情况下，冻融作用撑大的黏土孔隙在应力作用下逐渐密闭愈

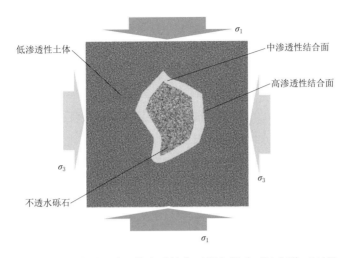

图 3.4.21 含砾心墙土的渗透性分区概念模型（汪小刚，2018）

合，但是土-石结合面的胶结程度是不可恢复的。此外，土石结构的分布也有重要影响，$0 \sim 30\%$ 掺砾量时砾石都悬浮于黏土基质中，而 50% 掺砾量时，砾石与砾石之间开始接触，逐渐形成骨架，骨架-空隙结构存在大量不可恢复的接触面裂隙渗透路径，使得渗透系数大大增加。

2. 冻融次数的影响

随着冻融次数的增加，渗透系数逐渐增加，且在第 $1 \sim 2$ 次冻融作用后增加的幅度最大，说明冻融对渗透系数的影响作用主要发生在第 $1 \sim 2$ 次冻融循环。这主要是因为首次冻融就会显著撑大低渗透性土体的孔隙，大大削弱中、高渗透性土石结合面的黏结程度，从而增大试样的渗透系数。这种作用在低围压和高初始含水率情况下表现得更为显著，主要是因为低围压水分冻结更容易撑开黏土的内部孔隙，也更容易弱化土石结合面的黏结程度，而高含水率则使得冻融作用更加显著。

3. 围压的影响

随着围压的增大，低渗透性黏土逐渐被压密实，且土石结合面也逐渐被压密，试验现象表现为：在 $0 \sim 200\text{kPa}$ 范围内压实的幅度最大，孔隙比急剧减小，使得渗透系数也迅速减小，主要原因是低渗透性土体具有"压硬性"，施加一定的外力后，继续压密将变得更加困难，所以围压增加初期，渗透性显著减低，随着围压的增大，渗透系数减小的程度逐渐缓慢。

4. 初始含水率的影响

随着土样压实初始含水率的增加，冻融作用下土样内部冰晶生长及冷生结构形成导致土样中孔隙体积增加，土颗粒受到挤压并形成新的土骨架结构，渗透性逐渐增加，但低渗透性黏土的微观结构从双孔结构过渡到单孔结构，因此渗透系数增加的速率在干于最优含水率时较大，而在湿于最优含水率时则较小一些。反复冻融作用下，土体中水分多次冻结与融化，土体结构性逐渐弱化，内部微裂缝不断扩大，土体孔隙结构变得更加蓬松，因此含水率高的土样冻融后渗透系数变大，但高低含水率的这种差异在高围压下逐渐减小，且冻融次数越多，这种差异减小越显著。

第4章 筑坝堆石料工程特性

高土石坝的设计理论与变形协调控制的核心是筑坝材料的强离散性与非线性问题。作为土石坝的基础材料，堆石料一般是指天然开采或通过爆破产生的岩石颗粒集合体材料，具有压实密度大、透水性优良、抗剪强度高、沉降变形小等工程特性。高土石坝的设计与建设无法由低坝的经验外推，重要原因之一在于随着坝高的增加，坝体内部堆石的应力相应提高。而堆石料作为一种典型的颗粒材料，其大小颗粒彼此充填，且颗粒之间常为点接触，在应力达到颗粒的强度极限时，会发生颗粒破碎现象（见图4.0.1）。颗粒破碎不仅会造成颗粒体系骨架的重新排列，也会形成大量非仿射运动的小颗粒填充颗粒体内部空隙。图4.0.2为DEM模拟的不同级配的颗粒材料体系中的小颗粒的运动矢量。可以看出，在某些特定级配的颗粒材料中小颗粒的孔隙填充作用非常显著，从而造成进一步的收缩变形，在大坝结构尺度上体现为坝体的沉降。高坝超预期的沉降会导致坝体与防渗体系之间发生不协调变形，造成防渗系统的损坏。例如天生桥一级面板堆石坝坝高178m，其最大沉降达到了坝高的2%，造成了面板的破损；水布垭面板堆石坝坝高233m，最大沉降达坝高的1.58%，导致面板局部挤压破损。

图4.0.1 典型的堆石料颗粒破碎现象

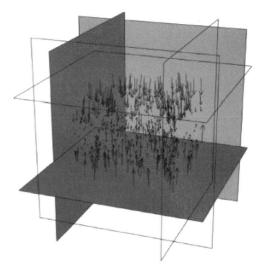

图4.0.2 颗粒体系中小颗粒的填充作用示例（Minh et al.，2013）

在这样的背景下，仅开展唯象的、宏观的试验研究存在难以克服的局限性。近年来，颗粒材料的细观力学理论与模拟方法逐渐引起重视，宏细观力学方法与理论基于堆石料离散的本质，研究颗粒材料的力学特性及颗粒体系的细观结构在其力学特性中扮演的角色。

为此，相较于其他文献中的研究，本书在筑坝堆石料的工程特性方面侧重于针对筑坝堆石料的堆积、压缩、剪切及破碎特性的物理机制开展研究，并探讨这些结论在土石坝工程中的应用前景。

4.1 堆石料压缩特性的细观−宏观机理

堆石料作为一种常见的颗粒材料，其压缩特性与土石坝的沉降密切相关。在实际工程中，常用堆石料的侧限压缩模量 E_s 来反映材料的压缩和沉降性能。根据定义，侧限压缩模量是在侧限条件下竖向附加应力和相应的应变增量之比，即

$$E_s = \frac{\delta \sigma_{yy}}{\delta \varepsilon_{yy}} \tag{4.1.1}$$

式中：σ_{yy} 和 ε_{yy} 分别为竖向应力和应变。

迄今为止，颗粒材料侧限压缩曲线的研究主要分为两类：第一类是对室内试验结果的表象数学描述，这类方法可以追溯到土力学的早期经典文献，当时的学者采用孔隙比和应力对数空间内的线性关系拟合了土体的压缩关系；梅国雄等（2003）结合建筑工程中的沉降问题，从实用角度出发，建立了简单的模型，通过假定不同土类的泊松系数为常量，给出了侧限压缩模量的简易计算方法；Pestana 和 Whittle（1995）考虑了土体压缩过程的弹性与塑性变形，并在体变收敛于极限压缩状态线的假设下，提出了颗粒材料压缩过程的四参数模型；Bauer（1996）在亚塑性本构模型中引入了硬度参数 h_s，并提出了描述压缩曲线的指数函数形式。另一类研究则是尝试挖掘颗粒材料在压缩过程中的颗粒力链传递与骨架支撑的机理，从而赋予宏观模型参数具体的物理含义。如 Minh 和 Cheng（2013）用分形维数作为指标，通过 DEM 模拟探讨了不同分形维数级配对应的压缩模量与颗粒非仿射运动的关系。近年来，采用数值模拟与 CT 扫描等手段研究颗粒材料压缩特性的研究逐步成为热点。然而，大部分这些研究依然停留在对宏观现象的解释层面，尚未建立直接从细观接触到宏观响应的定量关系。

本节拟通过细观力学理论中的细观−宏观均匀化过程，建立一维压缩模量（即侧限压缩模量）的细观表述形式；并通过离散单元法数值模拟进行验证与参数敏感性分析；最后，基于细观力学推导的侧限压缩模量，探讨了堆石料压缩过程的数学形式的物理意义。

4.1.1 堆石料侧限压缩模量细观力学推导

4.1.1.1 细观−宏观力学理论

细观力学在解析颗粒材料压缩过程的物理机制有以下两个优点：①细观力学本身是从颗粒接触的尺度均匀化到宏观力学尺度的过程，由于颗粒材料细观的接触机制相对简单，从第一性原理出发的推导具有更加直观的物理内涵；②虽然细观力学在处理中观尺度应变局部化问题需要特殊的技术处理，但由于压缩过程基本不存在应变局部化，因此避免了细观力学的不足。

本章的工作将采用的约定和引用的前人研究成果主要有如下几点：

（1）颗粒材料的本构模型采用增量理论可以表述为

$$\delta\boldsymbol{\sigma}=\boldsymbol{C}:\delta\boldsymbol{\varepsilon} \tag{4.1.2}$$

式中：$\boldsymbol{\sigma}$ 和 $\boldsymbol{\varepsilon}$ 分别为粗粒料内部应力和应变张量；$\boldsymbol{C}$ 为刚度张量，$:$ 为张量的二次缩合。

此处，本章采用 Luding（2004）的细观力学本构模型，刚度张量 $\boldsymbol{C}$ 可以采用细观力学理论写成以下形式：

$$\boldsymbol{C}=\frac{1}{V}\sum_{P\in V}a^{2}\Big(K^{n}\sum_{i=1}^{C}\boldsymbol{n}\otimes\boldsymbol{n}\otimes\boldsymbol{n}\otimes\boldsymbol{n}+K^{t}\sum_{i=1}^{C}\boldsymbol{n}\otimes\boldsymbol{t}\otimes\boldsymbol{n}\otimes\boldsymbol{t}\Big) \tag{4.1.3}$$

式中：V 为试样代表体积单元；a 为每个颗粒的粒径；K^{n} 和 K^{t} 分别为颗粒的法向和切向接触刚度，该接触刚度可以与颗粒本身的材料弹性参数建立定量关系；$\otimes$ 为张量积；$\boldsymbol{n}$ 和 $\boldsymbol{t}$ 为颗粒接触的法向和切向向量；下标 $P\in V$ 为列举代表体积单元内的颗粒；$\sum_{i=1}^{C}$ 为对一个颗粒的所有接触信息求和。

（2）颗粒材料的力学响应与颗粒的组构密切相关，根据 Oda（1982）的定义，颗粒材料的二阶组构张量可以写成以下形式：

$$\boldsymbol{F}=\int_{\alpha}\boldsymbol{n}\otimes\boldsymbol{n}E(\boldsymbol{n})\mathrm{d}\alpha \tag{4.1.4}$$

式中：α 为全局坐标下接触法向向量 $\boldsymbol{n}$ 在全局坐标下的投影角度；$E(\boldsymbol{n})$ 为接触法向向量的分布密度函数。在大多数情况下，接触法向的分布密度函数 $E(\boldsymbol{n})$ 可以用二阶泰勒级数展开形式表征，写作

$$E(\boldsymbol{n})=\frac{1}{2\pi}\big[1+\beta\cos(2\alpha-2\alpha_{0})\big] \tag{4.1.5}$$

式中：β 为表征颗粒体系各向异性程度的无量纲变量，取值在 0 到 1 之间。根据式（4.1.5）不难看出，$E(\boldsymbol{n})$ 在 α_{0} 方向取最大值，且大量研究表明，α_{0} 方向与大主应力方向重合。

4.1.1.2　细观力学在侧限压缩过程中的应用

考虑二维情况下的侧限压缩，如图 4.1.1 中的颗粒材料试样上部施加 y 方向压力 F，结合侧限压缩模量的定义式（4.1.1）与式（4.1.2），可知：

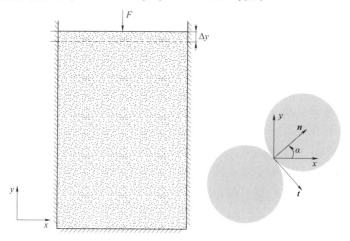

图 4.1.1　侧限压缩过程示意与坐标变换

$$E_s = \frac{\mathrm{d}\sigma_{yy}}{\mathrm{d}\varepsilon_{yy}} = C_{yyyy} \tag{4.1.6}$$

式中 C_{yyyy} 是式（4.1.3）中刚度张量的一个分量，可以写成指标求和形式：

$$C_{yyyy} = \frac{1}{V} \sum_{P \in V} a^2 \left(K^{\mathrm{n}} \sum_{i=1}^{C} n_y n_y n_y n_y + K^{\mathrm{t}} \sum_{i=1}^{C} n_y t_y n_y t_y \right) \tag{4.1.7}$$

式中：n_y 和 t_y 分别为颗粒接触法向向量和切向向量在 y 方向的投影。

记 α 为颗粒接触法向向量 $\boldsymbol{n}$ 与 x 方向的夹角（见图 4.1.1），则式（4.1.7）的侧限压缩模量可以写成两个分量的叠加形式：

$$E_s = E_{\mathrm{sn}} + E_{\mathrm{st}} \tag{4.1.8}$$

其中

$$E_{\mathrm{sn}} = \frac{1}{V} \sum_{P \in V} a^2 K^{\mathrm{n}} \sum_{i=1}^{C} \sin^4 \alpha \tag{4.1.9}$$

$$E_{\mathrm{st}} = \frac{1}{V} \sum_{P \in V} a^2 K^{\mathrm{t}} \sum_{i=1}^{C} \cos^2 \alpha \sin^2 \alpha \tag{4.1.10}$$

式（4.1.8）、式（4.1.9）及式（4.1.10）表明侧限压缩模量可以分解为两个可叠加的部分：由法向接触刚度贡献的 E_{sn} 以及由切向接触刚度贡献的 E_{st}。

由于式（4.1.9）和式（4.1.10）涉及对细观尺度变量的求和（颗粒半径 a 和接触角度 α），因此需要引入粒径 a 与接触角度 α 的分布函数来简化方程。假设颗粒的粒径数量分布函数为 $f(a)$，试样内的颗粒总数目为 N，则粒径从 a 到 $a + \mathrm{d}a$ 的颗粒数目为 $N f(a) \mathrm{d}a$。根据以上定义，容易得到试样的体积为

$$V = (1 + e) \int_{a_{\min}}^{a_{\max}} \pi a^2 N f(a) \mathrm{d}a \tag{4.1.11}$$

式中：πa^2 是二维情况下半径为 a 的颗粒体积（面积）；$a_{\min}$ 和 $a_{\max}$ 分别为最小与最大颗粒半径；e 为孔隙比。

类似地，定义 $E_a(\boldsymbol{n})$ 为某一粒径的颗粒接触法向分布函数。需要注意的是，$E(\boldsymbol{n})$ 与式（4.1.5）的 $E(\boldsymbol{n})$ 在定义上并不相同：前者是某个粒径组颗粒的接触法向向量分布函数，后者则是整个代表体积单元内的接触法向向量分布函数。$E(\boldsymbol{n})$ 可以通过式（4.1.2）与 $E_a(\boldsymbol{n})$ 建立定量联系：

$$E(\boldsymbol{n}) = \frac{\displaystyle\int_a E_a(\boldsymbol{n}) C(a) f(a) \mathrm{d}a}{\displaystyle\int_a \int_a E_a(\boldsymbol{n}) C(a) f(a) \mathrm{d}a \, \mathrm{d}\alpha} \tag{4.1.12}$$

其中，$C(a)$ 是粒径为 a 的颗粒的平均配位数。考虑到 $E_a(\boldsymbol{n})$ 表征的是颗粒接触的各向异性特征，受颗粒本身尺寸的影响较小，因此可以假设 $E_a(\boldsymbol{n})$ 与粒径无关。再考虑到 $E_a(\boldsymbol{n})$ 作为概率密度分布，需满足 $\int_n E_a(\boldsymbol{n}) = 1$，因此，式（4.1.12）可以简化为

$$E(\boldsymbol{n}) = E_a(\boldsymbol{n}) \tag{4.1.13}$$

在式（4.1.13）条件下，对于粒径为 a 的颗粒，其接触法向在 α 到 $\alpha + \mathrm{d}\alpha$ 间的接触点数目为 $C(a) E(\boldsymbol{n}) \mathrm{d}\alpha$。

采用式（4.1.12）和式（4.1.13）两个分布函数，则式（4.1.9）中侧限压缩模量的法向接触贡献 E_{sn} 可以写成积分形式：

$$E_{sn} = \frac{\int_{a_{min}}^{a_{max}} a^2 K^n N f(a) da \int_0^{2\pi} C(a) E(\boldsymbol{n}) \sin^4 \alpha \, d\alpha}{(1+e) \int_{a_{min}}^{a_{max}} \pi a^2 N f(a) da} \qquad (4.1.14)$$

考虑到式（4.1.5）给出的颗粒接触法向分布函数 $E(\boldsymbol{n})$ 的最大值对应角度 α_0 与大主应力重合，在一维压缩条件下，有 $\alpha_0 = \pi/2$，式（4.1.5）变为

$$E(\boldsymbol{n}) = \frac{1}{2\pi} [1 - \beta \cos(2\alpha)] \qquad (4.1.15)$$

将式（4.1.15）代入式（4.1.14）可得

$$E_{sn} = \frac{C_v K^n \upsilon_n}{\pi(1+e)} \qquad (4.1.16)$$

其中

$$\upsilon_n = \frac{1}{2\pi} \int_0^{2\pi} [1 - \beta \cos(2\alpha)] \sin^4 \alpha \, d\alpha = \frac{3}{8} + \frac{1}{4}\beta \qquad (4.1.17)$$

另外，式中参数 C_v 为考虑了颗粒体积权重的平均配位数，定义为

$$C_v = \frac{\int_{a_{min}}^{a_{max}} C(a) a^2 f(a) da}{\int_{a_{min}}^{a_{max}} a^2 f(a) da} \qquad (4.1.18)$$

类似地，侧限压缩模量中切向接触刚度的贡献可以计算为

$$E_{st} = \frac{C_v K^t \upsilon_t}{\pi(1+e)} \qquad (4.1.19)$$

其中

$$\upsilon_t = \frac{1}{2\pi} \int_0^{2\pi} [1 - \beta \cos(2\alpha)] \cos^2 \alpha \sin^2 \alpha \, d\alpha = \frac{1}{8} \qquad (4.1.20)$$

结合式（4.1.16）和式（4.1.19），可以最终得到颗粒材料的侧限压缩模量 E_s 的细观表达式：

$$E_s = \frac{C_v}{\pi(1+e)} (K^n \upsilon_n + K^t \upsilon_t) \qquad (4.1.21)$$

其中，$\upsilon_n = 3/8 + \beta/4$，$\upsilon_t = 1/8$。

不难从以上推导看出：E_{sn} 和 E_{st} 均与颗粒的加权平均配位数、接触刚度有关。然而，有趣的是，E_{sn} 同时与试样的接触各向异性有关，而 E_{st} 则不受试样各向异性的影响。

4.1.1.3　各向异性 β 的分析

堆石料作为一种颗粒材料，其力学特性与应力诱导的各向异性密切相关。本节讨论各向异性的影响及 E_{sn} 和 E_{st} 在不同的各向异性条件下对总体侧限压缩模量的贡献。

在保证其他材料细观参数不变的情况下，可根据式（4.1.16）和式（4.1.19）获得各向异性参数 β 对材料侧限压缩模量的法向和切向贡献量 E_{sn} 和 E_{st} 的影响关系。图 4.1.2 给出 E_{sn} 和 E_{st} 随着 β 的变化，可以看出，随着 β 的增大，E_{sn} 线性减小，E_{st} 不随 β 变化。同时，考虑式（4.1.16）与式（4.1.19）相等，可联立计算得图中两条直线的交点为：$\beta_0 = K^t/2K^n - 3/2$。根据邢继波等（1990）的研究，颗粒接触刚度比（$\eta = K^n/K^t$）可以与颗

粒的泊松比 υ_g 建立如下联系：

$$\eta=\frac{K^n}{K^t}=1+\frac{1}{1-2\upsilon_g} \qquad (4.1.22)$$

对于大多数堆石颗粒，颗粒是可压缩的，即有 $\upsilon_g<0.5$，故从式（4.1.22）中可以得到 $\eta>1$。我们可以进一步得到图 4.1.2 中两条直线交点处的 $\beta_0<1/2-3/2=-1$。然而根据上文所述，β 的取值范围是 0 到 1 之间，因此该交点是无法达到的。也就是说，始终有 $E_{sn}>E_{st}$。换言之，尽管颗粒材料的级配、颗粒的岩性可能有所差异，与对应的侧限压缩过程中的各向异性有所不同，但颗粒材料的侧限压缩模量始终由颗粒法向接触刚度贡献占主导。

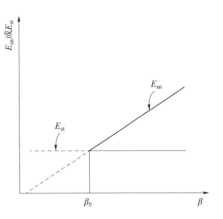

图 4.1.2　E_{sn} 和 E_{st} 随着 β 的演变趋势

4.1.2　离散单元法数值模拟

4.1.2.1　基于 GPU 并行的离散单元法程序面向对象开发

本书的离散单元法数值模拟采用笔者课题组开发的 DEAC 代码。代码基于 Fortran 语言，由于其兼容性和可并行性欠缺，后经笔者采用 C++语言进行了面向对象开发，并采用 NVIDIA 公司的 CUDA 并行计算整合技术实现了该程序的 GPU 并行尝试。

修改后的程序定义了以下的类（class）：Vec3d2 类，主要负责进行向量在 GPU 内的基本运算；Material 类，主要负责存储与赋予 Block 材料参数；Block 类，Grain 和 Wall 类的父类，主要用于进行块体（颗粒与边墙单元）的信息存储与计算；Grain 类，进行颗粒的信息存储与计算，颗粒所在网格的分配；Wall 类，类似于 Grain 类的功能，主要处理边墙的动力计算与存储信息；Contact 类，主要用于进行颗粒的接触检索与接触力计算；Analysis 类，算例主体类，主要负责 GPU 与 CPU 通信与同步，网格划分等全局计算控制；Generation 类，负责初始条件输入，试样生成等。

计算的流程与一般离散单元法算法类似，按照以下步骤进行：

（1）程序初始化。其包括材料赋值、读入颗粒与边界信息。

（2）接触检索。搜索颗粒之间及颗粒和边墙的接触情况。

（3）力学求解。对所有颗粒–颗粒和颗粒–边界运用颗粒接触本构求得接触力和接触力矩。

（4）运动积分。计算颗粒与边墙的（角）加速度，积分更新（角）速度与位置或角度。

（5）更新时间。令 $t=t+\Delta t$。

（6）截止判定。判断计算终止条件是否达到，若是，则停止计算，进入后处理阶段，否则继续循环。

GPU 计算时，每个 thread 处理一个颗粒的计算，当每个颗粒的信息更新完毕后，使用 CUDA 的 syncthread（）函数保证每个 thread 的颗粒的时钟同步。虽然离散元计算的并行度较高，但由于颗粒之间的接触使得 threads 之间需要通信与传送数据，此处笔者通过 GPU 的共享显存存储颗粒的潜在接触。此处不对该程序并行部分的框架详细展开，仅针对以下两个技术细节进行介绍。

1. 颗粒排序

由于 GPU 计算过程中，涉及颗粒检索的网格（Grid），CUDA 的 Block 和 thread 及颗粒数目。除了每个 thread 被分配一个颗粒外，在计算过程中，很可能出现一个检索网格内的颗粒位于不同的 CUDA Block，这种情况降低 GPU 计算单元之间的通信效率。下面以一个简单的颗粒算例为例，对该问题和解决方法进行介绍。

假设有 30 个颗粒，在两个 CUDA Block 内计算，每个 Block 有 15 个 thread，且根据颗粒检索区域属于三个网格（Grid）。颗粒排序前所属的 Block 见图 4.1.3（a）左侧排序前颗粒序列，序列内的数字代表颗粒在排序前的序号，序列填充的深浅代表颗粒属于的 Grid，由浅到深 GridId 分别为 1、2、3。排序后的颗粒序列应当如图 4.1.3（a）右例排序后颗粒序列。若该操作在 CPU 内执行，则可通过简单的分类与排序算法实现。但限于 GPU 计算的特殊性，为了在 GPU 允许的算法内实现该步骤，需要特殊的算法。

此处笔者提出了一个较为高效的实现方法：①每个 CUDA Block 计算每个 Grid 的颗粒数目，得到图 4.1.3 右上部的数据表（Table 1），该表格中每个 Block 对应的数据保存在各自的共享显存，同时整体表格保存到全局显存。②计算排序后颗粒序列的起始索引值表（图 4.1.3 中的 Table 2）。结合图 4.1.3 中的 Table 1 和 Table 2 则可以知道任意排序后颗粒的位置索引。如针对上述例子中，Block 1 中 Grid 2 内的颗粒将在排序后颗粒序列的 7 到 10 位置（C++初始位置从 0 开始）。③通过以上方法可以建立排序前后颗粒序列的映射关系，每个颗粒的位置更新后，颗粒序列的起始索引号加采用 CUDA 内部的 atomicAdd 函数加 1。

2. 颗粒试样生成

离散元生成试样的级配曲线对颗粒体材料的力学响应影响显著。因而在生成离散单元法试样时颗粒的粒径分布的影响不可忽视，而这方面的研究尚不多。迄今为止，采用最广泛的颗粒粒径分布算法是采用分组法。Jiang 等（2003）给出了该方法的详细说明，并给出了二维的计算不同粒径组的颗粒数的公式：

$$N_i = \frac{P_i}{r_i^2 P} N \tag{4.1.23}$$

式中：N_i 为粒径为 r_i 的颗粒个数；P_i 为颗粒 i 的质量百分比；N 为颗粒的总数；$P = \sum_{i=1}^{n} P_i / r_i^s$，$n$ 为粒径组数，参数 s 若在二维情况下则 $s=2$，相应地对三维离散单元法有 $s=3$。

式（4.1.23）采用若干组有固定粒径的颗粒来代替实际试样的所有粒径，从而使得该试样生成法能够生成大多数离散单元法试样。然而该方法生成的试样与原型试样匹配程度却不高。事实上，当颗粒粒径分布较宽，即最大粒径与最小粒径之间差异较大时，该方法需要增加粒径组数来制备较为理想的试样，因而制备较为烦琐，且获得的试样级配曲线呈较为明显的锯齿状。到现在为止，在制备离散单元法的数值试样时，尚未有方法实现级配

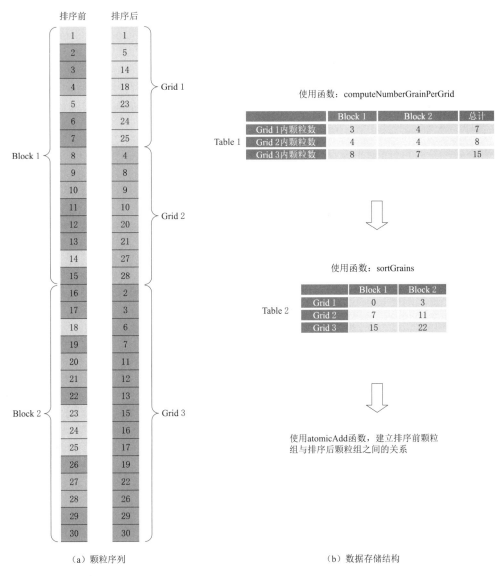

（a）颗粒序列　　　　　　　　　（b）数据存储结构

图 4.1.3　GPU 内颗粒排序实现流程示例

的光滑性和连续性。

　　岩土工程领域，小于某一粒径的颗粒相对质量百分比称为该颗粒的级配。对于某一给定的粗粒料试样，设试样颗粒的最小、最大粒径分别为 d_1 与 d_2。在半对数坐标纸上常以横坐标代表粒径，纵坐标代表小于粒径 d 的颗粒质量累计来反映试样的级配。在本节中，由于级配曲线中的质量百分数为粒径 d 的函数，故定义 $\Phi(d)$ 为级配函数。图 4.1.4 中的实线为某一典型级配函数，根据以上的定义，粒径落在 $[d, d+\mathrm{d}d]$ 区间中的颗粒质量百分比则为 $\mathrm{d}\Phi$。因此对于粒径为 d 的颗粒，其数量为

$$\mathrm{d}N(d) = \frac{\mathrm{d}\Phi}{\rho\,\mathrm{d}V} M \tag{4.1.24}$$

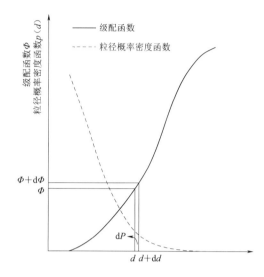

图 4.1.4　试样级配函数及相应的粒径
概率密度函数曲线

式中：ρ 为颗粒体的密度；V 为粒径为 d 的颗粒体积，考虑二维离散单元法时 $V = \pi d^2 / 4$；M 为所有颗粒的总质量。

因此，$V_d = \dfrac{1}{4} \pi d^2 V_d = \dfrac{1}{6} \pi d^2$。粒径为 dd 颗粒数量占所有颗粒的比例为

$$dP = \frac{dN(d)}{N} \tag{4.1.25}$$

根据式（4.1.25）可知：

$$N = \int_{d_1}^{d_2} \frac{d\Phi}{\rho V} M = \int_{d_1}^{d_2} \frac{d\Phi}{dd} \frac{1}{\rho V} M \, dd \tag{4.1.26}$$

$N = \displaystyle\int_{d_1}^{d_2} \frac{d\Phi}{\rho V_d} M$。因此，由式（4.1.24）中概率密度函数的定义，颗粒的粒径为 d 时颗粒所对应的概率密度函数为

$$p(d) = \frac{1}{N} \frac{dN(d)}{dd} = \frac{\dfrac{d\Phi}{dd}}{V \displaystyle\int_{d_1}^{d_2} \dfrac{1}{V} \dfrac{d\Phi}{dd} \, dd} \tag{4.1.27}$$

式（4.1.27）给出了级配函数和颗粒粒径所对应概率密度函数的定量关系。可以看出，对于典型的级配，概率密度函数随着颗粒粒径 d 单调递减，也就表明了小粒径的颗粒在数量上占主导。

以上推导过程是基于二维圆形颗粒，不过该推导过程可以进行拓展。对三维的球形颗粒，可以将式（4.1.27）中的体积修改为 $V = \pi d^3 / 6$。当处理其他形状的颗粒时，若知道其体积计算公式，也只需类似地对式（4.1.27）中的体积相应修改。

以上推导将颗粒的粒径生成问题转化为了已知概率密度函数的随机数生成问题。为了在算法上完成生成随机数 X，使 X 符合概率密度为 $p(x)$ 的分布，本书推荐采用 Neumann 提出的舍选法，主要由于该方法对概率密度函数表达式的显隐性、可导性都没有限制。该算法主要步骤可以归结如下。

（1）给出 X 的最小值 x_1 与最大值 x_2。

（2）选取任意 λ 值，使得对任意，都满足 $\lambda p(x) \leqslant 1$。

（3）生成服从 $[0, 1]$ 区间均匀分布的随机变量 r_1 和 r_2，令 $y = x_1 + (x_2 - x_1) r_1$。

（4）对比 r_2 和 $\lambda p(y)$ 的取值大小，若 $r_2 \leqslant \lambda p(y)$ 则令 $x = y$，输出 x 作为随机数；否则删除 r_1 和 r_2，返回步骤（3）重新执行命令。

（5）如此往复循环，从而产生随机数 $x_1, x_2, x_3, \cdots, x_n$。

4.1.2.2　侧限压缩过程离散元模拟

模拟堆石料的侧限压缩试验时，DEM 模拟过程中采用圆形颗粒。颗粒细观接触本构采用弹簧-阻尼器模型，颗粒之间滑移采用库仑摩擦，与颗粒材料细观本构模型的颗粒接

触模型一致。模拟过程中，首先通过笔者提出的试样生成法在一个方形区域内生成松散的颗粒体试样，然后通过各个边墙的循环加卸载，直到达到目标孔隙比，制备完成的密实试样的大致尺寸为 $0.3m$ 的正方形（见图 4.1.5）；初始 $\beta=0$，表明初始试样为各向同性。之后，侧向边墙固定，竖向边墙通过应力控制施加缓慢增加的应力 σ_{yy}。

由于细观力学推导的侧限压缩模量适用于任意级配，离散元模拟时，不失一般性地，采用某一天然堆石料的级配。该堆石料级配曲线见图 4.1.6，其中最大粒径 $d_{max}=60mm$，级配曲线的 $C_u=31$，$C_c=2$。在数值模拟时，考虑到最大粒径与最小粒径的比值过大会对试样中颗粒数目与颗粒的接触检索带来计算负担，在数值模拟过程中，删除了粒径小于 $2.5mm$ 以下的颗粒，数值试样的最大与最小粒径的比值为 24，属于典型的宽级配颗粒材料。在模拟过程中，采用了不同的细观计算参数，若不另加说明，默认的计算参数为 $K^n=3.5\times10^7N/m$，$K^t=1.2\times10^7N/m$，颗粒间摩擦系数 $f=0.5$，颗粒与边墙摩擦系数设置为 0 以减少边界效应。在以上参数条件下，模拟得到的 $250kPa$ 时的侧限压缩模量 $E_s=30MPa$。

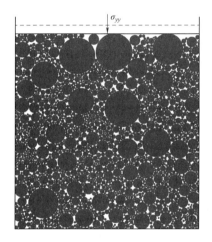

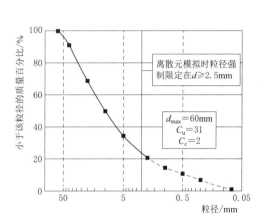

图 4.1.5　DEM 模拟侧限压缩过程示意图　　图 4.1.6　离散元数值模拟试样的级配曲线

4.1.2.3　模拟结果分析

在验证本章提出的侧限压缩模量 E_s 的细观力学解析解的合理性之前，需要先针对理论模型中的关键假设进行验证。式（4.1.13）中假设 $E_a(n)$ 与粒径无关，该假设可以采用离散单元法模拟进行验证。图 4.1.7 统计了该堆石料试样中三种不同的粒径组 $2.5\sim20mm$、$20\sim40mm$ 以及 $40\sim60mm$ 的颗粒接触法向的分布规律 $E_a(n)$，从图 4.1.7 中不难发现，同一试样中不同粒径组的颗粒接触法向向量沿不同方向的分布规律基本一致，与理论推导部分采纳的假设一致。

在数值模拟结果中，侧限压缩模量既可以通过式（4.1.6）的定义式获得，也可以通过式（4.1.21）的细观解析式得到。图 4.1.8 对比了以上两种方法得到的材料侧限压缩模量随着应力的变化趋势。从图 4.1.8 中可以看出，该试样的侧限压缩模量 E_s 在 $50kPa$ 的竖向应力内，随着竖向应力的增大迅速提高，当竖向荷载超过 $50kPa$ 后 E_s 增长趋于稳定。在该次模拟中，从 $50kPa$ 的竖向应力到 $300kPa$ 的竖向应力，材料的侧限压缩模量仅

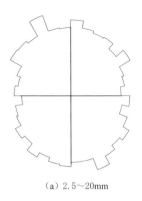
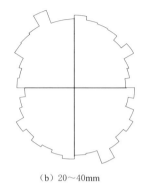
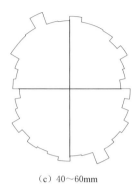

(a) 2.5～20mm　　　　　　　　(b) 20～40mm　　　　　　　　(c) 40～60mm

图 4.1.7　不同粒径组的颗粒接触法向分布规律

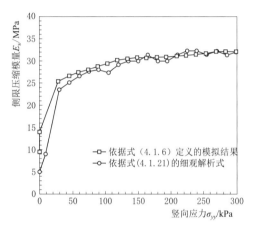

图 4.1.8　宏观定义侧限压缩模量 E_s
与细观解析结果对比

增加了 20% 左右。另外，从图 4.1.8 中可以看出，根据式（4.1.6）定义计算得到的侧限压缩模量与根据式（4.1.21）细观解析的结果基本吻合。在小应力条件下两者的微小误差可能来自小颗粒的非仿射运动，当试样随着竖向应力的提高逐步密实，小颗粒的非仿射运动逐渐减少，两条曲线逐步趋于重合。

进一步考虑式（4.1.21）的细观解析式，可以将该式写成以下一般形式：

$$E_s = f(e, C_v, K^n, K^t, \beta) \quad (4.1.28)$$

不难看出，影响侧限压缩模量的参数可以分为两类：一类是颗粒的材料特性参数（K^n 和 K^t），这类参数是材料固有的属性，一旦材料给定，这些参数不会发生变化；另一类是颗粒的组构相关的参数（e，C_v 和 β），在实际加载过程中可能随着应力的变化而改变，另外，不同的材料参数也可能影响组构参数。若能进一步了解组构参数的变化趋势，则式（4.1.28）可以进一步简化。

为了进一步了解组构类参数（e，C_v 和 β）随着应力与颗粒间摩擦系数的变化规律，此处制备了 5 组 DEM 数值试样，每组试样的级配曲线与图 4.1.6 相同，初始孔隙比均为 $e_0 = 0.17$。5 个试样颗粒间的摩擦系数分别为 0.1、0.3、0.5、0.7 和 0.9。图 4.1.9 给出了不同的摩擦系数条件下 3 个组构参数（e，C_v 和 β）随着竖向应力的变化趋势。图 4.1.9（a）为不同颗粒间摩擦条件下孔隙比随竖向应力的变化。从图 4.1.9（a）中可以看出，孔隙比 e 先随着应力的增加迅速减小，引起这个减小的原因可能是初始试样为各向同性，侧限压缩会造成细观结构改变，进而造成孔隙比的迅速减小；之后，孔隙比减小的趋势逐渐减缓，并趋于稳定。另外，整体上较小的摩擦系数有助于颗粒间孔隙的填充，因此对应更小的孔隙比 e，但这个影响并不显著。平均配位数 C_v 随着应力的变化趋势与侧限压缩模量 E_s 随着应力的变化趋势类似［见图 4.1.9（b）］。同样，摩擦系数对配位数的影响规律并不显著，整体上随着摩擦系数的减小，颗粒内部填充更加密实，因此对应更高的平均配位数。图 4.1.9（c）表明，侧限压缩过程中，试样的组构各向异性参数 β 在 0.23 附近波动，不仅不会随着应力的改变而变化，且受颗粒间摩擦系数的影响也不显著。

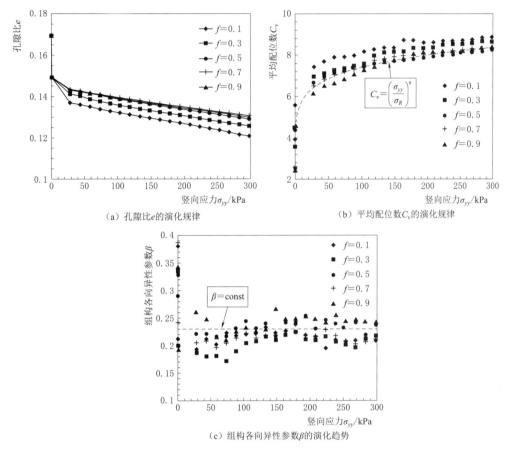

（a）孔隙比 e 的演化规律　　　　　　　（b）平均配位数 C_v 的演化规律

（c）组构各向异性参数 β 的演化趋势

图 4.1.9　不同颗粒间摩擦系数下组构相关参数随着竖向应力的演变规律

　　此处进一步研究颗粒间接触模量 K^n 和 K^t 对侧限压缩模量的影响。为此，笔者制备了 25 组离散单元试样进行侧限压缩模拟，每组试样采用了不同的接触刚度。图 4.1.10 给出了侧限压缩模量随着颗粒接触模量 K^n 和 K^t 的变化规律，其中侧限压缩模量统一选取 250kPa 时的数值。图 4.1.10 中每个点代表一个试样的侧限压缩模量，可以看出，这些数据点几乎落在同一个（K^n，K^t，E_s）组成的三维平面内（与该平面的最大误差为 9%）。该结果表明，颗粒材料的侧限压缩模量与颗粒接触刚度呈线性关系，即可以写成如下形式

$$E_s = AK^n + BK^t \tag{4.1.29}$$

式中：A 和 B 分别为与颗粒接触的法向及切向接触刚度无关的常数。

　　对比式（4.1.21）和式（4.1.29）可以将 A 和 B 与材料的细观组构参数建立如下联系：

$$A = \frac{C_v}{\pi(1+e)}\left(\frac{3}{8} - \frac{1}{4}\beta\right) \quad B = \frac{1}{8}\frac{C_v}{\pi(1+e)} \tag{4.1.30}$$

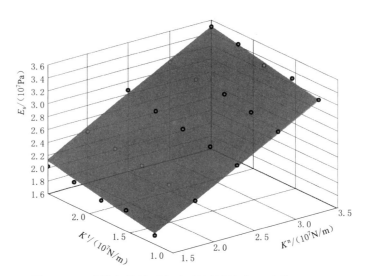

图 4.1.10　颗粒间接触刚度对颗粒材料侧限压缩模量的影响

以上分析表明，不同的颗粒材料参数 K^n 和 K^t 对参数 A 和 B 在侧限压缩时的取值基本没有影响。这一结论进一步暗示了颗粒材料在一维压缩过程中，组构相关的参数不受材料参数取值的影响。

4.1.2.4　压缩曲线形式的讨论

土体在侧限压缩条件下，其体变与竖向应变相同，即可以写成如下形式：

$$\mathrm{d}\varepsilon_{yy} = \mathrm{d}\varepsilon_v = \frac{1}{1+e}\mathrm{d}e \tag{4.1.31}$$

结合式 (4.1.6)、式 (4.1.21) 和式 (4.1.31)，可以建立侧限压缩过程的微分形式如下：

$$\frac{\mathrm{d}\sigma}{\mathrm{d}e} = \frac{C_v}{\pi(1+e)^2}\left[\left(\frac{3}{8}+\frac{\beta}{4}\right)K^n + \frac{1}{8}K^t\right] \tag{4.1.32}$$

其中，材料参数 K^n 和 K^t 为常数。上节的离散单元法模拟结果表明，不破碎颗粒材料侧限压缩时，各向异性参数 β 基本保持不变。因此，若能定量表述颗粒平均配位数 C_v 的变化规律，则式 (4.1.32) 可以进一步推导得到宏观的侧限压缩曲线。接下来，提供两种不同的方法表征参数 C_v 的变化规律，并讨论这两种方法的优劣。

第一种方法通过直接建立参数 C_v 和竖向荷载 σ_{yy} 的定量关系。图 4.1.9 (b) 中的虚线表明，竖向荷载和平均配位数 C_v 可以建立如下关系：

$$C_v = \left(\frac{\sigma_{yy}}{\sigma_R}\right)^n \tag{4.1.33}$$

式中：σ_R 为参考应力；n 为与颗粒材料有关的参数，对于不破碎的颗粒材料，DEM 的模拟结果表明 n 为常数。

因此，结合式 (4.1.32) 和式 (4.1.33) 可得

$$\frac{\mathrm{d}\sigma_{yy}}{\mathrm{d}e} = \left[\left(\frac{3}{8}+\frac{\beta}{4}\right)K^n + \frac{1}{8}K^t\right]\frac{1}{\pi(1+e)^2}\left(\frac{\sigma_{yy}}{\sigma_R}\right)^n \tag{4.1.34}$$

该表达式符合 Pestana 和 Whittle 给出的无黏性土的广义表达形式，即

$$\frac{\mathrm{d}\sigma_{yy}}{\mathrm{d}e} = C f_1(e) f_2\left(\frac{\sigma_{yy}}{p_\mathrm{a}}\right) \tag{4.1.35}$$

另外，式（4.1.34）的具体形式与已有文献中关于砂土等无黏性土的压缩曲线形式非常接近。

然而以上表达式存在以下缺陷：由于平均配位数 C_v 为无量纲量，竖向应力 σ_{yy} 单位为 kPa，因此从量纲统一性角度看，式（4.1.33）中不得不引入参考应力 σ_R。引入参考应力的做法几乎是文献可溯的所有土体压缩曲线通用的做法，这些参考应力通常被定义为大气压力 p_a。然而，这样的参考应力却缺乏实际的物理意义。一方面，σ_R 本身不是大气压或者水压力，因为这里颗粒材料的压缩曲线并未涉及空气或者水的作用；另一方面，σ_R 也应当不是与材料的刚度相关的参数，因为前面的 DEM 模拟结果表明，颗粒的组构参数（包括 C_v）独立于颗粒的刚度。

为了避免引入没有实际意义的参考应力，此处尝试将配位数参数 C_v 与其细观的堆积本质建立联系。此处，不对颗粒材料的堆积问题展开讨论，仅把这一结论适当延拓，认为颗粒体系的配位数不仅与颗粒材料的粒径分布 $f(a)$ 有关，同时与试样的密实程度（孔隙比 e）及各向异性有关，因此平均配位数可以写成以下一般形式

$$C_\mathrm{v} = g(f(a), e, \beta) \tag{4.1.36}$$

将式（4.1.36）代入式（4.1.32）可得以下形式：

$$\frac{g(f(a), e, \beta)\mathrm{d}e}{\pi(1+e)^2} = \frac{\mathrm{d}\sigma_{yy}}{\left(\dfrac{3}{8} + \dfrac{\beta}{4}\right)K^\mathrm{n} + \dfrac{1}{8}K^\mathrm{t}} \tag{4.1.37}$$

由于各向异性参数 β 和粒径分布 $f(a)$ 对不破碎的材料而言均为常数，因此式（4.1.37）的等式左右两侧均可直接积分。最终积分后可以得到

$$e = \zeta\left(\frac{\sigma_{yy}}{X}\right) \tag{4.1.38}$$

其中

$$\zeta^{-1}(e) = \int \frac{g(f(a), e, \beta)\mathrm{d}e}{\pi(1+e)^2} \tag{4.1.39}$$

$$X = \left(\frac{3}{8} + \frac{\beta}{4}\right)K^\mathrm{n} + \frac{1}{8}K^\mathrm{t} \tag{4.1.40}$$

尽管式（4.1.38）～式（4.1.40）并未给出颗粒材料压缩曲线的具体形式，但是可以看出，通过将配位数与孔隙比、组构和级配建立联系，可以有效避免引入没有物理意义的参数。另外，通过式（4.1.38）和式（4.1.40）可以揭示颗粒材料的压缩曲线中应力量纲归一化参数 X 的细观本质：在颗粒材料的压缩过程中"抵御"竖向压力 σ_{yy} 的参数不仅与颗粒本身的材料特性（K^n 和 K^t）有关，且与颗粒接触法向的各向异性有关。类似的观点 Bolton 和 McDowell（1997）在较早以前就曾经大胆猜测过，只是他们只考虑了颗粒材料特性的影响，并未考虑组构的各向异性扮演的角色。通过细观力学的推演与离散单元法模拟的详细论证，给出了颗粒材料的压缩曲线中的应力量纲归一化参数的严谨表达式。且注意到若试样处于等向压缩阶段，即颗粒体系组构无各向异性，则应力量纲的归一化参数 X 则退化为仅与颗粒的接触刚度有关，与 Bolton 和 McDowell 的结论一致。

4.2　颗粒破碎及物理机制

堆石料在一定外荷载条件下会发生颗粒破碎现象，堆石料的颗粒破碎不仅发生在高应力环境下，软岩颗粒在低应力条件下同样会发生不可忽略的颗粒破碎现象。堆石料颗粒破碎与大量工程问题有关，如高土石坝的沉降变形等。同时，颗粒破碎也是影响颗粒材料本构关系的重要因素，颗粒破碎会导致孔隙比和平均应力空间内的正常固结线及临界状态曲线发生"下移"，进而影响材料的剪胀变形。

大部分的试验和离散单元法数值模拟以颗粒材料的压缩作为探究颗粒破碎机制最简单有效的途径。针对单一颗粒的压缩试验和数值模拟结果表明，颗粒破碎应力与其尺寸负相关，且随着有效接触点数目的增加而提高。而颗粒材料作为颗粒集合体，其破碎特性更为复杂：颗粒材料的破碎与应力大小、应力状态、颗粒岩性、颗粒形状、颗粒尺寸和级配等多种因素有关，并进而导致颗粒材料的压缩曲线呈现不同的形态。然而，这些形态各异的压缩曲线可以分为三个共性的阶段：低围压下的弹性压缩阶段、颗粒破碎阶段和颗粒充分破碎后的拟弹性阶段。离散单元法的迅速发展为颗粒破碎过程的细观机制地揭示提供了新契机。该模拟主要采用两种方法。一种是 Cheng 等（2003）在 Robertson（2000）开创性工作的基础上，采用绑定基本颗粒的团簇法模拟了颗粒破碎过程中的能量演化，并指出了颗粒材料发生破碎伴随着弹性能、摩擦能量耗散和破碎能量耗散的变化。而后，团簇法被广泛运用于颗粒形状、级配等变量对破碎的影响机制研究。另一种有效模拟颗粒破碎的方法是定义颗粒层面的破碎准则，并用"子颗粒"代替大颗粒并继续参与计算的分裂法。Ben - Nun 等（2010）采用了该方法研究了颗粒破碎的演化规律，认为颗粒破碎在接触力分布空间存在"吸引子"，并最终导致颗粒破碎演化为唯一的分形分布。近年来，FDEM和随机虚拟开裂 DEM 等方法被广泛提出，用于模拟更复杂条件下的颗粒破碎。

虽然颗粒破碎的宏观响应和细观机制已经有了深入的研究，颗粒破碎过程宏细观尺度间的定量联系尚未明确。McDowell 和 Bolton（1996）通过修正颗粒破碎的概率分布函数，重新推导了考虑颗粒破碎的能量守恒方程，并提出了颗粒破碎引起的材料破碎硬化模型。Einav（2007）在热力学框架内提出了破碎力学理论，其中颗粒破碎伴随的内能与能量耗散的变化与当前级配相对于初始与最终级配的相对位置建立了定量关系。Zhang 和 Buscarnera（2016）在破碎力学理论基础上，进一步考虑了环境变量对颗粒材料破碎演化的影响。尽管破碎力学理论能够较好地预测颗粒材料的级配演化及其对宏观力学响应的影响，理论中破碎演化规律的确定仍是基于试验结果，而没有较好的理论支撑。

本节内容关于堆石料的颗粒破碎问题从破碎试验、离散元模拟及基于细观力学与热力学的理论推导 3 个方面开展，拟从不同视角解读堆石料颗粒破碎问题。

4.2.1　颗粒破碎试验研究

4.2.1.1　压缩过程颗粒破碎

1. 试验仪器、材料与方法

试验在如图 4.2.1 所示的侧限压缩仪（试样筒内径为 300mm，高度为 420mm）上进行。仪器采用油缸加压，液压控制系统控制竖向加载，最大竖向荷载为 2000kN，量测精度为 0.1kN。轴向位移传感器的最大量程为 150mm，其量测精度为 0.01mm。

试验材料为某露天料场的微风化白云岩，饱和抗压强度为 30～60MPa（中硬岩），比重为 2.65。试验选用 20～15mm、15～10mm、10～5mm、5～2mm、2～1mm 5 个粒径组。试样最大粒径均为 20mm。与正常的级配曲线设计不同的是，试验通过颗粒粒径分布的质量分形维数模型，并对此模型进行了适当的修改，从而制定了不同试样的级配。

图 4.2.1　侧限压缩仪

在 Mandelbrot 等（1982）建立了二维分形模型之后，Tyler 等（1992）对该分形模型进行了三维空间的推广，使体积模型转化成质量模型，从而得到土壤粒径分布的质量分形模型，Einav（2007）对其进行修改，得到：

$$P(d) = \frac{d_{min}^{3-D} - d^{3-D}}{d_{min}^{3-D} - d_{max}^{3-D}} \tag{4.2.1}$$

式中：d_{min}、d_{max} 分别为最小、最大粒径；d 为颗粒特定粒径；D 为分形维数。特别地，当 d_{min} 趋于 0 时，对式（4.2.1）两边取对数后斜率为 $3-D$。

对式（4.2.1）改正形式后可以得到：

$$P(d) = \frac{1 - (d/d_{min})^{3-D}}{1 - \Lambda^{3-D}} \tag{4.2.2}$$

其中，$\Lambda = \dfrac{d_{max}}{d_{min}}$ 这样，用三个参数 D、d_{min} 和 Λ 表征了任意一条级配曲线。通过调整任意一个参数，级配曲线就会发生变化。控制不同的 D、d_{min} 和 Λ 制定了 7 组试验料的级配列于表 4.2.1。需要指出的是，由于制备的试样控制了粒径组宽度，因此小于最小粒径的颗粒被剔除。

表 4.2.1　　　　　　　　　　　粗粒料试样各粒径组颗粒初始含量

粗 粒 料 级 配			不同粒径颗粒含量/%				
			20～15mm	15～10mm	10～5mm	5～2mm	2～1mm
试样 1	$D=1.8$	$\Lambda=10$	$d_{min}=2mm$	31.2	29.1	26.2	13.5	
试样 2	$D=2.0$	$\Lambda=10$	$d_{min}=2mm$	27.8	27.8	27.7	16.6	
试样 3	$D=2.2$	$\Lambda=10$	$d_{min}=2mm$	24.4	26.2	29.1	20.3	
试样 4	$D=2.4$	$\Lambda=10$	$d_{min}=2mm$	21.2	24.3	30.0	24.5	
试样 5	$D=2.6$	$\Lambda=10$	$d_{min}=2mm$	18.0	22.2	30.5	29.3	
试样 6	$D=2.0$	$\Lambda=20$	$d_{min}=1mm$	26.3	26.3	26.3	15.8	5.3
试样 7	$D=2.0$	$\Lambda=4$	$d_{min}=5mm$	33.3	33.4	33.3		

制备试样时，控制试样的总质量一定，拌和均匀后分两层装入试样筒振实。为了尽量消除每组级配的初始孔隙比对试验压缩过程的影响，试样统一按其最大干密度制备。记录每次制备完成后试样的高度并换算试样的密度。试验开始前，先在试样顶面放置一块刚性加载板，使加载时竖向荷载均匀分布在试样顶部，然后固定竖向位移计。试验采用轴向应变控制，控制试验轴向压缩速率为 0.5mm/min，并采集即时的加载力与位移的数据。

2. 试验结果与分析

图 4.2.2 为粗粒料初始级配与最大干密度的关系。其中图 4.2.2（a）为在试样级配宽度 $\Lambda = 10$、最大粒径 $d_{max} = 20mm$、按最大干密度制样的条件下，分形维数 D 从 1.8 增加到 2.6 时，5 个试样的最大干密度结果。由图 4.2.2（a）可见，粗粒料的最大干密度随着分形维数增大先增大后减小，当 D 在 2.2 附近时，最大干密度出现极大值，即试样的密实度达到最优。这种现象的主要原因是随着 D 的增大，细粒增多，颗粒间相互接触数量增多使颗粒间接触更紧凑，充填关系变得更好；而当分形维数大于 2.2 后，随着细粒含量继续增大，小颗粒的非仿射运动增多，即颗粒体系内部会出现不受力的小颗粒，使得充填关系变差。值得说明的是，试验是剔除最小粒径后进行的，因此最大干密度的极大值对应的分形维数均在 2.2 附近，比不剔除小颗粒的试验得到的分形维数值略小。图 4.2.2（b）为在试样分形维数 $D = 2.0$、最大粒径 $d_{max} = 20mm$、级配宽度 Λ 分别为 4、10、20 条件下，三个试样的最大干密度结果。可以看出，粗粒料的最大干密度随着 Λ 增大而增大。这是因为随着 Λ 的增大，颗粒粒径跨越的尺度越大，小颗粒填充大颗粒孔隙越充分，体系密实度越高。

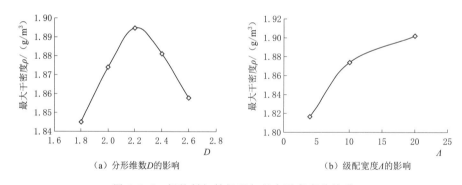

（a）分形维数 D 的影响　　　　　　　　　（b）级配宽度 Λ 的影响

图 4.2.2　粗粒料初始级配与最大干密度的关系

图 4.2.3 为在不同级配下粗粒料的侧限压缩曲线，其中图 4.2.3（a）比较了不同分形维数 D 的影响，图 4.2.3（b）比较了不同 Λ 的影响。由图 4.2.3（a）可见，在粗粒料侧限压缩过程中，当竖向压力较小时，孔隙比变化范围较小，Pestana 和 Whittle（1995）认为，这一阶段主要是颗粒骨架的和颗粒位置的调整。当竖向压力增大到某个临界值时发生粗粒料颗粒破碎，孔隙比变化较大，因此曲线会出现骤降。并且可以看出在高应力情况下，5 个不同初始级配试样的压缩曲线均有收敛于同一压缩曲线的趋势。图 4.2.3（b）可见同样类似的规律，高应力状态下的压缩曲线有收敛于唯一压缩曲线的趋势。

在 250～300kPa 的竖向应力下，粗粒料试样的破碎都较小，对应的压缩模量 E_s 主要由颗粒骨架的变形引起，因此以这段应力范围内的模量作为颗粒破碎前的压缩模量。

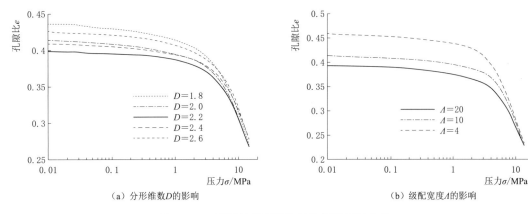

图 4.2.3 不同级配下粗粒料的侧限压缩曲线

图 4.2.4（a）为 $\varLambda = 10$ 时，压缩模量 E_s 与分形维数 D 的关系。由图 4.2.4（a）可知，随着分形维数 D 的增大压缩模量先增大而后随之减小，在 $D = 2.2$ 附近处达到最大。这个结果与 Minh 和 Cheng（2013）针对不同分形维数砂土的单轴压缩试验的离散元模拟结果基本吻合，离散元模拟结果表明，当 D 小于 2.2 时，随着分形维数的增加，颗粒间的细观接触增多，有助于提高材料的压缩模量；当 D 大于 2.2 时，继续增大分形维数，会导致颗粒体系内部出现不承受力的小颗粒，反而会降低材料的压缩模量。

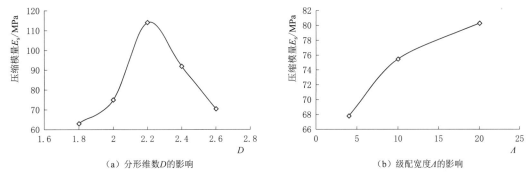

图 4.2.4 不同级配下粗粒料的压缩模量

图 4.2.4（b）是在 $D = 2.0$ 条件下，压缩模量 E_s 与 $\varLambda$ 的关系。可见，随着级配宽度的增大，粗粒料的压缩模量也随之增大。从细观上看，随着粒径宽度的增大，细颗粒有助于充填大颗粒间的孔隙，并分担颗粒间的接触力，从而提升压缩模量。

图 4.2.5 为其中两个不同级配试样的应力—应变在双对数坐标下的关系图，其他 5 个粗粒料试样均有类似规律故列于表 4.2.2。可以看出，在双对数坐标内，不同级配的粗粒料应力应变关系均有双线性趋势，同样的趋势在文献中也观察到类似的结果。这两个阶段的变形对应着不同的细观机制：在较低应力时，粗粒料的变形主要是由颗粒骨架间弹性压缩造成的；而在围压较高时，粗粒料压缩变形的主要机制为颗粒破碎造成颗粒结构重排。基于以上规律，定义对数坐标下双线性的交点所对应的应力大小为粗粒料的破碎强度。可以看出，相较于常规的直接在 e—$\lg\sigma$ 曲线上定义拐点或临界点，此处定义的破碎强度具

有显著性好、细观机制明确的优点。

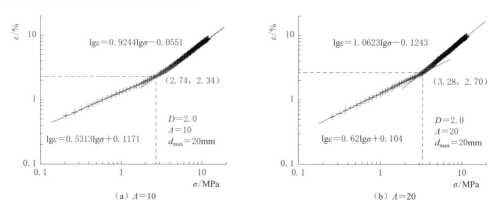

（a）$\Lambda=10$　　　　　　　　　　　　　　（b）$\Lambda=20$

图 4.2.5　两个不同级配试样在双对数坐标下的关系图

表 4.2.2　　　　　　　　　粗粒料在双对数坐标内的线性参数

粗粒料级配 $d_{max}=20mm$			直线 A		直线 B		σ_f /MPa
			线性拟合方程	R^2	线性拟合方程	R^2	
试样 1	$D=1.8$	$\Lambda=10$	$\lg\varepsilon=0.5190\lg\sigma+0.1943$	0.9989	$\lg\varepsilon=0.8809\lg\sigma+0.0458$	0.9997	2.5724
试样 2	$D=2.0$	$\Lambda=10$	$\lg\varepsilon=0.5313\lg\sigma+0.1171$	0.9995	$\lg\varepsilon=0.9244\lg\sigma-0.0551$	0.9987	2.7422
试样 3	$D=2.2$	$\Lambda=10$	$\lg\varepsilon=0.7302\lg\sigma-0.0763$	0.9996	$\lg\varepsilon=1.0311\lg\sigma-0.2160$	0.9998	2.9115
试样 4	$D=2.4$	$\Lambda=10$	$\lg\varepsilon=0.5647\lg\sigma+0.0235$	0.9984	$\lg\varepsilon=1.0027\lg\sigma-0.1910$	0.9998	3.0883
试样 5	$D=2.6$	$\Lambda=10$	$\lg\varepsilon=0.5877\lg\sigma+0.1350$	0.9997	$\lg\varepsilon=0.8456\lg\sigma+0.0020$	0.9991	3.2779
试样 6	$D=2.0$	$\Lambda=20$	$\lg\varepsilon=0.6200\lg\sigma+0.1040$	0.9997	$\lg\varepsilon=1.0623\lg\sigma-0.1243$	0.9997	3.2822
试样 7	$D=2.0$	$\Lambda=4$	$\lg\varepsilon=0.3840\lg\sigma+0.2135$	0.9993	$\lg\varepsilon=1.1101\lg\sigma-0.0199$	0.9981	2.1180

图 4.2.6（a）为粗粒料的破碎强度与分形维数 D 之间的关系。试验结果表明，在粗粒料的级配宽度一定时，破碎强度随着分形维数 D 的增大而近似呈线性增大。这是因为根据颗粒粒径分布的质量分形维数模型，D 的增大意味着细粒含量增加，而根据 Nakata 等（1999）针对单一颗粒的破碎试验结果，颗粒的破碎强度与粒径负相关，因此试样越难发生破碎，从而破碎强度变大。图 4.2.6（b）为破碎强度与 Λ 的关系，可见在 D 相同的

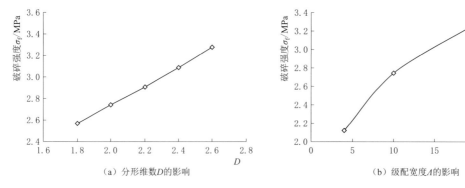

（a）分形维数 D 的影响　　　　　　　　　（b）级配宽度 Λ 的影响

图 4.2.6　级配对粗粒料破碎强度的影响

情况下，随着 Λ 的增大，粗粒料的破碎强度变大。因为 Λ 越大意味着粒径组宽度越大，颗粒的接触点数目越多，颗粒在大量接触力作用下处于类似于"静水压力"的作用下，不易发生破碎。

采用 Marsal（1967）提出的破碎率 B_r 用来评价颗粒的破碎程度，其中 B_r 表示的是试验前后各粒径组含量正差值之和，即

$$B_r = \sum (W_{ki} - W_{kf}) \tag{4.2.3}$$

式中：W_{ki} 为初始级配曲线上某粒径组的含量；W_{kf} 为最终级配曲线上相同粒径组的含量。

根据式（4.2.3）图 4.2.7 绘制了不同粗粒料试样的初始级配与颗粒破碎率 B_r 的关系。

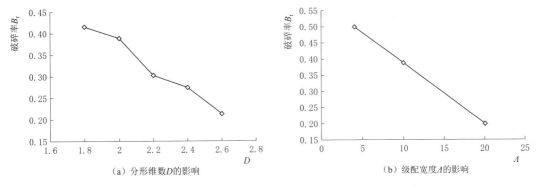

图 4.2.7 不同粗粒料试样的初始级配对破碎率 B_r 的影响

由图 4.2.7 可见，粗粒料的颗粒破碎率随分形维数 D 的增大而减小，随 Λ 的增大而减小。这也从级配变化的角度验证了初始级配对颗粒破碎的影响。

图 4.2.8 为双对数坐标下不同初始级配的粗粒料试验后的级配曲线，可见在高应力下粗粒料的级配曲线有收敛于唯一分形级配的趋势。表 4.2.3 为粗粒料试验后颗粒破碎结果，可见，破碎后的级配分形维数 D 在 2.1 到 2.2 之间，说明在达到一定的应力大小之后，不同初始级配的粗粒料压缩特性会趋于相似。

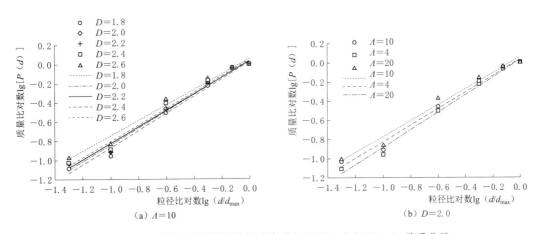

图 4.2.8 不同初始级配粗粒料试验后 $\lg P(d) - \lg(d/d_{\max})$ 关系曲线

表 4.2.3　　　　　　　　　　　粗粒料试验后颗粒破碎结果

粗粒料级配 $d_{max}=20mm$		试验后颗粒含量/%						破碎分形维数 D	破碎率 B_r/%	相关系数 R^2
		20～15mm	15～10mm	10～5mm	5～2mm	2～1mm	<1mm			
试样 1	$D=1.8$　$\Lambda=10$	13.2	26.3	29.1	20.3	2.8	8.3	2.106	41.48	0.9881
试样 2	$D=2.0$　$\Lambda=10$	10.4	25.7	29.4	22.2	2.9	9.4	2.144	38.88	0.9859
试样 3	$D=2.2$　$\Lambda=10$	12.4	23.1	28.4	23.9	3.2	9.0	2.140	30.24	0.9862
试样 4	$D=2.4$　$\Lambda=10$	9.7	22.0	29.6	25.8	3.4	9.5	2.149	27.48	0.9837
试样 5	$D=2.6$　$\Lambda=10$	7.4	20.6	28.5	28.6	4.0	10.9	2.199	21.32	0.9807
试样 6	$D=2.0$　$\Lambda=20$	8.1	20.8	28.2	28.9	3.9	10.1	2.170	20.10	0.9803
试样 7	$D=2.0$　$\Lambda=4$	11.6	32.3	31.1	15.6	2.8	6.6	2.101	49.95	0.9851

4.2.1.2　单剪过程破碎

1. 试验概况

图 4.2.9 为本试验采用的 SH-DJ-01 大型叠环式单剪仪，由竖向加载系统、水平向剪切系统、8 个剪切叠环、计算机控制数据采集系统组成。

（a）试验装置照片

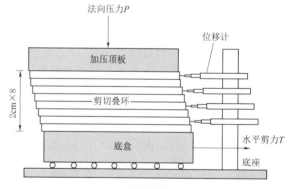
（b）试样变形模式

图 4.2.9　大型叠环式单剪仪

1—自反力架；2—剪切叠环；3—加压顶板；4—底盒；5—底座；6—滚轮；7—侧边保护板；
8—连接板；9—顶盖；10—水平拉杆；11—水平向拉力传感器；12—水平向位移传感器；
13—水平向电机；14—竖向压力传感器；15—竖向电机；16—竖向位移传感器

竖向加载系统由伺服电机、法向力作动器和控制器组成。法向力作动器安装在具有足够强度与刚性的自反力架上。作动器产生的法向力通过压杆施加于试样上，法向力由连接在压杆上的力传感器测量。

剪切叠环形状为内圆（直径 30cm）外方（边长 36cm），叠环厚 2cm。叠环间在剪切方向的两侧边设置若干滚珠，用以减小摩擦。在前后两边各设置 2 块连接板，以连接 8 个剪切叠环，连接板与叠环侧壁间同样设有滚珠。

水平剪切力通过一根与底盒连接的水平拉杆施加，水平拉杆由另一安装在自反力架侧边的伺服电机驱动。底盒与底座间设置1排滚轮。在水平拉杆上连接有1个力传感器，用以量测水平剪切力。

在剪切叠环前方不同高度安置4个水平位移计，用以测量试样不同高度上的水平剪切位移；为了探究试验过程中堆石料的剪缩、剪胀特性，在顶部加载板上对称安置2个竖向位移计。

通过计算机控制数据采集装置完成力传感器和位移计的测量、法向力的控制、剪切速率的控制等，采集数据并记录，实时绘制剪切力与剪切应变曲线、变形与时间曲线等，并将记录的数据以EXCEL的文件格式输出。

对两种不同岩性的堆石料进行了单剪试验。其中：堆石料1为粉砂质泥岩，颗粒密度为2.74g/cm³，饱和抗压强度为21.1MPa，软化系数为0.45；堆石料2为弱风化砂岩，颗粒密度为2.61g/cm³，饱和抗压强度45.5MPa，软化系数为0.74。两种堆石料均属于软岩，试验前的初始级配取为一致，如图4.2.10所示，其最大粒径 $d_{max}=60mm$，平均粒径 $d_{50}=10mm$，不均匀系数 $C_u=31$，曲率系数 $C_c=2$。

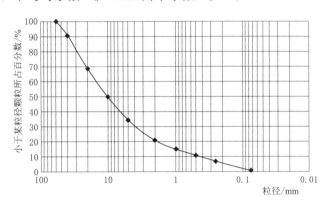

图4.2.10 试验堆石料的初始级配曲线

试验主要研究不同竖向应力下压缩及剪切过程中颗粒破碎情况。因此，试验主要按以下几个步骤进行：

(1) 试样制备：制样密度为1.96g/cm³。首先，用振动筛将处于自然风干状态下的堆石料进行筛分，分成60～40mm、40～20mm、20～10mm、10～5mm、5～2mm、2～1mm、1～0.5mm、0.5～0.25mm、0.25～0.75mm 9种粒组。然后根据试验级配及制样密度，计算并称取每个试样所需的各粒组料的重量，将备好的各粒组料混合均匀。然后分成6层装入剪切叠环内（装样时8个剪切叠环用一竖向插梢临时固定），每装入一层试样用小振动棒振捣密实，最后平整试样顶面。

(2) 压缩过程中的颗粒破碎试验。对按步骤（1）制备好的试样分别施加200kPa、400kPa、800kPa、1200kPa、2000kPa、4000kPa与6000kPa的竖向应力进行侧限压缩试验。竖向应力施加过程中，用数据采集系统采集试样的应力-变形数据。在某一级竖向应力下试样压缩变形稳定后，将试样进行筛分，绘制压缩试验后颗分曲线。

（3）剪切过程中的颗粒破碎试验。对两种堆石料分别进行了 200kPa、400kPa、800kPa、1200kPa 4 种竖向应力下的剪切试验。试样按步骤（1）重新制备，在某一竖向应力下压缩变形稳定后，开始水平向剪切，剪切速率设定为 0.2mm/min。当剪切位移分别为 10mm、20mm、30mm、40mm 时，结束试验，对试样进行筛分，绘制对应于不同剪切位移试验后的级配曲线。对于一个竖向压力，进行了 4 个样的剪切试验，每个试样分别剪切至设定的剪切位移后结束。

2. 试验成果及分析

单剪试验在不同的竖向应力下进行，竖向应力从零开始逐步施加。图 4.2.11（a）和图 4.2.11（b）分别为堆石料 1 不同竖向应力施加过程（侧限压缩）中的体积应变变化和侧限压缩稳定后的体积应变。由图 4.2.11 可见，当竖向应力小于 200kPa 时，体积应变在竖向应力施加过程中逐渐增大，压缩稳定后的体积应变与竖向应力基本呈线性关系；而当竖向应力大于 200kPa 后，体积应变逐渐趋于稳定。

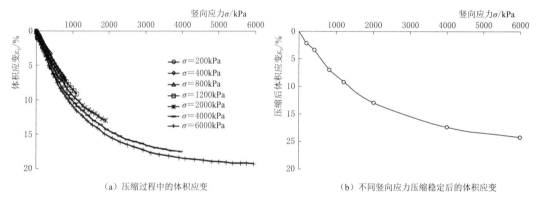

（a）压缩过程中的体积应变　　　　　（b）不同竖向应力压缩稳定后的体积应变

图 4.2.11　堆石料 1 竖向应力施加过程（侧限压缩）中的试验结果

图 4.2.12 为堆石料 1 在不同竖向应力下单剪试验过程中的应力—应变关系（由于该试验系统水平张拉能力的限制，仅进行了竖向应力 200kPa 以下的单剪试验）。由图 4.2.12 可知，单剪试验初始阶段剪应力增长较快，当剪应变达到一定数值的时候，剪应力趋于稳定，最大剪应力随竖向应力的增大而增大；竖向应力小于 800kPa 时，试样在单剪试验过程中先发生减缩、后发生剪胀，剪应变达到一定数值的时体积应变趋于稳定；竖向应力为 1200kPa 时，试样在整个单剪试验过程中均为减缩，但其体积应变也趋于稳定。

对颗粒破碎的定量描述多采用体积、面积、质量、直径等常规指标的变化来进行，如 Lee 等（1967）以试验前后某一单一特征粒径的含量之差或之比反映颗粒破碎情况。这种描述简单易懂，但不能反映整体变化情况。相对于将单一特征粒径作为标准的方法，Marsal（1967）与 Hardin（1985）提出多粒径指标，即通过试验前后颗粒级配曲线的变化来描述颗粒破碎情况。

Marsal（1967）建议用破碎率 B_g 来表征颗粒破碎的程度。对同一种级配料，计算试验前、后各粒组的含量差值 ΔW_k，取所有 ΔW_k 的正值之和：

$$B_g = \sum \Delta W_k \tag{4.2.4}$$

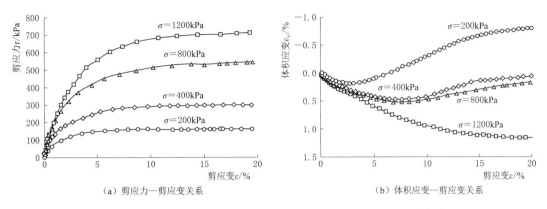

（a）剪应力—剪应变关系　　　　　　　　　（b）体积应变—剪应变关系

图 4.2.12　不同竖向应力下堆石料 1 单剪试验过程中的应力—应变关系

$$\Delta W_k = W_{ki} - W_{kf} \tag{4.2.5}$$

式中：W_{ki} 为试验前级配曲线上某粒组的含量；W_{kf} 为试验后级配曲线上某粒组的含量。

Hardin（1985）认为粒径小于 0.074mm 的颗粒对颗粒破碎的影响很小，可以忽略不计。根据颗粒分布曲线的变化，定义试验前后的颗粒分布曲线与粒径 $D=0.074$mm 的竖线所围成的面积分别为初始破碎势 B_{pi} 和最终破碎势 B_{pf}。破碎量 B_t 为上述两面积之差，即

$$B_t = B_{pi} - B_{pf} \tag{4.2.6}$$

同时，考虑到颗粒破碎势与颗粒粒径有关，Hardin（1985）又定义了相对颗粒破碎率 B_r，即

$$B_r = \frac{B_t}{B_{pi}} \tag{4.2.7}$$

由于 Hardin 的相对颗粒破碎率 B_r 能够较好地反映颗粒粒径整体变化情况，此处采用 B_r 作为堆石料的颗粒破碎度量指标。

对于两种不同岩性的堆石料试样，压缩至不同竖向应力后进行了筛分，统计出各粒径组的含量（按质量百分数计），然后按式（4.2.7）计算得出试样压缩后的相对颗粒破碎率 B_r，其结果列于表 4.2.4。从表 4.2.4 的试验结果可知，在压缩过程中，20mm 以上的粒组含量减小，20mm 以下的粒组含量增加，且竖向应力越大其减小或增加的量也越大。大颗粒粒组含量减小与小颗粒粒组含量增加是由于颗粒发生了破碎而引起。两种不同岩性的堆石料试样压缩后的相对颗粒破碎率 B_r 随竖向应力的变化如图 4.2.13 所示。从图 4.2.13 中可以得到以下两点结论：①颗粒破碎与颗粒的饱和抗压强度有关，饱和抗压强度较低的粉砂质泥岩（堆石料 1）相对颗粒破碎率 B_r 比饱和抗压强度较高的砂岩（堆石料 2）要大；②当竖向应力小于 2MPa 时，相对颗粒破碎率 B_r 随竖向应力的增大而增大；当竖向应力大于 2MPa 时，相对颗粒破碎率 B_r 基本趋于稳定，也就是说颗粒破碎不会随着竖向应力的增加而无限制地发展，会趋近于一个临界值。该现象可以解释为：当颗粒破碎到一定程度后，大颗粒周围的小颗粒数目增加，为大颗粒提供了类似于静水压力的作用，被小颗粒围绕的大颗粒不容易破碎。图 4.2.13 所示的 B_r 随竖向应力的变化与图 4.2.12 所示的试样体积应变随竖向应力的变化基本一致。

表 4.2.4 压缩过程中颗粒破碎情况比较

试样	试验状态	竖向应力/kPa	各粒径组粗颗粒土质量分数/%						B_r/%
			40~60mm	20~40mm	10~20mm	5~10mm	2~5mm	<2mm	
堆石料 1	试验前		9.11	22.26	18.83	15.38	13.61	20.81	
	试验后	200	8.66	21.99	18.72	15.61	13.61	21.41	3.48
		400	8.22	21.83	19.17	15.50	13.44	21.84	4.36
		800	8.06	21.01	19.73	15.73	13.67	21.80	5.05
		1200	7.96	21.05	19.30	15.96	13.60	22.13	5.49
		2000	7.14	20.42	19.42	16.41	13.84	22.77	5.83
		4000	6.93	20.25	19.43	16.57	14.02	22.80	6.03
		6000	6.82	20.21	19.35	16.53	14.13	22.96	6.17
堆石料 2	试验前		9.11	22.26	18.83	15.38	13.61	20.81	
	试验后	200	8.94	22.02	18.88	15.44	13.60	21.12	2.72
		400	8.75	21.96	19.11	15.32	13.48	21.38	3.20
		800	8.68	21.88	19.13	15.24	13.53	21.54	3.88
		1200	8.50	21.52	19.23	15.28	13.67	21.80	4.34
		2000	7.61	20.68	19.30	16.19	13.72	22.50	4.62
		4000	7.50	20.61	19.33	16.24	13.73	22.59	4.89
		6000	7.42	20.53	19.34	16.27	13.73	22.71	5.15

对于两种不同岩性的堆石料，分别进行了竖向应力为 200kPa、400kPa、800kPa、1200kPa 条件下的单剪试验。对于每一竖向应力，试验分别进行到剪应变为 5%、10%、15% 与 20% 时，对试样进行了筛分，统计出各粒径组的含量（按质量百分数计），然后按式 (4.2.7) 计算得出试样对应不同剪应变的相对颗粒破碎率 B_r，其结果列于表 4.2.5。由于剪切过程是在竖向应力逐步施加并压缩变形稳定后开始的，表 4.2.5 中统计的 B_r 包含了某一竖向应力下压缩过程中的颗粒破碎，即剪应变为 0 时的数值。不同竖向应力下 B_r 随剪应变的变化如图 4.2.14 所示。从图 4.2.14 和表 4.2.3 中可以看出，颗粒破碎主要发生在剪切的初始阶段，当剪应变达到一定值时，颗粒破碎率变化缓慢，基本趋于某一稳定值，即临界破碎率。对照图 4.2.12 (b) 的体积应变与剪应变的关系可以发现，颗粒破碎主要发生在试样剪缩阶段。对于堆石料 1，当剪切至剪应变 5% 时，竖向应力 200kPa 作用下的试样体积应变已经从剪缩转变为剪胀，剪切过程中发生的颗粒破碎率 ΔB_r 为 0.39%，而其他竖向应力作用下的试样仍处于剪缩状态，ΔB_r 为 1.08%~1.26%；当剪应变超过 5% 时，竖向应力 200kPa 作用下的

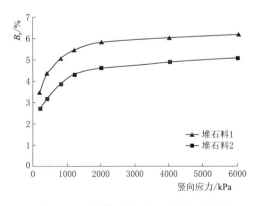

图 4.2.13 侧限压缩后相对颗粒破碎率随竖向应力的变化

试样处于剪胀状态，颗粒破碎率增加量明显小于其他竖向应力作用下的试样。在单剪过程中，同样也是饱和抗压强度较低的粉砂质泥岩（堆石料 1）相对颗粒破碎率 B_r 比饱和抗压强度较高的砂岩（堆石料 2）要大。

表 4.2.5 　　　　　　　　　两种堆石料在不同剪应变下的颗粒破碎情况

试样	竖向应力/kPa	不同剪应变下颗粒破碎率 B_r/%				
		0	5%	10%	15%	20%
堆石料 1	200	3.48	3.87	3.91	4.07	4.16
	400	4.36	5.44	5.77	6.03	6.12
	800	5.05	6.22	6.39	6.58	6.66
	1200	5.49	6.66	6.83	6.89	7.05
堆石料 2	200	2.72	2.79	2.83	2.88	2.90
	400	3.20	3.61	3.73	3.88	3.96
	800	3.88	4.56	4.65	4.77	4.82
	1200	4.34	4.92	5.01	5.09	5.13

表 4.2.5 及图 4.2.15 中计算的颗粒破碎率包括了竖向应力施加过程（又称压缩过程）中的颗粒破碎率。表 4.2.6 统计了压缩过程引起的颗粒破碎占整个试验过程颗粒破碎的比例。从表 4.2.6 中可以看出以下两点：①对于试验的两种不同岩性的堆石料，压缩过程中发生的颗粒破碎较剪切过程中发生的颗粒破碎要大得多，这是因为堆石料中存在较大裂隙、局部强度较低的颗粒很容易在压缩过程中就产生破碎，这部分颗粒破碎占的比例较大，到剪切过程，易破碎的颗粒已经破碎为较稳定小颗粒，故剪切过程破碎量相对较少；②竖向应力为 200kPa 时的压缩过程所发生的颗粒破碎比例较其他竖向应力下要大，因为在该竖向应力下单剪过程中试样发生了明显的剪胀，随着竖向应力增大，试样剪胀现象、体积变化减小。此统计结果进一步说明颗粒破碎主要发生在压缩或剪缩过程中，此时堆石料越来越密实，颗粒间的接触力逐渐增大，颗粒容易破碎。

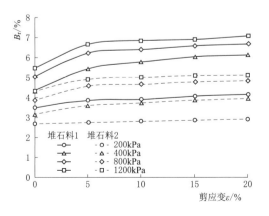

图 4.2.14　颗粒破碎率与剪应变的关系

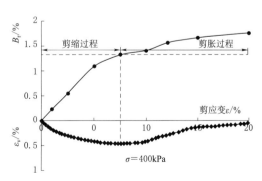

图 4.2.15　剪缩与剪胀过程中颗粒破碎率比较

表 4.2.6　　　　　　　　　　　压缩破碎在整个试验过程中所占的比例

试　样	破碎率情况	竖　向　应　力/kPa			
		200	400	800	1200
堆石料 1	整个试验破碎率/%	4.16	6.12	6.66	8.13
	压缩破碎率/%	3.48	4.36	5.05	5.49
	压缩破碎所占比例/%	83.67	71.27	75.83	67.55
堆石料 2	整个试验破碎率/%	2.90	3.96	4.82	5.13
	压缩破碎率/%	2.72	3.20	3.88	4.34
	压缩破碎所占比例/%	93.79	80.81	80.50	84.60

不同竖向应力下剪切试验结果表明，剪切过程中的颗粒破碎主要发生在剪缩阶段。为进一步验证此现象，对堆石料 1 在竖向应力 400kPa 条件下单剪过程中的颗粒破碎进行了详细地分析：即制备若干相同的试样，在相同的竖向应力下至不同的剪切位移时，对试样进行筛分，计算相应的颗粒相对破碎率 B_r。图 4.2.15 为单剪过程中试样的体积应变及对应的 B_r。可见，在剪缩过程中颗粒破碎比较明显，破碎量较大；随着试验的进行，试样由剪缩转为剪胀，颗粒破碎发展缓慢，颗粒破碎量较小。

3. 小结

对于两种不同岩性的堆石料进行了不同竖向应力条件下大变形的单剪试验，分别研究了竖向应力施加过程（压缩过程）及单剪过程中颗粒破碎的变化，得到的结论如下：

（1）堆石料的颗粒破碎与颗粒的饱和抗压强度有关，饱和抗压强度较低的粉砂质泥岩（堆石料 1）相对颗粒破碎率 B_r 比饱和抗压强度较高的砂岩（堆石料 2）要大。

（2）压缩过程中，竖向应力较小时堆石料的颗粒破碎明显，竖向应力增大到一定值时，颗粒破碎逐渐趋于稳定；单剪过程中，在相同的剪应变下，相对颗粒破碎率随竖向应力的增大而增大；在同一竖向应力作用下，剪应变较小时颗粒破碎明显，剪应变达到一定值时，颗粒破碎逐渐趋于稳定。也就是说，无论是压缩过程还是剪切过程，颗粒破碎均存在一个临界值。

（3）堆石料的颗粒破碎主要发生在压缩或剪缩过程中，此时堆石料越来越密实，颗粒间的接触力逐渐增大，颗粒容易破碎。

4.2.2　基于细观力学的颗粒破碎过程的热力学机制

4.2.2.1　破碎表征

1. 现有破碎表征及其局限性

颗粒破碎会伴随着材料级配曲线的变化。为了表征颗粒破碎的程度，学者们提出了一些破碎指标用以表征破碎的程度。颗粒破碎有许多种表征方法，按照能否通过破碎指标唯一确定当前级配可以分为两类。

第一类颗粒破碎表征方法从初始和当前级配曲线上提取关键指标表征颗粒的破碎程度，但这类表征方法仅可以"测量"颗粒破碎的程度，并不反映颗粒破碎的具体演化路径。换言之，通过这类表征方法无法唯一确定当前的级配曲线。这类表征方法在早期的文献中较多：Lee 等（1967）采用破碎前后 D_{15} 的比值表征颗粒的破碎；类似地，Nakata 等（1999）考虑了破碎前后粒径组宽度的变化，提议用破碎前的 D_0 在破碎后级配曲线上

对应的百分比 R，并用 1 减去 $R/100$ 表征颗粒的破碎程度。总体而言，这类破碎指标在普适性和破碎的定量表征方面均存在不足，因此使用范围较小。

第二类破碎表征方法则通过定义了恰当的破碎指标，建立初始级配曲线、极限破碎后的级配曲线及当前级配曲线的关系。换言之，在预先给定最终级配的前提下，仅通过破碎指标即可唯一确定当前的级配。这类破碎指标可以用以下广义的形式表达：

$$\Gamma = L(\Gamma_0, \Gamma_u, B) \tag{4.2.8}$$

式中：Γ 为当前级配；Γ_0 和 Γ_u 分别为最初和最终级配；B 为无量纲的相对破碎指标；L 为 B 的某种映射。

图 4.2.16 给出了 3 个典型的第二类破碎指标定义示意。Hardin（1985）在颗粒破碎到 0.074mm 以后就难以破碎的事实基础上，定义了初始级配与 0.074mm 的均一分布级配曲线之间的面积作为破碎势，并用当前级配与该均一分布级配之间的面积作为总破碎量，从而提出了相对破碎率的概念，即总破碎量除以破碎势；Einav（2007）改进了极限破碎级配，基于颗粒材料在充分破碎后级配会趋于分形分布的事实，采用分形分布的最终级配替代了 Hardin 的均一粒径分布最终级配；同期的 Wood 等（2008）则采用了级配曲线中的最大粒径的均一粒径替代了 Hardin 破碎率中的初始级配，最终粒径同样采用了分形分布的级配。不难看出，这类颗粒破碎表征方法有以下共同点：在已知材料的最初和最终级配的前提下，式（4.2.8）定义了相对破碎率指标。尽管 Hardin 和 Wood 的破碎指标定义中并未言明，然而若借鉴 Einav 破碎力学理论，则以上的破碎指标均可以通过映射 L 指定级配演化的路径，因此仅通过一个参数 B 即可唯一确定当前级配。然而，这类看来简洁而强大的相对破碎率表征方法是基于以下假设。

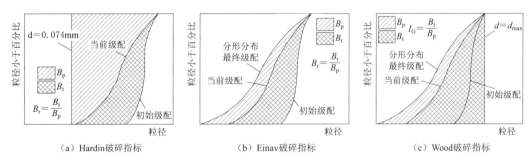

图 4.2.16 典型的第二类破碎指标定义示意图

（1）最终级配存在且唯一假设。式（4.2.8）定义的颗粒破碎指标本质上为两条级配曲线（初始和最终级配）的内插值，因此除了初始级配曲线外，必须要定义一条极限破碎条件下的级配曲线。显然，上述列举的三个破碎指标中假定的最终级配并不相同：Hardin 破碎指标中最终级配选取的是 0.074mm 的均一分布，而 Einav 和 Wood 的破碎指标则选用分形分布的最终级配。尽管近年来大量的试验结果表明，颗粒材料在充分破碎后，级配曲线趋于分形分布，Ben-Num 等（2010）也从颗粒的接触力分布角度尝试诠释 Apollonian 堆积与颗粒破碎最终堆积形态之间的相似性。然而，不同的试验结果得到的极限分形维数并不相同；另一些试验结果也表明，粗粒料的粒径分布在级配达到极限分形分布条件下仍会进一步演化。在这样的背景下，颗粒破碎后最终级配的存在性和背后的物理内涵还需要进一步探讨。

（2）级配演化路径假设。式（4.2.4）中的颗粒破碎导致的级配演化是通过破碎指标 B 的变化表征的。尽管已有部分研究探索了破碎指标 B 的演化机制，如 Einav 提出的破碎力学理论从热力学角度较好地解释了破碎指标的变化规律，然而这样的结论是基于预先设定的某一特定级配演化路径（即人为给定映射关系 L）。人为强制给定级配的演化路径不仅无法解释颗粒破碎的物理内涵，也使得相应的破碎力学理论中模型参数依赖初始级配，不能预测初始级配对破碎演化的影响。

2. 基于当前级配的级配演化表征

经过上一节的分析可以看出：①现有的颗粒破碎指标本质上只是量化了颗粒破碎的程度；②第二类破碎指标相比于第一类破碎指标增加了人为预设的颗粒破碎的演化路径，但并不反映颗粒破碎的演化路径的物理意义。

因此，为了使级配曲线有选择演化路径的自由度，采用以下函数拟合任意时刻颗粒材料的级配曲线：

$$\frac{M_{(L<r)}}{M_{\rm T}}=\frac{\Lambda^{3-D}-\lambda^{3-D}}{\Lambda^{3-D}-1} \tag{4.2.9}$$

式中：$M_{(L<r)}$ 为粒径小于 r 的颗粒总质量；$M_{\rm T}$ 为试样总质量；$\lambda=r/r_{\max}$ 为粒径与最大粒径的比值；Λ 为 λ 的最小值，表征粒径的均一度，当 $\Lambda=1$ 时，则代表该试样为均一粒径，当 $\Lambda=0$ 时，则试样趋于分形分布，此时参数 D 为级配的分形维数。

值得说明的是：首先，式（4.2.9）并非描述任意的自然或工程界存在的颗粒材料级配的唯一方法，只是众多近似拟合级配曲线方法中的一个；其次，式（4.2.9）是土体级配曲线中应用较为广泛的拟合函数之一，若改用其他拟合函数，接下来的理论推导依然可以进行；最后，由于本章的研究将颗粒简化为球形，为了接下来的推导方便，式（4.2.9）采用半径 r 表示粒径，在实际使用时，也可将 r 替换为粒径 d。

为了验证式（4.2.9）的可行性，图 4.2.17 采用了不同的 $r_{\max}$、Λ 与 D 值绘制了 3 条典型的级配曲线示意。不难看出，采用式（4.2.9）的表征方法，可以表征从相对均一的粒径分布到宽粒径分布的级配曲线。这样的统一描述方法，为颗粒材料破碎过程从均一粒径逐渐破碎到分形分布奠定了基础。

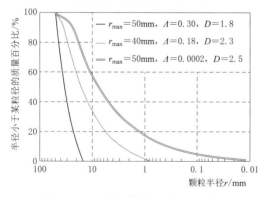

图 4.2.17　颗粒材料级配描述示意图

进一步地，采用式（4.2.9）描述了国内外不同工程的筑坝堆石料级配曲线（见图 4.2.18）。图 4.2.18 中空心圆为工程实测级配曲线，实线为采用式（4.2.9）拟合的级配曲线。从图 4.2.18 中结果的吻合程度看，式（4.2.9）可以较好地描述绝大多数筑坝堆石料的级配曲线，且从拟合的数据看，筑坝堆石料级配大部分 Λ 值小于 0.01，属于典型的宽级配料，且级配的分形维数大多数在 2.5 以上。

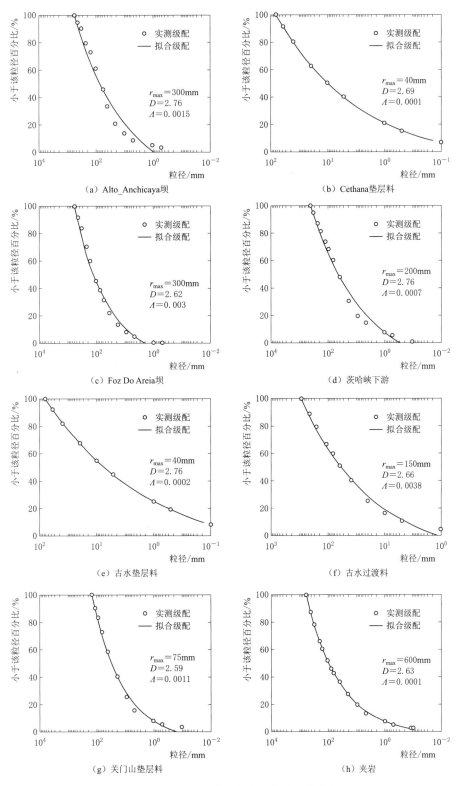

图 4.2.18（一）　堆石坝级配曲线及其表征

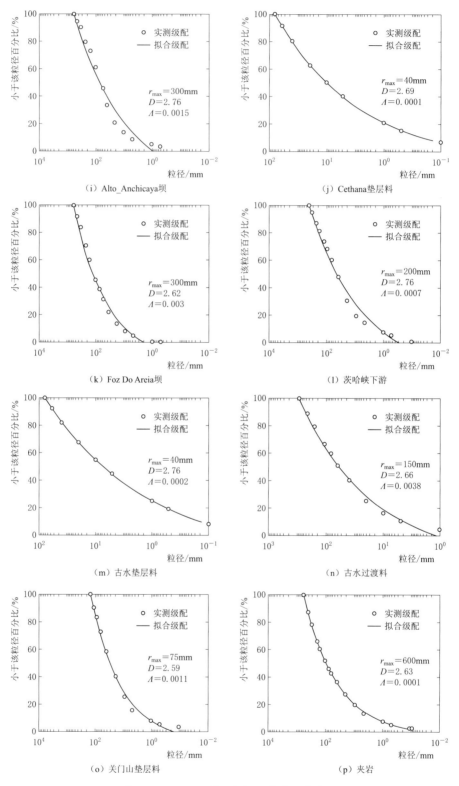

图 4.2.18（二）　堆石坝级配曲线及其表征

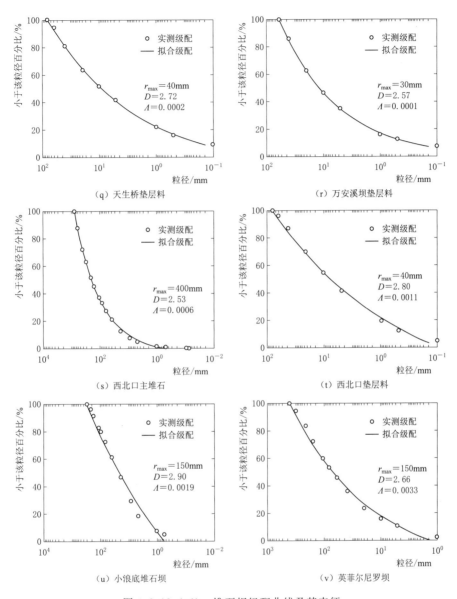

图 4.2.18（三） 堆石坝级配曲线及其表征

根据式（4.2.9）可知，级配曲线的演化可以通过参数 Λ、r_{max} 和 D 的变化率表征，记为以下向量形式

$$\dot{\Gamma}_i = (\dot{r}_{max}, \dot{\Lambda}, \dot{D}) \quad i = 1, 2, 3 \qquad (4.2.10)$$

式中：变量上标的点"·"代表该变量的变化率，即等于 $\partial/\partial t$。

对于均质球形颗粒，参照从级配曲线到概率密度函数的推导，可以进一步推导得到式（4.2.9）级配曲线对应的颗粒数目的概率分布函数

$$p(r) = \frac{-D}{r_{max}(1 - \Lambda^{-D})} \lambda^{-1-D} \qquad (4.2.11)$$

3. 与 Einav 破碎指标的区别

需要说明的是，式（4.2.9）中的级配曲线函数并不是笔者首先提出。事实上，Einav 在破碎力学理论中的极限破碎级配曲线采用的形式与式（4.2.9）类似。然而，式（4.2.10）通过最大粒径 r_{max}、级配的分形维数 D 和粒径均一度 Λ 的变化率表征任意时刻级配演化方向的破碎表征方法与现有的颗粒破碎表征方法是有本质区别的。下面以 Einav 破碎指标为例，简要说明两者之间的区别。

图 4.2.19 中以圆点的位置代表不同的级配状态，颗粒破碎伴随着级配的变化，因此通过图中位置的变化表示。由于 Einav 的破碎指标采用了人为给定的破碎演化路径，因此级配演化只有一个自由度（一维问题），即破碎的程度。Einav 定义了 0 为初始级配，1 为极限破碎级配，则当前的级配曲线则可用 0 到 1 之间的一个值代表，该值则为相对破碎指标 B_r。若建立了 B_r 与破碎耗能的关系，则由能量守恒原理即可确定当前的 B_r 值。而本节的破碎指标定义的是级配的变化率向量，即图 4.2.19（b）中演化路径的切线方向，故当前的级配（位置）需要通过级配变化率向量的路径积分确定。相比于 Einav 的破碎指标，一方面，由于级配曲线有三个自由度，因此本节的破碎有了沿着任意路径演化的自由；另一方面，仅通过能量守恒无法唯一确定破碎的演化路径，需要通过额外的条件确定破碎的演化路径。

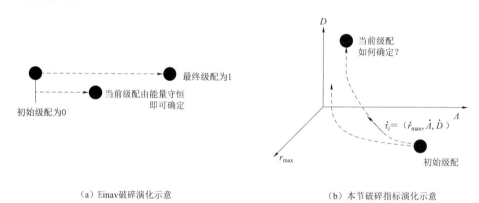

（a）Einav破碎演化示意　　　　　　　　　（b）本节破碎指标演化示意

图 4.2.19　Einav 破碎演化与本节破碎指标演化的区别

4.2.2.2　颗粒破碎的细观热力学过程

本节在热力学框架内建立颗粒材料等向压缩过程的破碎演化模型。为此，首先介绍热力学框架内颗粒材料压缩的宏观方程，再针对宏观方程中的能量项进行细观-宏观推演，进一步在热力学框架内构建完整的等向压缩过程弹性-破碎模型。

1. 热力学框架

任意一个率无关的热力学过程的能量守恒可以写作

$$\dot{W} = \dot{u} + \dot{\Phi}, \dot{\Phi} \geqslant 0 \qquad (4.2.12)$$

式中：W 为外界对单位体积试样做的功；u 和 Φ 分别为弹性能和能量耗散密度。

对于处于等向压缩应力条件下的无摩擦球形颗粒体系，弹性能 u 和能量耗散率 $\dot{\Phi}$ 可以写成以下形式：

$$u = u(\sigma_{\mathrm{m}}, \Gamma) \qquad \dot{\Phi} = \dot{\Phi}(\Gamma, \dot{\Gamma}) \tag{4.2.13}$$

式中：σ_{m} 为施加的球应力；Γ 为当前级配的一般形式；$\dot{\Gamma}$ 为式（4.2.13）定义的级配演化指标。

颗粒破碎往往伴随着颗粒重排引起的摩擦耗散，然而由于此处考虑了无摩擦的颗粒，因此不考虑颗粒在摩擦作用下趋于稳定过程对应的变形量。同时 Einav 也指出，相较于摩擦耗散，颗粒体系的主要能量耗散由颗粒破碎造成。在忽略摩擦耗散的条件下，总应变可以认为等于弹性应变，即 $\dot{\varepsilon}_{\mathrm{v}} = \dot{\varepsilon}_{\mathrm{v}}^{\mathrm{e}}$。因此外界输入功率 $\dot{W}$ 可以写成

$$\dot{W} = \sigma_{\mathrm{m}} \dot{\varepsilon}_{\mathrm{v}} = \sigma_{\mathrm{m}} \dot{\sigma}_{\mathrm{m}} / K_{\mathrm{B}}^{\mathrm{e}} \tag{4.2.14}$$

式中：$K_{\mathrm{B}}^{\mathrm{e}}$ 为弹性体积模量。

将式（4.2.13）和式（4.2.14）代入式（4.2.12）可得

$$\left(\frac{\sigma_{\mathrm{m}}}{K_{\mathrm{B}}^{\mathrm{e}}} - \frac{\partial u}{\partial \sigma_{\mathrm{m}}} \right) \dot{\sigma}_{\mathrm{m}} = \frac{\partial u}{\partial \Gamma} \dot{\Gamma} + \dot{\Phi} \tag{4.2.15}$$

式（4.2.15）为颗粒材料压缩过程的一般热平衡方程，假设较低应力条件下颗粒未发生破碎，即 $\dot{\Gamma} = \dot{\Phi} = 0$，则该过程为可逆过程，式（4.2.15）可以简化为

$$\frac{\sigma_{\mathrm{m}}}{K_{\mathrm{B}}^{\mathrm{e}}} - \frac{\partial u}{\partial \sigma_{\mathrm{m}}} = 0 \tag{4.2.16}$$

类似地，假设某颗粒材料在某一恒定应力条件下发生破碎，即 $\dot{\sigma}_{\mathrm{m}} = 0$，则可得到颗粒破碎引起的耗散部分

$$\frac{\partial u}{\partial \Gamma} \dot{\Gamma} + \dot{\Phi} = 0 \tag{4.2.17}$$

尽管式（4.2.16）与式（4.2.17）似乎仅在附加条件下成立，但考虑到应力变化率 $\dot{\sigma}_{\mathrm{m}}$ 和破碎率 $\dot{\Gamma}$ 取值独立于状态量，若要使式（4.2.15）恒成立，则需要式（4.2.16）与式（4.2.17）同时成立。根据热力学第二定律可知，能量耗散非负，即 $\dot{\Phi} \geqslant 0$。因此，结合式（4.2.17）可以进一步得到 $\frac{\partial u}{\partial \Gamma} \dot{\Gamma} \leqslant 0$，也就是说颗粒破碎会沿着降低系统弹性能的方向演化。

为了建立颗粒材料完整压缩过程的模型，还需要回答以下问题：①如何确定弹性能和破碎耗散能？②如何确定颗粒破碎的演化方向？接下的两小节分别回答上述两个问题。

2. 能量密度的宏细观推导

本节主要基于细观颗粒尺度的推导，并通过均匀化过程建立式（4.2.15）～式（4.2.17）中的弹性能与破碎耗散的表达式。本节采用的均匀化方法是采用颗粒体积加权平均法，即对于任意颗粒尺度变量 X^{p}，其试样尺度的平均值按照式（4.2.18）定义：

$$X = \frac{\overline{X^{\mathrm{p}} V_{\mathrm{p}}}}{(1+e) \overline{V_{\mathrm{p}}}} \tag{4.2.18}$$

式中：上标 p 代表该变量为颗粒尺度变量；X 为试样尺度的平均值；e 为试样的孔隙比；$\overline{\cdots}$ 代表试样内变量的平均值，即 $\int_{r_{\min}}^{r_{\max}} \cdots p(r) \mathrm{d} r$ 。

a. 弹性能密度

准静态颗粒单一颗粒的细观应力 σ_{ij}^{p} 可以写作（Kruyt et al.，1996）：

$$\sigma_{ij}^{p} = \frac{1}{V_p} \sum_{c \in V_p} f_i^c l_j^c \tag{4.2.19}$$

式中：上标 p 代表颗粒尺度；上标 c 代表接触点；f_i^c 和 l_j^c 分别为接触力矢量和接触支向量；V_p 为颗粒体积；$c \in V_p$ 代表遍历了颗粒 V_p 的所有接触点。

对于半径为 r 的无摩擦的球形颗粒，有 $V_p = \frac{4}{3}\pi r^3$，$|l^c| = r$，且接触力方向与接触支向量重合，因此式（4.2.19）可以简化为

$$\sigma_m^p = \frac{f(r)C(r)}{4\pi r^2} \tag{4.2.20}$$

式中：f 为该颗粒上的平均接触力；C 为颗粒的配位数。

结合式（4.2.18）定义的均匀化方法和式（4.2.20），试样尺度的球应力 σ_m 为

$$\sigma_m = \frac{\overline{C(r)f(r)r}}{4\pi(1+e)\overline{r^3}} \tag{4.2.21}$$

Hertz 接触条件下颗粒的接触力与位移的关系为（Johnson et al.，1971）

$$\Delta = \Omega r^{-1/3} f^{2/3} \tag{4.2.22}$$

式中：Δ 为颗粒接触点的变形位移；Ω 为颗粒本身的材料参数。

Ω 与杨氏模量 E 和泊松比 ν 的关系为

$$\Omega^3 = \frac{9}{4}\left(\frac{1-\nu^2}{\pi E}\right) \tag{4.2.23}$$

对于任意 Hertz 接触，通过对式（4.2.22）的积分可以得到该接触点中储存的弹性能：

$$E_c = \int_0^{\Delta} f(\Delta)\,\mathrm{d}\Delta = \frac{2}{5}\Omega r^{-1/3} f^{5/3} \tag{4.2.24}$$

因此，对于一个有若干个接触点的颗粒，其接触点中存储的弹性能密度为

$$u^p(r) = \frac{1}{V_p}\sum_{c \in V_p} E_c = \frac{2}{5V_p}\Omega r^{-1/3}[f(r)]^{5/3}C(r) \tag{4.2.25}$$

由式（4.2.18）和式（4.2.25）可知某一颗粒试样均匀化后的弹性能密度为

$$u = \frac{3\Omega}{10\pi(1+e)}\frac{\overline{r^{-1/3}[f(r)]^{5/3}C(r)}}{\overline{r^3}} \tag{4.2.26}$$

值得说明的是，式（4.2.21）和式（4.2.26）建立的宏观球应力和弹性能的细观表达式不仅包含细观常数，也包含细观变量（配位数 C 和接触力 f）。由于细观变量在宏观层面无法测量，因此还需要进一步将将这些细观变量与宏观变量建立联系。

为了建立颗粒配位数 C 与当前级配的关系，此处借鉴了针对多分散颗粒体系配位数的预测理论，并进行了适当改进。图 4.2.20 为多分散体系颗粒接触示意图，其中 r 为待求配位数的颗粒半径，R 为周围接触颗粒的粒径。$S(r, R)$ 为颗粒 R 在颗粒 r 外表面投影的面积，不难计算得到

$$S(r,R)=2\pi r^2\left[1-\sqrt{\frac{2Rr+r^2}{(r+R)^2}}\right]$$
$$(4.2.27)$$

考虑到周围接触颗粒的粒径并非常数，而是应当符合与颗粒体系级配相同的分布，因此式（4.2.27）对应的数学期望值应为

$$S(r)=2\pi r^2\int_{r_{\min}}^{r_{\max}}\left[1-\sqrt{\frac{2Rr+r^2}{(r+R)^2}}\right]p(R)\mathrm{d}R$$
$$(4.2.28)$$

颗粒配位数应与颗粒 r 的表面积除以式（4.2.28）给出的单颗粒占据的投影面积成正比，表示为

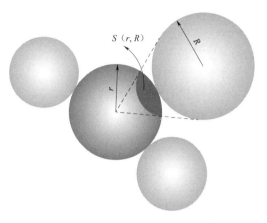

图 4.2.20　多分散体系颗粒接触示意图

$$C(r)=\frac{4\pi r^2}{c_s S(r)}=\frac{2}{c_s\int_{r_{\min}}^{r_{\max}}\left[1-\sqrt{\frac{2Rr+r^2}{(r+R)^2}}\right]p(R)\mathrm{d}R}\qquad(4.2.29)$$

式中：参数 c_s 又称为颗粒体系的线性容积率，由于实际情况下，颗粒 r 的表面不一定被与其接触的颗粒投影完全覆盖，$1/c_s$ 表征其表面积的覆盖率。文献（Shaebani et al.，2012）的模拟结果表明，c_s 在一定条件下可以认为是常数。

式（4.2.29）建立了多分散颗粒体系内的配位数与级配的关系，因此式（4.2.26）中的未确定的细观变量只有颗粒的接触力 f。尽管颗粒体系的接触力分布已经有了广泛的讨论并有相应的统计分布表达式，然而统计描述不可避免地会引入物理意义不明确的拟合参数，因此提出了另一种处理方法。此处假定某一应力条件下，颗粒体系内的 $C(r)f(r)$ 的取值与颗粒的表面积 $4\pi r^2$ 成正比，且该比值与尺寸无关。这一假设的本质是认为颗粒尺度的细观应力 σ_m^p 为尺度无关量，即

$$\sigma_m^p=\frac{C(r)f(r)}{4\pi r^2}=\mathrm{const}\quad r\in[r_{\min},r_{\max}]\qquad(4.2.30)$$

由于 σ_m^p 为尺度无关量，因此根据式（4.2.30）的定义，宏观球应力 σ_m 可以与 σ_m^p 建立更简单的联系

$$\sigma_m=\frac{\sigma_m^p}{1+e}\qquad(4.2.31)$$

将式（4.2.31）代入式（4.2.30）可得

$$C(r)f(r)=4\pi(1+e)\sigma_m^p r^2\qquad(4.2.32)$$

通过式（4.2.32），即可将颗粒的接触力 f 与宏观应力 σ_m 和配位数 C 建立联系。

式（4.2.32）给出了任意应力条件下的颗粒材料的配位数与接触力分布的关系，为了验证式（4.2.32）的合理性，采用离散单元法模拟了某一任意级配的无摩擦球体颗粒体系的等向压缩过程。模拟过程中采用了 5000 个无摩擦球体颗粒，颗粒的接触模量采用了 $1\times10^8\,\mathrm{Pa}$，颗粒和边墙的摩擦系数设置为 0 以便减小边界效应。制备的密实试样等向压缩到 $50\,\mathrm{kPa}$，压缩后孔隙比为 0.592。图 4.2.21 给出了 DEM 模拟的球应力为 $50\,\mathrm{kPa}$ 时的结

果。图 4.2.21（a）给出了试样的力链分布，可以看出颗粒力链分布无明显方向性，表明试样整体的各向异性可以忽略；且力链分布较均匀，表明不同粒径的颗粒均参与承担外荷载。图 4.2.21（b）给出了不同粒径的颗粒 $f(r)C(r)$ 与 $4\pi(1+e)r^2$ 的定量关系，图中实线为拟合直线，可以看出，$f(r)C(r)$ 与 $4\pi(1+e)r^2$ 之间线性较好，且拟合的直线斜率为 46.7kPa，与施加的荷载 50kPa 吻合较好。换言之，尽管颗粒体系内部存在一定的离散性，式（4.2.32）中颗粒尺度的应力 σ_m^p 随颗粒粒径的变化并不显著。因此，式（4.2.32）具有较好的适用性。

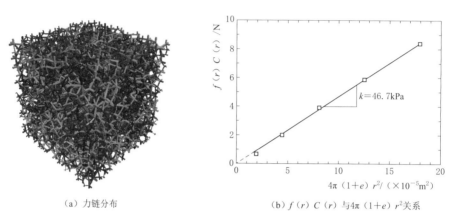

（a）力链分布　　　　　　　　　（b）$f(r)C(r)$ 与 $4\pi(1+e)r^2$ 关系

图 4.2.21　DEM 验证式（4.2.32）的合理性

结合式（4.2.26）和式（4.2.32），则试样的弹性能密度为

$$u=\left[4\pi(1+e)\right]^{\frac{5}{3}}\frac{3\Omega}{10\pi(1+e)}\sigma_\text{m}^{\frac{5}{3}}\overline{\frac{r^3/\left[C(r)\right]^{\frac{2}{3}}}{r^3}} \tag{4.2.33}$$

进一步地，若将式（4.2.11）的颗粒分布代入式（4.2.33），则弹性能密度最终可以表示为

$$u=\Theta\sigma_\text{m}^{\frac{5}{3}}\eta(\varLambda,D) \tag{4.2.34}$$

其中 Θ 为颗粒材料和密实程度有关的参量，即

$$\Theta=\frac{6}{5}\sqrt[3]{4}\,\Omega(\pi c_s)^{2/3}(1+e)^{2/3} \tag{4.2.35}$$

η 为当前级配的函数

$$\eta(\varLambda,D)=\frac{\left(\dfrac{-D}{1-\varLambda^{-D}}\right)^{\frac{2}{3}}\displaystyle\int_\varLambda^1\lambda^{2-D}\left(\int_\varLambda^1\left[1-\sqrt{\dfrac{2\lambda'\lambda+\lambda^2}{(\lambda+\lambda')^2}}\right]\lambda'^{-1-D}\,\mathrm{d}\lambda'\right)^{\frac{2}{3}}\mathrm{d}\lambda}{\displaystyle\int_\varLambda^1\lambda^{2-D}\,\mathrm{d}\lambda} \tag{4.2.36}$$

b. 破碎能量耗散密度

对于无摩擦颗粒，颗粒破碎的能量耗散主要是颗粒的断裂能损耗，根据断裂力学的基本假定，颗粒发生破碎后会新增表面积，断裂能与该表面积的增量成正比，表示为

$$\dot{\varPhi}^\text{p}=G_f\dot{S}^\text{p} \tag{4.2.37}$$

式中：$\varPhi^\text{p}$ 为单颗粒的破碎能量耗散；S^p 为颗粒的单位体积具有的表面积，对于球形颗粒

有 $S^p = 3/r$；G_f 为颗粒的应变能释放率。

类似地，结合式（4.2.18）和式（4.2.37）可以得到颗粒试样尺度均匀化的断裂能量耗散密度：

$$\dot{\Phi} = G_f \dot{S} = \frac{3}{1+e} G_f \frac{\partial (\overline{r^2}/\overline{r^3})}{\partial t} \tag{4.2.38}$$

进一步将式（4.2.11）的粒径分布代入式（4.2.38），则断裂能量耗散密度可以最终表达为

$$\dot{\Phi} = \frac{G_f}{1+e} \dot{S} \tag{4.2.39}$$

其中 S 为级配的函数：

$$S = 3 \frac{3-D}{2-D} \frac{1-\Lambda^{2-D}}{1-\Lambda^{3-D}} \frac{1}{r_{\max}} \tag{4.2.40}$$

3. 弹性-破碎演化

结合式（4.2.16）和式（4.2.34），则可以建立弹性阶段体变模量与宏观应力的关系：

$$K_B^e = \frac{3}{5\Theta\eta} \sigma_m^{\frac{1}{3}} \tag{4.2.41}$$

根据定义，弹性体变模量可以进一步与孔隙比变化建立关系，式（4.2.41）可以进一步写成以下微分形式：

$$-\frac{de}{1+e} = \frac{5}{3} \Theta\eta \sigma_m^{-\frac{1}{3}} d\sigma_m \tag{4.2.42}$$

定义 χ_i 为单位破碎速率 $\dot{\Gamma}$ 引起的破碎能量耗散率；同样，定义 $\overline{\chi}_i$ 为单位破碎指标 Γ 引起的内能损失，两者的定义式为

$$\chi_i = \frac{\partial \dot{\overline{\Phi}}}{\partial \dot{\overline{\Gamma}}_i} \quad \overline{\chi}_i = \frac{\partial u}{\partial \Gamma_i} \tag{4.2.43}$$

由于本章假定的颗粒破碎是率无关的过程，即认为颗粒破碎引起的耗散是破碎速率 $\dot{\Gamma}$ 的一阶齐次式，因此根据齐次函数的欧拉定理可知：

$$\frac{\partial \dot{\Phi}}{\partial \dot{\Gamma}} \dot{\Gamma} = \dot{\Phi} \tag{4.2.44}$$

将式（4.2.43）和式（4.2.44）代入式（4.2.16）可得

$$(\chi_i + \overline{\chi}_i) \dot{\Gamma}_i = 0 \tag{4.2.45}$$

由于 χ_i、$\overline{\chi}_i$ 和 $\dot{\Gamma}$ 都是向量，因此式（4.2.44）仅能表明向量 $(\chi_i + \overline{\chi}_i)$ 和 $\dot{\Gamma}_i$ 正交。然而，Ziegler（2012）认为热力学中的最大耗散功原理允许比式（4.2.45）更严格的条件，写作

$$(\chi_i + \overline{\chi}_i) = 0 \tag{4.2.46}$$

最大耗散能原理在颗粒材料破碎演化中的适用性可以从式（4.2.46）的推论侧面反映。由于式（4.2.33）中的弹性能是尺寸无关的，即 $\partial u/\partial r_{\max} = 0$，因此结合式（4.2.46）可得 $\partial \dot{\Phi}/\partial r_{\max} = 0$。最大耗散功假设的推论表明级配演化过程中 $r_{\max}$ 不发生变化，这个推

论与一系列针对颗粒材料压缩的试验结果吻合。事实上，这一结果并不是显而易见的，在 Einav 之前，如 Hardin 认为在足够大的压力作用下，颗粒体系会破碎成粒径小于 0.074mm 的粉末。由于颗粒破碎过程中 r_{max} 保持不变，因此破碎指标 Γ_i 降维成：

$$\dot{\Gamma}_i = (\dot{\Lambda}, \dot{D}) \tag{4.2.47}$$

借鉴 Collin 和 Houlsby（1997）基于热动力学的本构建模理论，颗粒破碎速率 $\dot{\Gamma}_i$ 和单位破碎速率引起的破碎能量耗散率 χ_i 可以通过 Legendre 变换互换，而一阶齐次函数的 Legendre 变换对应着 χ_i 恒为 0 的函数即为材料的屈服。因此，将能量耗散率表达式（4.2.39）和式（4.2.40）代入式（4.2.46），可得

$$\lambda_B y_B \equiv F_i \chi_i - G_f = 0 \tag{4.2.48}$$

式中：为方便起见，定义 $F_i = (1+e)/(\partial S/\partial \Gamma_i)$；$\lambda_B$ 为非负的乘子。

式（4.2.48）的 Legendre 变换可以得到流动法则

$$\dot{\Gamma}_i = \lambda_B \frac{\partial y_B}{\partial \chi_i} = \lambda_B F_i \tag{4.2.49}$$

对式（4.2.48）微分可得

$$F_i \dot{\chi}_i + \frac{\partial F_i}{\partial \Gamma_j} \dot{\Gamma}_j \chi_i = 0 \tag{4.2.50}$$

同时，结合式（4.2.43）和式（4.2.46）可得

$$\chi_i = -\overline{\chi}_i = -\frac{\partial u}{\partial \Gamma_i} \tag{4.2.51}$$

由于弹性能为应力和级配的函数，因此式（4.2.51）的进一步全微分可得

$$\dot{\chi}_i = -\frac{\partial^2 u}{\partial \Gamma_i \partial \Gamma_j} \dot{\Gamma}_j - \frac{\partial^2 u}{\partial \Gamma_i \partial \sigma_m} \dot{\sigma}_m \tag{4.2.52}$$

最终，将式（4.2.49）、式（4.2.52）代入式（4.2.50）可得流动法则中非负乘子为

$$\lambda_B = -\frac{F_i \dfrac{\partial^2 u}{\partial \Gamma_i \partial \sigma_m} \dot{\sigma}_m}{F_i \dfrac{\partial^2 u}{\partial \Gamma_i \partial \Gamma_j} F_j + \dfrac{\partial u}{\partial \Gamma_i} \dfrac{\partial F_i}{\partial B_j} F_j} \tag{4.2.53}$$

4.2.2.3　模型预测与试验验证

表 4.2.7 总结了推导的颗粒破碎演化的完整模型。颗粒破碎模型包含 4 个物理概念明确的参数，包括 3 个与单颗粒的材料相关参数：杨氏模量 E，泊松比 ν 和应变能释放率 G_f，以及一个颗粒体系组构相关参数：线性容积率 c_s。由于该模型的推导没有基于任何唯象的试验或者数值模拟结果，因此颗粒破碎演化的模拟是完全基于细观力学和热力学的预测。

1. 弹性阶段

式（4.2.41）预测认为颗粒体系的弹性体变模量与应力的 1/3 次方成正比，即 $K_B \sim \sigma_m^{1/3}$。图 4.2.22 对比了模型预测结果与两种颗粒材料的一维压缩模量随着竖向压力 σ' 的变化规律，其中压缩模量 K_B 和压力 σ' 均除以了大气压力 p_a。可以看出，两种颗粒材料的压缩模量随着施加压力的增大，在双对数坐标内几乎线性增大，其斜率与本节预测的结果吻合较好，直到应力超过 6MPa 后出现显著拐点（颗粒开始大量破碎）。

表 4.2.7　　　　　　　　　　　　　　颗粒材料弹性-破碎模型

变量	破碎演化指标	$\dot{\Gamma}_i = (\dot{\Lambda}, \dot{D})$	
	弹性能	$u = \Theta \sigma_{\mathrm{m}}^{5/3} \eta(\Lambda, D)$ $\Theta = \dfrac{6}{5}\sqrt[3]{4}\,\Omega(\pi c_s)^{2/3}(1+e)^{2/3}$ $\eta(\Lambda, D) = \dfrac{\left(\dfrac{-D}{1-\Lambda^{-D}}\right)^{2/3} \int_\Lambda^1 \lambda^{2-D}\left[\int_\Lambda^1\left(1-\sqrt{\dfrac{2\lambda'\lambda+\lambda^2}{(\lambda+\lambda')^2}}\right)\lambda'^{-1-D}\mathrm{d}\lambda'\right]^{\frac{2}{3}}\mathrm{d}\lambda}{\int_\Lambda^1 \lambda^{2-D}\mathrm{d}\lambda}$	
	破碎耗散能	$\dot{\Phi} = \dfrac{G_f}{1+e}\dot{S}(r_{\max}, \Lambda, D)$ $S = 3\dfrac{3-D}{2-D}\dfrac{1-\Lambda^{2-D}}{1-\Lambda^{3-D}}\dfrac{1}{r_{\max}}$ $F_i = \dfrac{1+e}{\partial S/\partial \Gamma_i}$	
屈服条件		$F_i\chi_i - G_f < 0$，弹性	$F_i\chi_i - G_f = 0$，破碎
级配演化规律		$\dot{\Gamma}_i = 0$	$\dot{\Gamma}_k = -\dfrac{F_i\dfrac{\partial^2 u}{\partial \Gamma_i \partial \sigma_{\mathrm{m}}}\dot{\sigma}_{\mathrm{m}}}{F_i\dfrac{\partial^2 u}{\partial \Gamma_i \partial \Gamma_j}F_j + \dfrac{\partial u}{\partial \Gamma_i}\dfrac{\partial F_i}{\partial B_j}F_j}F_k$
应力-应变关系		$-\dfrac{\mathrm{d}e}{1+e} = \dfrac{5}{3}\Theta\eta\sigma_{\mathrm{m}}^{-\frac{1}{3}}\mathrm{d}\sigma_{\mathrm{m}}$， 其中 η 为常数	$-\dfrac{\mathrm{d}e}{1+e} = \dfrac{5}{3}\Theta\eta\sigma_{\mathrm{m}}^{-\frac{1}{3}}\mathrm{d}\sigma_{\mathrm{m}}$， 其中 η 随着级配变化改变

结合式（4.2.36）和式（4.2.41），可以得出级配曲线（通过参数 Λ 和 D 表征）对弹性体变模量的影响。图 4.2.23（a）给出了模型预测的弹性体变模量随着参数 Λ 和 D 的演变趋势，其中为了消除材料参数和球应力的影响，图 4.2.23 中压缩模量 K_B 乘以了系数 $\Theta/\sigma_{\mathrm{m}}^{1/3}$。模型预测结果表明，随着粒径均一度的降低（$\Lambda$ 减小），材料的弹性模量提高；随着级配分形维数 D 的提高，弹性模量先增大后减小。压缩模量随着级配分形维数先增后减的趋势与 Minh 和 Cheng（2013）的 DEM 模拟结果大致相同 [图 4.2.23（b）]，其中，DEM 模拟采用土力学中常用的压缩指

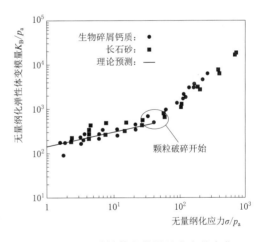

图 4.2.22　弹性体变模量随应力的变化

标 C_c 的倒数定性表征压缩模量。值得说明的是，理论预测的最大压缩模量对应的分形维数 $D \approx 1.65$ 小于 DEM 模拟结果 $D \approx 2.1$，原因为：一方面是 DEM 模拟中采用了与此处不同的级配定义函数；另一方面可能由于本节的理论模型中对配位数的预计方法的精确程度还有待进一步提高。

2. 破碎应力

将式（4.2.34）、式（4.2.40）、式（4.2.43）代入屈服函数式（4.2.48），可以得到

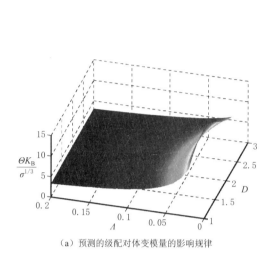

（a）预测的级配对体变模量的影响规律

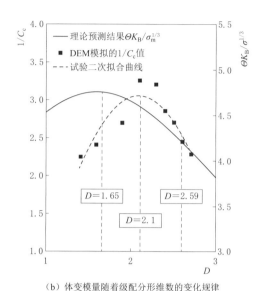

（b）体变模量随着级配分形维数的变化规律

图 4.2.23 级配曲线对弹性体变模量的影响

破碎应力 σ_f：

$$\sigma_f = \left(-\frac{G_f}{\Theta H_i \dfrac{\partial \eta}{\partial \Gamma_i}} \right)^{\frac{3}{5}} (r_{\max})^{-\frac{3}{5}} \tag{4.2.54}$$

其中，记 $F(r_{\max}, \Lambda, D) = H(\Lambda, D) r_{\max}$。从式（4.2.54）中可以看出，颗粒破碎应力与颗粒本身的应变能释放率 G_f 正相关，与材料参数 Θ 负相关。级配对破碎应力的影响主要通过 H_i、η 和 $r_{\max}$ 表征。式（4.2.54）表明破碎应力与试样的尺寸有关，且正比于 $\sigma_f \propto r_{\max}^{-\frac{3}{5}}$。图 4.2.24 对比了大量的单颗粒的硅砂的破碎应力和模型的预测结果，可以看出，试验结果在双对数坐标系内可以用一条直线拟合，且斜率与理论预测的值基本吻合。

进一步地，图 4.2.25 给出了根据式（4.2.54）预测的级配对颗粒破碎应力的影响，其中破碎应力 σ_f 乘以了系数 $(r_{\max}\Theta/G_f)^{3/5}$ 排除材料参数和颗粒尺寸的影响。可以从图中看出，与压缩模量不同，破碎应力随着级配的分形维数 D 增大而增大，且随着粒径均一度 Λ 的降低而增大。且当材料趋于分形分布时（$\Lambda \to 0$），破碎应力大幅提高，材料后续破碎的难度随之增大，这也解释了颗粒材料在充分破碎后级配会止步于分形分布的普遍现象。

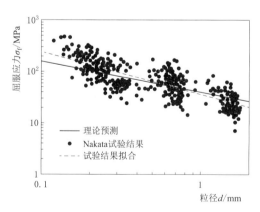

图 4.2.24 破碎应力的尺寸效应

3. 级配演化

笔者提出的颗粒破碎模型可以根据破碎屈服和流动准则预测颗粒破碎过程中级配的演化。图 4.2.26 给出了 Hagerty 等（1993a）

针对 Black Beauty 矿渣料的一维压缩试验得到的不同竖向压力条件下级配曲线。在预测模型中，假定了压缩的侧限系数（水平向应力与竖向应力比值）$K_0 = 0.4$。模型参数上，由于岩石材料泊松比变化幅度不大，且其取值对模型影响较小，酌情取 $\nu = 0.09$；参数 c_s 通过宽级配料的 DEM 模拟结果可得 $c_s \approx 3.0$。根据式（4.2.41）的体变模量公式，结合 Hagerty 试验中材料的初始级配与其对应的体变模量 $K_B = 237\mathrm{MPa}$，可以计算得到 $E \approx 100\mathrm{GPa}$；根

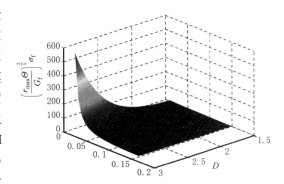

图 4.2.25　预测的级配对破碎应力的影响规律

据式（4.2.54）破碎应力公式，结合 Hagerty 试验得到的材料破碎应力 $\sigma_f = 18\mathrm{MPa}$ 及该应力条件下的材料级配，可以计算得到应变能释放率 G_f 取值约为 $300\mathrm{J/m^2}$。

　　根据以上参数，图 4.2.26 对比了模型预测的级配曲线和一维压缩试验过程中级配曲线演变规律。从图 4.2.26 中可以看出，在不预设级配演化路径的前提下，仅通过最大耗散能假设，预测得到的级配曲线演化与试验结果吻合度较高。图 4.2.26 中插图为级配分形维数 D 的演变规律，可以看出，试验和模型预测都表明，随着颗粒破碎的继续，级配的分形维数增大的趋势逐渐趋缓。

　　图 4.2.27 给出了模型预测的压缩曲线（$e-\sigma_m$ 曲线），由于此处提出的模型未考虑塑性体应变，因此模型预测结果无法直接与试验结果对比。不过，总体上可以看出，颗粒体材料的压缩存在 3 个阶段，在低应力条件下的弹性压缩阶段、颗粒破碎阶段和高围压下颗粒破碎基本停止的拟弹性阶段。这一现象与大量试验结果吻合，事实上，颗粒破碎会增大材料体应变，导致压缩曲线出现拐点，而当级配接近分形分布时，颗粒破碎应力提高，颗粒破碎量降低，破碎变形回归拟弹性阶段。

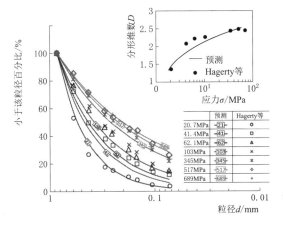

图 4.2.26　颗粒破碎过程中级配的演化规律

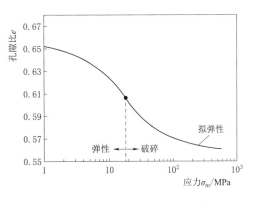

图 4.2.27　模型预测的压缩曲线

4.3 筑坝堆石料堆积过程快速预测算法与破碎堆积理论

前一节从细观尺度探讨了堆石料压缩与破碎演化的影响机制，提出的模型可以较好地预测颗粒细观参数和初始级配对压缩模量及级配演化的影响。尽管基于热力学和细观力学的模型在机理性解释方面具有不可替代的优势，但其推演的复杂性限制了这些结论在堆石料宏观本构模型上的应用；另外，如何将前述的结论从压缩路径拓展到一般应力路径仍值得探索；最后，虽然在热力学框架下可以推演级配的演变趋势，颗粒破碎重排引起的体积变形还无法准确预测。

为此，在构建考虑堆石料破碎机制的本构模型之前，本节着重回答以下 3 个问题：①堆石料的颗粒破碎是如何影响材料本构层面的关系？②颗粒破碎后体积的重排如何预测与表征？③如何建立物理概念明确且形式相对简洁的堆石料正常固结与临界状态曲线方程？以下 3 个小结分别回答以上问题。

4.3.1 颗粒破碎、缩尺与临界状态线位置的关系

堆石料的劣化会对其强度变形特性产生较大影响，且与砂土材料的颗粒破碎不同，堆石料的室内试验通常需要在原型级配料的基础上进行缩尺，以满足室内三轴试验的尺寸要求，而充分的试验和理论证据表明，随着试样粒径缩小，其破碎强度会有所提高。因此，研究堆石料的破碎对其强度变形的影响需要考虑破碎与缩尺的共同作用。

一些学者通过易破碎砂的环剪试验发现，即使在很大剪应变条件下发生显著的颗粒破碎，材料强度随破碎的衰减也基本可忽略，但颗粒破碎却能显著影响材料的体积变形；国内学者通过堆石料的三轴试验也基本验证了上述结论在堆石料中的适用性。因此，大部分考虑颗粒破碎的堆石料本构模型主要关心破碎对体变的影响。尽管从能量耗散的角度看，通过引进颗粒破碎耗散可以改进现有的堆石料剪胀方程，然而笔者相对严格的热力学推导表明，即便等向压缩过程中能量耗散方程形式的复杂性也超出了实用本构模型能够接受的范围。

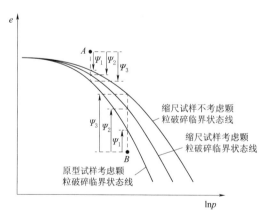

图 4.3.1　状态参量与临界状态线概念图

根据定义，土的临界状态是土体随着剪切变形的增大，其体应变与剪应力均不再变化的状态。Been 等（1985）在临界状态理论框架内，提出了状态参量的概念，用以衡量当前孔隙比与临界状态时孔隙比间的距离，即 $\Psi = e - e_{cs}$（见图 4.3.1）。状态参量给定了当前的孔隙在某一平均应力条件下的变形潜力，因此通过在本构模型中引入状态参量则可以反映不同初始孔隙比和围压情况下的剪胀或者剪缩特性。以图 4.3.1 为例，若当前的状态位于点 A，则由于点 A 在临界状态线之上，因此

随着剪切的发展，试样的孔隙比最终会减小，呈剪缩性；反之，若当前状态位于点 B，则由于其在临界状态线之下，故呈现剪胀性。在此前提下，考虑初始状态影响的剪胀方程可以写成以下形式：

$$D = f(\eta, \Psi, Q) \tag{4.3.1}$$

式中：η 是应力比，即偏应力 q 与平均应力 p 的比值，$\eta = q/p$；Q 为其他可能影响剪胀关系变量的统称。

一些学者研究了砂土和堆石料颗粒破碎对临界状态线位置的影响，认为颗粒破碎会导致其临界状态线位置在 $e—\ln p$ 空间内下移。Wood 等（2008a）在试验结果的基础上，通过 DEM 数值模拟提出了考虑颗粒破碎的临界状态线的位置随着破碎指标 I_G 漂移的表达式。后续一些学者更加细致的数值模拟对这一结论进行了验证与拓展。仍然以图 4.3.1 为例，若考虑颗粒破碎，则临界状态线位置相较于不发生颗粒破碎会出现"下沉"趋势，故对应的状态参量 Ψ_2 相比于 Ψ_1 会更大，也就是对应更大的剪缩量。另外，由于颗粒的破碎与颗粒尺寸负相关，原型级配堆石料的颗粒破碎相较于缩尺后试样更加显著，故原型级配的试样对应着更大的剪缩量。综上，考虑颗粒破碎和缩尺效应对堆石料力学特性影响的本质是提出能够反映尺寸效应与颗粒破碎耦合作用的正常固结线与临界状态线的表达式。由于许多试验证据表明，颗粒材料的临界状态线与正常固结线的形式上基本一致，且在高围压下相互平行。为了方便起见，可以通过研究正常固结线（压缩曲线）的形式，反映临界状态线的形式。

4.3.2　堆石料破碎-堆积假设

堆石料作为典型的颗粒材料，正常固结条件下的变形由颗粒接触的弹性压缩、组构变化引起的变形及颗粒破碎引起的骨架重排造成。图 4.3.2 总结了堆石料在弹性和塑性阶段变形的成因：颗粒接触的弹性压缩是可以恢复的，即弹性变形，而颗粒组构变化引起的变形及破碎引起的骨架重排均产生能量耗散，因此为塑性不可恢复变形。在应力比不发生较大改变的条件下（如正常固结状态与临界状态），颗粒组构变化引起的变形相较于破碎重排引起变形可以忽略。因此，忽略颗粒组构变化引起变形后，可以将材料的弹性与塑性阶段的变形分别与单一的细观机制建立联系，即弹性阶段主要由颗粒接触的弹性压缩造成，而塑性阶段的变形主要由颗粒破碎造成（见图 4.3.2）。

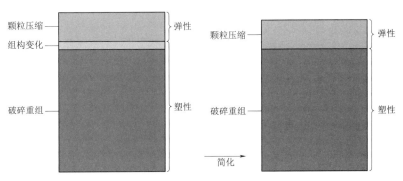

图 4.3.2　颗粒破碎机制与简化

考虑压缩某一密实的堆石料，在应力-孔隙比空间内，该曲线写作如下一般形式：

$$p = f(e, S) \tag{4.3.2}$$

式中：p 为平均应力或压应力；S 为堆石料的形态与材料相关的广义劣化变量（材料级配和颗粒的岩性等）。

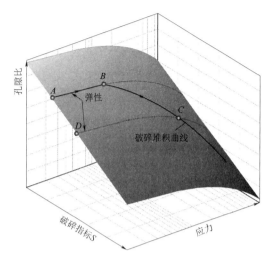

图 4.3.3　破碎堆积示意图

图 4.3.3 绘制了堆石料典型的压缩曲线随着级配的变化：堆石料 S_1 从点 A 开始压缩，在 B 点开始发生破碎，并继续加载到 C 点。由于在 A—B 段，堆石料未发生破碎，处于弹性加载阶段，因此 S 不发生变化，故 $S_A = S_B = S_1$，且 A—B 段的压缩曲线可以用 $p = f(e, S_1)$ 描述。当材料劣化开始，堆石料的压缩曲线从 B 点到 C 点，伴随着级配一直改变，因此 $S_C = S_2 \neq S_1$。

以上思想实验有一个主要问题需要回答：若点 A 处于最密实状态，随着颗粒破碎导致级配变化，点 C 是否处于或者趋于新级配下的最密状态？若是，即点 C 仍位于曲线 $p = f(e, S_2)$ 上，则 C 点的状态可以通过 e、S、p 中任意两者确定。且密实的堆石料的正常固结曲线可以看作当前的"状态"在 e-p 空间内的一簇弹性曲线中迁移的过程，若颗粒不破碎，则当前的状态位于某一条弹性曲线上，若颗粒发生破碎，则从其中一条弹性曲线跃迁到另一条弹性曲线（对应不同的最密堆积孔隙 e_d）；同时，级配的改变造成了破碎应力 σ_f 的增加。换言之，劣化指标 S、破碎应力 σ_f 及最密实堆积孔隙比 e_d 间存在一一对应关系。

4.3.3　颗粒材料最松-最密堆积快速预测方法

4.3.3.1　颗粒材料最大最小孔隙比预测概述

颗粒材料的孔隙比常被用作反映其整体力学特性的重要指标，如堆石料碾压后的孔隙比用作反映土石坝施工质量的一项重要控制指标。由于颗粒骨架的排列形式不同，在无外界荷载条件下，给定级配的颗粒材料孔隙比只能在某一区间内变动，区间的上限和下限分别为最大和最小孔隙比（$e_{\min}$ 和 $e_{\max}$）。确定堆石料的最大最小孔隙比不仅是制备堆石料试样的前期必要步骤，更是提前了解其整体物理力学特性的重要途径。例如，Cubrinovski 和 Ishihara（2002）建议将最大最小孔隙比的差异（$e_{\max} - e_{\min}$）作为反映砂土标准贯入试验的计数及临界状态位置等力学特性的指标。因此，若颗粒土的最大与最小孔隙比可以快速确定，则可在昂贵且复杂的力学特性试验前了解材料大致的特性。然而，实际情况下确定颗粒材料的最大最小孔隙比也需要开展室内试验确定。一方面，对室内试验的依赖降低了采用最大最小孔隙比作为颗粒材料物理力学特性指标的便捷性；另一方面，堆石料这类粒径较大的颗粒材料的代表体积单元（RVE）尺寸远超出现有室内试验仪器的范畴，若不进行缩尺则几乎不可能开展试验。

针对以上问题，一些学者采用了经验图法近似评估颗粒土的最小孔隙比，并在分析了颗粒的形状、颗粒的粒径差异及级配曲线的形态后，提出采用经验曲线拟合颗粒土的最大最小孔隙比。尽管这类经验方法形式较为简单，然而经验性的评估无法正确反映颗粒堆积过程的物理机制。因此，这些经验公式往往仅适用于某些特定的材料，普适性较差。近年来，离散单元法逐渐成为研究颗粒材料堆积密度的重要途径，如采用离散单元法模拟宽粒径颗粒材料的堆积密度，并分析粒径组宽度的影响，典型地，Minh 和 Cheng（2013）研究了级配的分形维数对颗粒材料堆积密度的影响。然而，从现有的计算机计算效率看，离散单元法还远不能称为堆积密度的快速预测方法：典型的宽级配颗粒材料的堆积过程模拟需要计算上百小时。

为了克服经验公式预测颗粒材料最大最小孔隙比的不足，理想的做法是提出一个解析解，将颗粒体堆积的几何形态映射到孔隙比空间。如一些学者尝试通过几何的映射方法将颗粒接触的投影映射到了多粒径颗粒材料的配位数空间，采用上述方法后可以研究了窄粒径颗粒材料的力学特性；也有一些学者提出了两种粒径颗粒材料混合物最大最小孔隙比的解析解，这类解析解在复合材料的设计等领域均有重要的作用，但是对于多分散系统（包含多种颗粒粒径的体系）的堆积孔隙比研究较少。Chang 等（2017）系统研究了颗粒材料的堆积过程，并提出了活动与非活动颗粒孔隙的概念，从而预测粉砂混合物的堆积与压缩过程。进一步地，这一方法从预测两种粒径的颗粒堆积拓展到了多粒径的最小孔隙比。这些方法为理解并预测颗粒材料的堆积奠定了重要的基础，然而迄今为止仍未有统一描述颗粒材料最大最小孔隙比的快速方法。

4.3.3.2　颗粒材料堆积模拟方法

在提出预测任意级配的颗粒材料最大最小孔隙比之前，需要回答以下两个问题：①如何将任意级配颗粒材料的拓扑与几何特性映射到孔隙比空间？②如何区分颗粒材料的最密与最松散堆积形态？本节将首先简单介绍 Farr 和 Groot（2009）提出的降维映射概念，从而回答第一个问题；接下来，将该概念扩展到颗粒材料的最松与最密堆积形态，从而回答第二个问题。

1. 颗粒材料降维概念

颗粒材料降维概念是由 Farr 和 Groot 在凝聚态物理中提出，用于解决球形的密实堆积问题。颗粒材料降维映射概念的核心是指将符合某一分布 $P_{3D}(d)$ 的三维球形堆积映射成一维的线段。此处，三维的粒径分布 $P_{3D}(d)$ 的定义是指粒径位于 d 到 $d+\mathrm{d}d$ 的颗粒数目概率。图 4.3.4 给出了三维球体与一维线段的映射关系。假设有一条直线穿越该球形颗粒堆积，则该直线被这些球的表面积分割成若干条线段。其中位于各个球体内部的线段长度记为 L，这些线段的长度分布函数 $P_{1D}(L)$ 可以与 $P_{3D}(d)$ 建立如下定量关系：

$$P_{1D}(L) = 2L\,\frac{\displaystyle\int_{L}^{d_M} P_{3D}(d)\,\mathrm{d}d}{\displaystyle\int_{0}^{d_M} P_{3D}(d)\,d^2\,\mathrm{d}d} \tag{4.3.3}$$

式中：d_M 为最大的球形直径。

颗粒材料的降维映射建立了颗粒三维球体与一维线段之间的定量关系，因此，三维颗

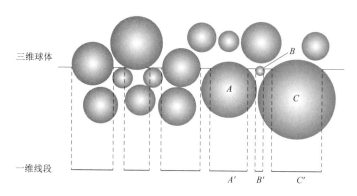

图 4.3.4 三维球体与一维线段的映射关系

粒堆积形态的差异就可以通过一维线段的排列表征。如两个颗粒距离的改变对应着这两个球"切割"的线段之间距离的改变。然而，若要仅从一维的线段排列反映三维球体的堆积形态则需要给定这些一维线段间的间隙，换言之，需要给定这些线段之间的势函数。考虑到堆积过程的粒径无关性和不同粒径颗粒间的接触问题，Farr 和 Groot 建议采用以下最简单的形式：

$$V(h)=\begin{cases}\infty & h<\min(fL_i,fL_j) \\ 0 & h\geqslant\min(fL_i,fL_j)\end{cases} \tag{4.3.4}$$

式中：V 为两条线段间的势能，由于三维的球体颗粒是硬球，因此 V 取值仅为 0 或者无穷大；h 为任意两个线段 L_i 和 L_j 的邻近端的距离；f 为颗粒的自由体积参数。

在本章中，参数 f 按照密实堆积和松散堆积区分为 f_D 和 f_L，且参数取值与颗粒的形状有关。因此，该堆积模型中仅有两个待定参数为 f_D 和 f_L，均与颗粒的形状有关。值得注意的是，式（4.3.4）定义的势函数不仅作用于相邻的两个线段，而是作用于任意两个线段之间的邻近端。以图 4.3.4 中的颗粒 A、B 和 C 为例，较大的颗粒 A 与 C 接触，小颗粒 B 在 A 与 C 接触的孔隙中，而从其投影的线段看，线段 A' 与 C' 中间被线段 B' 隔开。因此，线段 A' 与 C' 尽管不相邻，但是存在相互作用。

2. 颗粒材料的松散与密实堆积

尽管降维映射在凝聚态物理中提出的目的是用于处理颗粒的密堆积问题，然而从以上推导原理看，该降维映射原理适用于任意堆积的颗粒。换言之，降维映射概念可以将最密实和最松散的堆积映射成一维的线段排列问题。

在实际操作中，颗粒材料（如砂土和堆石料）的最松散状态可以由漏斗法或量筒法等方法测得，主要原理是将颗粒材料在重力作用下自由洒落堆积，土颗粒会由于重力降落并接触其他颗粒后翻滚，最终达到局部的稳定后静止。图 4.3.5（a）给出了某一典型颗粒在重力下自由落体后趋于稳定的过程，这一过程可以认为符合以下条件：①单一颗粒的下落过程并不会显著影响底部已存在颗粒的整体排列；②最终颗粒的静止位置对应着局部最低的势能。以此类比，一维的线段之间也应符合以下两个条件：①增加新的线段不会改变已有线段的整体排列，不失一般性地，新增的线段可以放在已有线段集的末尾；②新增加的线段将调整与已有线段集的距离，保证整体势能最低。也就是说，新增加的线段 L_i 与

前一个线段 L_{i-1} 之间的距离将为 $h = \min(f L_i, f L_{i-1})$。

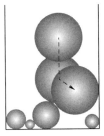

（a）松散试样　　　　　　　　　　　　（b）密实试样

图 4.3.5　不同制样方法示意图

颗粒土最密堆积的试样常通过室内试验的振动法制备。在振动的颗粒体系内增加新的颗粒会伴随着颗粒的整体重排，并导致颗粒体系整体上达到最低能量状态［见图 4.3.5（b）］。相应地，在一维线段排列时，新线段的加入需要考虑如何调整整体的线段排列使得整体的势能最低。

3. 模拟计算算法

图 4.3.6 给出了模拟颗粒材料最大与最小孔隙比 $e_{\max}$ 与 $e_{\min}$ 的算法流程图。模拟可以分为 3 个步骤，每个步骤可以用一层映射表示。第一层映射 F_1 将工程界常用的颗粒材料的累计级配曲线映射成颗粒的数目概率分布函数 $P_{3D}(d)$；第二层映射 F_2 通过式（4.3.3）将 $P_{3D}(d)$ 映射到一维的线段长度概率分布 $P_{1D}(L)$；第三层映射 F_{3-1} 或者 F_{3-2} 将一维线段长度概率分布 $P_{1D}(L)$ 映射到最大或者最小孔隙比空间。

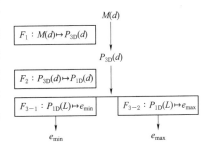

图 4.3.6　最大最小孔隙比预测
方法算法流程

第一层映射 F_1 将颗粒的累计级配映射成颗粒数目概率密度函数 $P_{3D}(d)$。$P_{3D}(d)$ 的推导在前述基于概率密度函数的试样生成法中已有详细说明，这里不再展开赘述。对于累计级配为 $M(d)$ 的颗粒材料，$P_{3D}(d)$ 可以写成

$$P_{3D}(d) = \frac{\dfrac{\mathrm{d}M(d)}{\mathrm{d}d}}{V(d) \displaystyle\int_{d_M}^{d_M} \frac{1}{V(d)} \frac{\mathrm{d}M(d)}{\mathrm{d}d} \mathrm{d}d} \tag{4.3.5}$$

有了第一层 F_1 映射和第二层映射 F_2 后，为了进一步将 $P_{1D}(L)$ 映射到孔隙比空间，首先需要生成长度符合 $P_{1D}(L)$ 的线段集 $L_1, L_2, \cdots, L_n$。

当线段集生成后，运用较高效的"贪婪算法"将 $P_{1D}(L)$ 映射到最小孔隙比 $e_{\min}$ 空间。算法的主要优点是将线段按照长度逆序插入，从而避免计算新插入的线段与所有已存在线段的势能。该算法可以总结为：

（1）将线段按照逆序标记为 $L_1 \geqslant L_2 \geqslant L_3 \geqslant \cdots \geqslant L_n$，并将线段将从长到短依此插入线段集。

（2）设定线段间的间隙集 $\{g_i\}$，间隙数量与线段的数目相同。随着第一条线段 L_1 的插入，第一个间隙的长度为 $g_1 = fL_1$。为了插入线段 L_j，首先找到并删除已有的线段集中线段间的最大间隙 $g_{\max}$，则新插入的线段会带来两段孔隙，即 fL_i 和 $\max[g_{\max} - (1+f)L_j, fL_j]$。

对于最松散的堆积，由于插入的线段并不改变已存在线段的排列，因此线段长度可以按照随机的序列排列，新插入的线段将不失一般性地排在已有线段的末尾。假设有 $i-1$ 个已经排列完成的线段，若要插入第 i 条线段，则只需将 L_i 放在线段 L_{i-1} 旁，并增加合适的间隙 g_i。由于式（4.1.4）的势能作用于线段 L_i 和已存在的所有线段，因此理论上需要找到最小的间隙 g_i，使得满足以下 $i-1$ 个条件：

$$\begin{cases} g_i \geqslant \min(fL_i, fL_{i-1}) \\ g_i + D_k \geqslant \min(fL_i, fL_{i-k-1}) \quad k=1,2,\cdots,i-2 \end{cases}$$

其中
$$D_k = \sum_{j=1}^{k}(L_{i-j} + g_{i-j}) \tag{4.3.6}$$

然而，注意到式（4.3.6）中左侧项随着指标 k 单调增加，而右侧项有界，上限小于 fL_i。因此，若按照式（4.1.6）中指标 k 的顺序依次判断式中条件是否满足，则当式中左边大于 fL_i 即可停止，式（4.3.6）中剩余的条件（对于 $k+1, k+2, \cdots, i-2$）将自动满足。

最后，线段最松散排列的算法可以归结为以下：

（1）按照 $P_{1D}(L)$ 生成随机线段，线段长度随机排序。插入线段 L_1、L_2，间隙 $g_1 = fL_1$ 及 $g_2 = \min(fL_1, fL_2)$。

（2）为了插入线段 L_i，首先令 $g_i = \min(fL_i, fL_{i-1})$，$k=1$ 且 $D=0$。接着执行以下步骤：①$D = D + g_{i-k} + L_{i-k}$；②$g_i = \max(g_i, \min(L_i, L_{i-k-1}) - D)$；③$k = k+1$ 直到 $k > i-2$ 或 $D > fL_i$。

按照上述的最大最小孔隙比算法，最终颗粒体系的最大和最小孔隙比可以按照式（4.3.7）计算：

$$e_{\min/\max} = \frac{\sum g_i}{\sum L_i} \tag{4.3.7}$$

4. 计算方法验证

此处提出的最大最小孔隙比预测计算模型中存在两个与颗粒形状有关的参数 f_D 和 f_L。对于均一分布的球形颗粒体系，最小和最大孔隙比的理论解分别为 $e_{\min} = 0.5504$ 和 $e_{\max} = 0.8018$（Onoda et al., 1990），进而可以标定得到球形颗粒 $f_D = 0.7654$、$f_L = 0.9881$。而非球颗粒的 f_D 和 f_L 值通常比球形的值大。在实际应用时，f_D 和 f_L 可以通过任意级配的一组颗粒材料试验确定。标定完成参数后，则可以通过提出的方法预测其他级配的颗粒材料的最大与最小孔隙比。相比其他数值模拟方法（如离散单元法），本节提出的方法可在数秒内给出任意级配的颗粒材料试样的最大与最小孔隙比。

为了验证本书提出计算方法的合理性，本文采用 Yilmaz（2009）针对不同细粒含量的砂土最大最小孔隙比的试验结果进行对比验证。图 4.3.7 给出了细料含量（FC）从 0%到 100%不等的 11 组粉砂的级配曲线，其中粗骨料的粒径从 1mm 到 1.18mm，而细料的粒径从 0.3mm 到 0.6mm。根据上一节给出的计算方法，图 4.3.8 给出了这些级配曲线对应的颗粒数量分布 $P_{3D}(d)$ 及映射后的线段长度分布 $P_{1D}(L)$。可以看出，$P_{3D}(d)$ 和 $P_{1D}(L)$ 中的小颗粒/线段随着细料含量的增加而增大，大颗粒/线段随着细料含量的增大而减小。同时可以看到，尽管这些粉砂为间断级配料，粒径在 0.6mm 到 1mm 间无粒径 [见图 4.3.8 (a) $P_{3D}(d)$ 的分布]，线段 $P_{1D}(L)$ 在该区间并不为 0。该现象的原因是当直线切割球时，割线的长度可能取 0 到球的直径间的

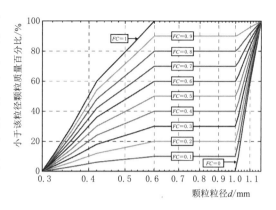

图 4.3.7 不同细料含量的粉砂级配曲线

任意值。图 4.3.9 将试验结果与计算模拟结果对比。模拟时需要同时考虑粉土和砂土的整体形状，因此采用细料含量 50% 的试样作为标定，标定得到的 f_D 和 f_L 分别为 0.9583 和 1.2577。当采用 50% 的试验结果标定后，则可根据提出的计算方法预测其他细料含量试样的最大与最小孔隙比。从图 4.3.9 中的对比可以看出，提出的预测结果与试验结果吻合度较好：最大与最小孔隙比均随着细料含量的增大而先减小后增大，当细料含量在 30% 附近时，两者均有最小值，表明该掺配比例下材料最密实。

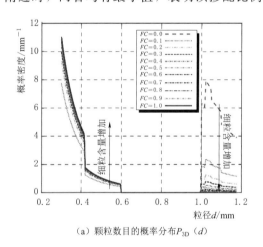

（a）颗粒数目的概率分布 $P_{3D}(d)$

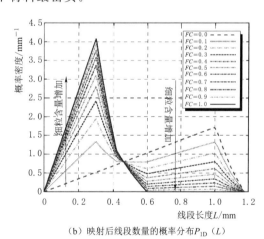

（b）映射后线段数量的概率分布 $P_{1D}(L)$

图 4.3.8 不同级配粉砂对应的概率密度函数

4.3.4 破碎-堆积过程的正常固结与临界状态曲线

4.3.4.1 不同级配颗粒材料堆积

前面采用了人工制备的间断级配粉砂的试验结果验证了提出最大最小孔隙比的预测方法。而实际情况下，工程中使用的级配及颗粒破碎过程中的堆石料的级配大多是连续的。因此，接下来将采用该最大最小孔隙比的快速预测方法研究材料的级配对颗粒材料堆积特性的影响。为此，这里采用连续级配描述方法表征级配曲线，即

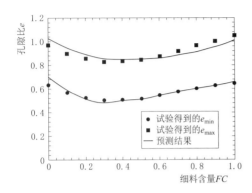

图 4.3.9　预测的粉砂最大最小孔隙比
与试验结果对比

$$M(d) = \frac{\Lambda^{3-D} - (d/d_{\mathrm{M}})^{3-D}}{\Lambda^{3-D} - 1} \qquad (4.3.8)$$

式中：Λ 为颗粒最大粒径的比值 $\Lambda = d_{\mathrm{m}}/d_{\mathrm{M}}$；$d_{\mathrm{M}}$ 为最大颗粒的粒径；D 为土体级配的分形维数。

尽管一些试验资料表明颗粒土的堆积孔隙比随着颗粒代表粒径的减小而增大，通过试验详细论证发现若非常精细地控制颗粒的形状、粒径分布的宽度和级配曲线的形式，颗粒的代表粒径与材料的堆积密度无显著关系。另外，从材料堆积的几何本质看，一个颗粒堆积体中若每个颗粒按照某个系数放大或缩小，其孔隙比理应不发生变化。由于 $e_{\max}$ 和 $e_{\min}$ 与粒径无关，则式（4.3.8）中仅有 Λ 和 D 两个影响堆积密度的参数。图 4.3.10 给出了不同级配的颗粒材料最大与最小孔隙比。为了避免颗粒形状的影响，模拟时统一采用球形颗粒的参

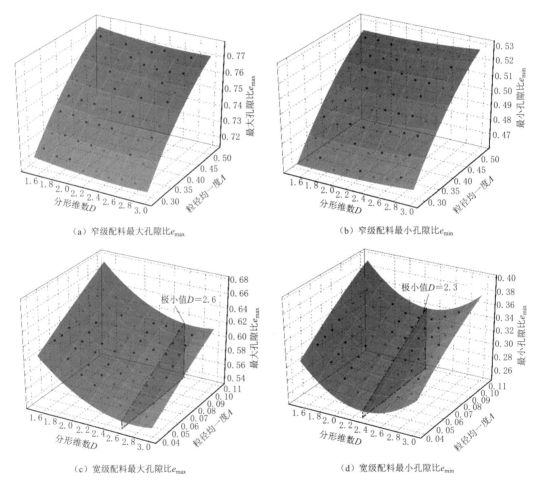

（a）窄级配料最大孔隙比 $e_{\max}$　　　　　　　　（b）窄级配料最小孔隙比 $e_{\min}$

（c）宽级配料最大孔隙比 $e_{\max}$　　　　　　　　（d）宽级配料最小孔隙比 $e_{\min}$

图 4.3.10　级配对最大最小孔隙比的影响

数，即 $f_D=0.7654$，$f_L=0.9881$。图 4.3.10（a）和图 4.3.10（b）为窄级配颗粒材料（$\Lambda \to 1$）的最大与最小孔隙比随级配的变化，可以看出，窄级配条件下 e_{max} 和 e_{min} 均随着粒径均一度 Λ 的减小近似线性减小，并且几乎不受级配分形维数 D 影响。与此形成鲜明对比的是对于宽粒径的颗粒材料（$\Lambda \to 0$），e_{max} 和 e_{min} 同时受粒径均一度 Λ 和级配分形维数 D 的影响［见图 4.3.10（c）和图 4.3.10（d）］。当 Λ 给定时，e_{max} 和 e_{min} 均存在极小值：e_{max} 在分形维数 $D=2.6$ 附近取极小值，该值与大剪切变形条件下天然的断层泥的级配分形维数吻合；而 e_{min} 在 $D=2.3$ 附近存在极小值，该结果与 Minh 和 Cheng（2013）的离散单元法模拟结果吻合。

以上的模拟结果表明，宽级配颗粒材料的堆积与颗粒充分破碎后的状态存在相似性。受启发于以上结果，此处尝试进一步探索随着材料级配变化，其最大最小堆积孔隙比的演变规律。

Nakata 等（1999）提供了石英砂高应力压缩的详细数据。在压缩试验前，砂土材料的最小和最大孔隙比分别为 0.632 和 0.881。图 4.3.11 在半对数坐标下绘制了不同应力条件下该石英砂破碎后的级配曲线。基于不同应力条件下的级配曲线，可以采用本章提出的计算方法预测这些级配曲线对应的石英砂最大与最小孔隙比。模拟中，根据压缩前砂土的最大和最小孔隙比的试验数据可拟合得到计算参数 f_D 和 f_L 分别为 0.8726 和 1.0888。为了简化起见，这里忽略了颗粒破碎过程中颗粒形状改变对参数 f_D 和 f_L 的影响，即 f_D 和 f_L 的取值假定适用于不同应力阶段的试样。

根据试验给定的级配曲线（见图 4.3.11），可以通过笔者提出的算法计算不同应力阶段的最大最小孔隙比。图 4.3.12（a）给出了最密实状态附近（$e_0=0.6\pm0.03$）的石英砂试样试验的压缩曲线与对应的不同应力阶段的

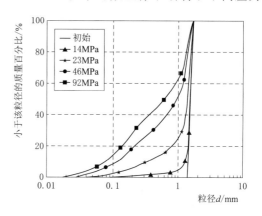

图 4.3.11　均一粒径砂土级配曲线随着竖向荷载的演化

试样最大与最小孔隙比。有趣的是，试验得到的 e—σ_v 关系与预测得到的 e_{min}—σ_v 关系吻合度较高。考虑到在发生颗粒破碎的条件下，试样的变形主要由破碎后的颗粒重组造成（即颗粒的弹性变形相对较小），该结果表明，密实的砂土试样，发生颗粒破碎并重排后，试样仍处于其当前级配对应的最密实状态。同时，注意到在高应力条件下，预测的 e_{min} 略高于试验测得的孔隙比，这主要是由于堆积孔隙比的定义是指颗粒材料在没有应力状态下的孔隙比，而在高应力作用下颗粒本身的弹性变形不可忽略。进一步地，由于不同初始孔隙比的颗粒材料在破碎后会趋于唯一的极限压缩曲线，因此，e—σ_v 关系与 e_{min}—σ_v 关系的吻合程度在高应力条件下对松散的试样也必然成立［见图 4.3.12（b）］。因此，可以根据以上试验现象得出以下结论：任意密实度的颗粒材料，在颗粒破碎造成的扰动和颗粒重组下，试样整体趋于最密实的堆积。

图 4.3.13 给出了计算模拟得到的石英砂破碎后不同级配对应的试样 e_{min} 和 e_{max} 之间的

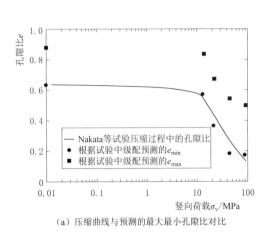

（a）压缩曲线与预测的最大最小孔隙比对比

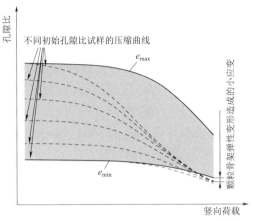

（b）颗粒破碎—堆积关系概念图

图 4.3.12　堆积对颗粒破碎变形的影响

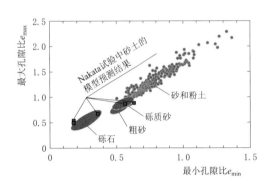

图 4.3.13　最大孔隙比与最小孔隙比关系

关系曲线，并将该关系与 Cubrinovski 和 Ishihara（2002）统计的大量的颗粒土的最大最小孔隙比的试验资料比。整体上，预测的 e_{min} 和 e_{max} 关系与试验结果吻合度较高，试验结果与数值模拟均表明 e_{min} 和 e_{max} 的存在显著的线性关系。同时，注意到随着石英砂的破碎，其级配从相对的均一粒径分布变成了粒径宽度非常广的良好级配。因此，石英砂的 e_{min} 和 e_{max} 关系跨越了相对较大的一系列颗粒材料（见图 4.3.13）。

4.3.4.2　考虑颗粒破碎与缩尺效应的正常固结线与临界状态线方程

本章前面的讨论表明颗粒的破碎问题可以转化为当前的破碎应力 σ_f 与最密实堆积孔隙比 e_d 间的定量关系问题，其中破碎应力 σ_f 随着材料的级配演化改变。根据 4.2 节的理论推导表明，σ_f 与试样中颗粒的代表粒径（最大粒径 d_M）负相关，即 $\sigma_f \propto d_M^{-3/5}$；另外，不同级配的颗粒材料的堆积孔隙比模拟结果表明颗粒材料的堆积特性与粒径无关。为了提出一个能够考虑试样中颗粒尺寸影响的正常固结和临界状态曲线方程，需要提出一个与尺寸无关的等效破碎应力 $\hat{\sigma}_f$，从而基于 4.2 节的破碎演化模型，建立 $\hat{\sigma}_f$ 和破碎指标 S 的关系，并采用提出的堆积密度快速预测方法建立级配 S 和 e_d 的关系。

考虑到破碎应力的尺寸相关性，定义尺寸无关的破碎应力为

$$\hat{\sigma}_f = \sigma_f d_M^{3/5} \tag{4.3.9}$$

得益于式（4.3.9）的定义，在进行破碎演化模拟时不再需要考虑初始级配的尺寸，仅需要考虑级配指标中的 Λ 和 D 两个参数的影响。为此，级配的演变采用 4.2 节的级配演变模型计算预测。图 4.3.14（a）～图 4.3.14（c）为不同初始级配的颗粒材料级配演化规律，其中模型中的颗粒材料计算参数与 4.2 节中的模拟结果相同。图 4.3.14 中初始级

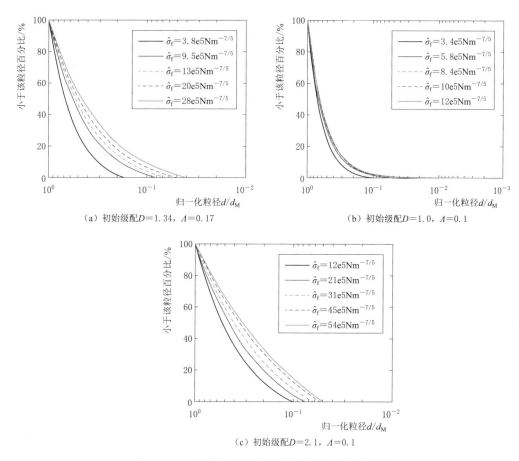

（a）初始级配$D=1.34$，$\varLambda=0.17$

（b）初始级配$D=1.0$，$\varLambda=0.1$

（c）初始级配$D=2.1$，$\varLambda=0.1$

图4.3.14　不同初始级配的颗粒材料级配演化规律

配采用式（4.3.9）表征，每个试样当前级配对应的破碎应力$\hat{\sigma}_f$见图例。基于这三个不同试样的级配演化，可以进一步采用提出的最大最小孔隙比预测方法建立$\hat{\sigma}_f$与其当前级配对应的密实堆积孔隙比e_d的关系。图4.3.15给出了以上3种不同初始级配材料的最密堆积孔隙比e_d与对应的破碎应力$\hat{\sigma}_y$间的关系。可以看出，无论初始级配如何，$\hat{\sigma}_f$与e_d关系可以用幂函数进行较好地拟合，写作以下形式

$$e_d = N\hat{\sigma}_f^{-\lambda} \tag{4.3.10}$$

其中，N和λ为材料参数，且根据4.2节的推导可知，这些参数与颗粒材料的颗粒尺寸无关，但与材料的弹性、断裂参数及初始级配的分形维数和粒径宽度有关。若将式（4.3.9）代入式（4.3.10），则可得到

$$e_d = N d_M^{-3\lambda/5} \sigma_f^{-\lambda} \tag{4.3.11}$$

式（4.3.11）可以进一步考虑材料的尺寸效应。

结合堆石料正常固结线的弹性部分，根据本节堆石料破碎堆积简化模型，本书提出采用以下形式描述考虑颗粒破碎的堆石料正常固结线：

$$e = N d_M^{-\frac{3\lambda}{5}} (p + \sigma_\tau)^{-\lambda} \tag{4.3.12}$$

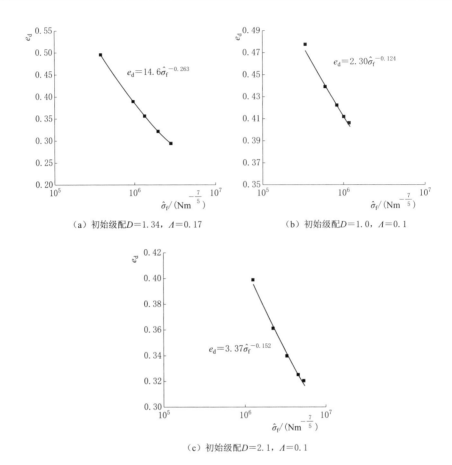

（a）初始级配 $D=1.34$，$\Lambda=0.17$

（b）初始级配 $D=1.0$，$\Lambda=0.1$

（c）初始级配 $D=2.1$，$\Lambda=0.1$

图 4.3.15　不同初始级配材料的破碎应力与最密堆积孔隙比的关系

式中：σ_r 为与弹性阶段的初值相关的参数。

注意当应力 p 远大于 σ_r 时，σ_r 的影响可以忽略，这表明式（4.3.12）在高应力情况下的渐近曲线为式（4.3.11）；而当 σ_r 的大小不可忽略时，可根据正常固结曲线上任意已知点 σ_0 和 e_0 得到：

$$\sigma_r = \left(\frac{N}{e_0}\right)^{\frac{1}{\lambda}} d_M^{-\frac{3}{5}} - \sigma_0 \tag{4.3.13}$$

由于颗粒材料发生破碎时的临界状态线与正常固结线在双对数坐标下基本平行，且形式与正常固结线相近，因此本书采用以下临界状态曲线形式：

$$e = \Gamma d_M^{-\frac{3\lambda}{5}}(p + \sigma_{cs})^{-\lambda} \tag{4.3.14}$$

同样，σ_{cs} 可以通过临界状态曲线上的任意已知点 σ_{cs0} 和 e_{cs0} 确定：

$$\sigma_{cs} = \left(\frac{\Gamma}{e_{cs0}}\right)^{\frac{1}{\lambda}} d_M^{-\frac{3}{5}} - \sigma_{cs0} \tag{4.3.15}$$

与式（4.3.12）和式（4.3.14）类似的正常固结线与临界状态线的形式在文献（Sheng et al.，2008a）中也曾提出。然而文献中仅为对试验数据的拟合，并未考虑破碎与堆积过程的细观机制，因此材料参数的物理意义及尺寸效应并无法反映。

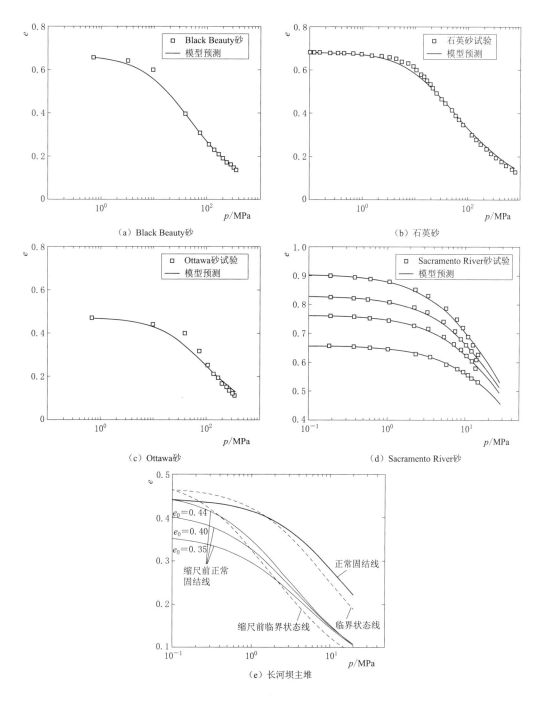

图 4.3.16 不同颗粒材料正常固结线及临界状态线试验与模型预测曲线

图 4.3.16 对比了不同颗粒材料的正常固结线及临界状态线的试验数据与本节提出方程的拟合。表 4.3.1 给出了这些材料的正常固结线或临界状态线对应的模型参数，表中，"正"代表该曲线为正常固结线，"临"代表该曲线为临界状态线，模型中的模型参数的量纲均采用国际单位制（SI），即应力采用 Pa，颗粒尺寸采用 m。尽管表中对每种材料列出

了 4 个参数，但事实上独立的参数仅 λ 和 N（或 Γ）两个。参数 σ_r 或 σ_{cs} 可以通过式（4.3.13）或式（4.3.15）计算得到；d_M 为该材料的最大粒径，为已知常数。从图 4.3.16（a）～图 4.3.16（c）可以看出，本书提出的模型能够较好地预测大部分砂土的正常固结曲线。图 4.3.16（d）进一步表明，采用本节提出的模型，可以仅采用一组参数，反映不同初始孔隙比的砂土正常固结曲线。图 4.3.16（e）中的散点为长河坝主堆的正常固结线与临界状态线的试验资料，试验采用文献中的数据，试验材料经过缩尺处理，最大粒径为 60mm，而实际工程原型级配的最大粒径为 800mm 左右。本书采用式（4.3.10）和式（4.3.12）进行了拟合，拟合结果较好。同时，采用同样的模型参数，将式（4.3.12）和式（4.3.14）中的 d_M 从试验采用的 60mm 调整为 800mm，即可得到预测的原型级配试样的正常固结线与临界状态线位置与形态。可以看出，模型预测原型级配的临界状态线与正常固结线位置相较于缩尺前整体左移。

表 4.3.1　　　　　　　不同材料正常固结线或临界状态线的模型参数

材　料	λ	N 或者 Γ	d_M	σ_r 或 σ_{cs}
Black Beauty 砂（正）	0.9997	1.57E+03	9.00E−04	2.84E+07
石英砂（正）	0.4268	181.44	1.70E−03	2.20E+07
Ottawa 砂（正）	0.874	1.21E+05	9.00E−04	1.04E+08
Sacramento River 砂（正）	0.5883	1.61E+03	1.20E−03	3.24E+07
长河坝主堆（正）	0.558	3.1558E+03	6.0E−2	8.00E+06
长河坝主堆（临）		977.5		4.78E+06

注　正代表正常固结线，临表示临界状态线。

4.3.4.3　缩尺效应合理性的讨论

本书基于破碎-堆积的假设建立了考虑颗粒破碎与缩尺效应的堆石料正常固结线与临界状态线方程。可以通过方程的推导看出，缩尺对正常固结线与临界状态线影响的本质来源于两个方面：一方面是颗粒材料堆积过程与颗粒的尺寸无关的特性；另一方面则是颗粒的破碎强度与尺寸的负相关性。

本节将作者提出的缩尺效应与 Frossard 等（2012）提出的堆石料强度缩尺效应的理性分析法对比，并结合本书第 3 章中破碎应力缩尺效应的结论，探讨本文提出的考虑缩尺效应的正常固结线与临界状态线方程的合理性。

前述章节中已经提到，颗粒材料力学中，宏观的应力张量 σ_{ij} 可以写成颗粒尺度的接触力 f_i 与支向量 l_j 的统计表达式，即

$$\sigma_{ij} = \frac{1}{V} \sum_{C \in V} f_i l_j \qquad (4.3.16)$$

式中：V 为试样的体积；下标 $C \in V$ 表示试样体积内的接触点。

从定义上看，式（4.3.16）为宏观应力的细观表达式，与第 3 章中的颗粒尺度的应力略有不同。下面考虑两个尺寸不同，但组成颗粒的材料相同，且几何上相似的堆石料试样 A 和试样 B（见图 4.3.17），若试样 A 和试样 B 中代表粒径的尺寸分别为 d_M^A 和 d_M^B，则显然存在以下几何关系：

$$\frac{l_A}{l_B} = \frac{d_M^A}{d_M^B}; \frac{V_A}{V_B} = \left(\frac{d_M^A}{d_M^B}\right)^3 \qquad (4.3.17)$$

第 3 章推导得出在等向压缩过程中，试样的破碎屈服强度与试样中代表粒径负相关，且满足以下条件

$$\sigma_f \propto d_M^{-3/5} \qquad (4.3.18)$$

式（4.3.18）中的 σ_f 为试样作为整体在等向压缩时的破碎屈服应力。4.2 节将该结果与单颗粒在无侧限压缩时的破碎强度进行对比，试验结果表明该结果同样适用于单颗粒的破碎强度。考虑到破碎强度是接触力 f_i 除以颗粒的平均截面积，因此若两个相似的试样 A 和试样 B 在宏观

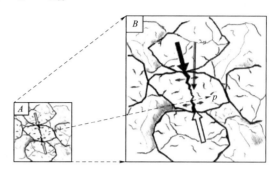

图 4.3.17　几何形态相似的两个堆石料试样 A 和试样 B 示意图

应力 σ_{ij}^A 与 σ_{ij}^B 条件下达到了相同的颗粒破碎与颗粒间摩擦极限的平衡，根据 Frossard 等的论述，A、B 两个试样中两个相似颗粒的接触力 f_i^A 和 f_i^B 的比值为

$$\frac{f_i^A}{f_i^B} = \left(\frac{d_M^A}{d_M^B}\right)^{\frac{7}{5}} \qquad (4.3.19)$$

将式（4.3.17）和式（4.3.19）代入式（4.3.16）可得

$$\sigma_{ij}^A = \left(\frac{d_M^A}{d_M^B}\right)^{-\frac{3}{5}} \sigma_{ij}^B \qquad (4.3.20)$$

式（4.3.20）为考虑颗粒破碎效应的宏观应力缩尺关系。该结果与 Frossard 等针对堆石料剪切强度的缩尺效应提出的结果类似，后者为

$$\sigma_{ij}^A = \left(\frac{d_M^A}{d_M^B}\right)^{-\frac{3}{m}} \sigma_{ij}^B \qquad (4.3.21)$$

式中：m 为 Weibull 统计分布的材料参数。

对比式（4.3.20）与式（4.3.21）可以发现，若 $m=5$ 时，两者结果一致。可以说，式（4.3.20）相对于式（4.3.21）更加具体。

上面的推导中，式（4.3.20）或式（4.3.21）成立是基于以下两个条件的：①试样 A 和试样 B 均处于破碎的极限平衡状态；②试样 A 和试样 B 除了尺寸不同，几何上是相似的。根据条件②可知，式（4.3.20）或式（4.3.21）成立时，试样 A 与试样 B 的孔隙比相等。假设试样 A 在高围压下（达到破碎平衡状态）的正常固结线或者临界状态线为

$$e^A = \bar{\omega}(\sigma^A) \qquad (4.3.22)$$

式中：$\bar{\omega}$ 为应力的函数。

则试样 B 在高围压下的曲线为

$$e^B = e^A = \bar{\omega}\left[\left(\frac{d_M^A}{d_M^B}\right)^{-\frac{3}{5}} \sigma^B\right] \qquad (4.3.23)$$

式（4.3.23）为一般形式的正常固结线或临界状态线在高应力时的缩尺规律。

相应地，以正常固结曲线为例，式（4.3.11）根据破碎-堆积过程提出的正常固结曲线在高应力条件下的形式符合式（4.3.23）的一般形式。

4.4　间断级配粗粒土压实特性试验与模型预测

间断级配粗粒土是一种级配上缺少某一个（或几个）粒径组的粗粒土，其级配曲线出现水平段，在岩土工程中很常见，河流冲积沉积物、冰碛物、采矿过程的岩石废料、掺砾黏土等均属于间断级配粗粒土。由于间断级配粗粒土存在容易离析、稳定性差、质量难以控制等缺点，过去在国内工程中较少使用。随着我国工程建设的进一步推进，会遇到越来越多的间断级配粗粒土。为提高这类间断级配粗粒土的利用率，国内外学者逐渐开始重视间断级配粗粒土的研究。

间断级配粗粒土由于缺乏中间粒径易发生管涌破坏，目前研究多集中在其渗透稳定特性上，而针对其压实特性的研究较少。间断级配粗粒土的压实特性直接关系到其压实后所能达到的密度，进而影响其力学特性，因此探究间断级配粗粒土的压实特性是必要的。对于连续级配的粗粒土，研究发现随着粗颗粒含量的增加，土体由"密实～悬浮"结构转化为"骨架～密实"结构，最终进入"骨架～空隙"结构状态，粗料（$d > 5\text{mm}$）含量在70%左右时具有最大的干密度。对于间断级配土，通常将其看做由两种粒径相差较大的颗粒组成的二元混合物，Caquot（1937）最早强调了影响孔隙率的两种因素：墙面效应和干扰效应，后者也称为松动效应。墙面效应指颗粒与壁面接触时会产生额外的孔隙，干扰效应指大颗粒因引入小颗粒而被迫分离。基于这两种效应，一些学者认为减少中间颗粒的数量，降低细颗粒平均粒径与粗颗粒平均粒径的比值可以减小混合料的孔隙率，并将该理念应用到路面沥青混凝土的设计中，也有部分学者认为间断级配料在以一个连续级配的集料为骨架，在保证粗集料骨架不被挤开的情况下，用一个连续级配的细集料填充孔隙，可以形成一个高密度结构。上述成果对研究间断级配粗粒土的压实特性具有一定的借鉴意义，但仍需深入探究影响间断级配压实特性的因素。

本节内容通过室内压实试验，研究了基准级配分形维数、间断位置、细料含量等因素对间断级配粗粒土的压实特性的影响规律，并从粗细颗粒相互干扰的角度建立了间断级配粗粒土的干密度预测模型。

4.4.1　间断级配曲线

连续级配粗粒土的级配曲线常用分形维数 D 表征，分形维数越大，细颗粒含量越多。已知连续级配粗粒土的颗粒质量分形分布函数为

$$\frac{M(d)}{M} = \frac{d_{\min}^{3-D} - d^{3-D}}{d_{\min}^{3-D} - d_{\max}^{3-D}} \tag{4.4.1}$$

特殊地，当 $d_{\min}$ 趋向于 0 时，则

$$\frac{M(d)}{M} = \frac{d^{3-D}}{d_{\max}^{3-D}} \tag{4.4.2}$$

式中：d 为粒径；$d_{\max}$ 为最大粒径；D 为分形维数，$M(d)$ 为粒径小于 d 的颗粒质量；

M 为颗粒总质量。

间断级配的获得可以看作是在分形维数为 D_z、最大粒径为 d_{max} 的某一基准级配基础上，剔除粒径在 (d_i, d_j) 范围内的颗粒获得，如图 4.4.1。定义粒径在 $(0, d_i)$ 范围内的颗粒为细料，粒径在 (d_j, d_{max}) 范围内的颗粒为粗料，由分形级配的性质可知，细料和粗料的分形维数仍为 D_z。设细料质量为 M_f，粗料质量为 M_c，用 ω 表示细料含量，表达式为

$$\omega = M_f / (M_f + M_c) \qquad (4.4.3)$$

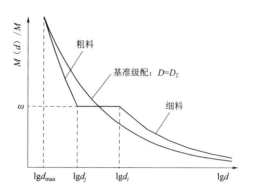

图 4.4.1　基准级配与间断级配曲线

由式 (4.4.1)~式 (4.4.3)，得间断级配粗粒土粒径分布曲线方程：

$$\frac{M(d)}{M} = \begin{cases} \omega \dfrac{d^{3-D}}{d_i^{3-D}} & d \in (0, d_i] \\ \omega & d \in (d_i, d_j] \\ 1 - (1-\omega)\dfrac{d_{max}^{3-D} - d^{3-D}}{d_{max}^{3-D} - d_j^{3-D}} & d \in (d_j, d_{max}] \end{cases} \qquad (4.4.4)$$

该粒径分布曲线方程包含 5 个参数：d_{max}、D、d_i、d_j、ω。当压实方法相同时，间断级配粗粒土压实后的干密度只与以上 5 个级配参数有关，即

$$\rho_d = f(d_{max}, D, d_i, d_j, \omega) \qquad (4.4.5)$$

本节旨在探究基准级配分形维数、间断位置、细料含量等对间断级配粗粒土压实特性的影响。

4.4.2　间断级配粗粒土压实试验

4.4.2.1　试验概况

试验用粗粒土为弱风化白云岩，比重为 2.75，取自句容抽水蓄能电站建设工地。试验采用表面振动压实法对粗粒土进行压实，以模拟施工现场的振动碾压过程。试验在内径为 300mm 的压实筒中进行，每个试样质量均为 22.5kg，分两层放入圆筒，每层放入后均采用电动振实器（频率 45Hz、激振力 5kN）振动压实 5min，两层振实完成后测量试样高度，计算试样压实干密度。经测试，振动压实 5min 后试样高度基本不再变化，可认为试样达到当前级配下的最大干密度。如不作特殊说明，本节后续出现的干密度均指最大干密度。

4.4.2.2　试验方案

试验选取了 5 种不同的基准级配（D 为 1.9、2.1、2.3、2.5、2.7），对于每一种基准级配考虑 4 个间断位置，分别为中砾（5~20mm）、细砾（2~5mm）、粗砂（0.5~2mm）、中砂（0.25~0.5mm），共计 20 个试样。进一步地，针对中砾（5~20mm）缺失的情况，考虑不同细粒含量 ω 对试验结果的影响。具体的压实试验方案见表 4.4.1。

表 4.4.1 压 实 试 验 方 案

基准级配分形维数 D	1.9、2.1、2.3、2.5、2.7
间断位置/mm	5～20、2～5、0.5～2、0.25～0.5
5～20mm 颗粒缺失情况下不同细料含量 ω/%	0、20、40、50、60、80、100

以 $D=2.5$ 为例，不同间断位置的间断级配曲线如图 4.4.2 所示，中砾缺失时考虑不同细料含量的间断级配曲线如图 4.4.3 所示。

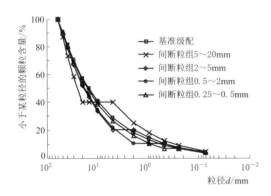

图 4.4.2 不同间断位置的间断级配曲线
（基准级配 $D=2.5$）

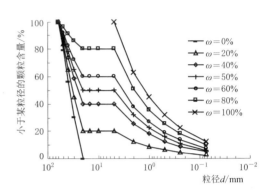

图 4.4.3 不同细料含量的间断级配曲线
（基准级配 $D=2.5$）

4.4.2.3 试验结果与分析

1. 间断级配与基准级配压实性对比

图 4.4.4 为间断级配与基准级配试样的压实干密度。由图 4.4.4 可见，当间断位置相同时，间断级配试样和基准级配试样的压实干密度均随分形维数总体呈递增趋势，在接近 2.7 时略有下降，这和朱晟等（2019）的研究结论是类似的。因为无论是连续级配还是间断级配，要想达到较高的密实度，均需要有足够的粗料形成骨架，也需要足够的细料填充骨架间的孔隙。分形维数较小时，细料较少不足以填满骨架间的孔隙。随着分形维数增大，骨架间的空隙逐渐被填充密实，试样干密度增大。当分形维数进一步增大时，会出现

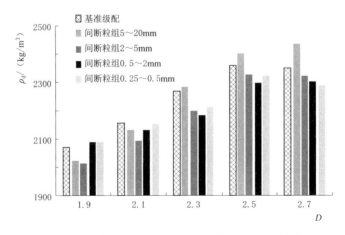

图 4.4.4 间断级配与基准级配试样的压实干密度

因细料含量过多而使大颗粒在细料的包围下处于"悬浮"状态的现象,表现为干密度的降低。因此,压实干密度随分形维数呈先递增,在接近 2.7 时略有下降的规律。

比较同一分形维数下基准级配和间断级配试样的压实干密度,会发现间断级配试样压实性未必差于连续级配试样,某些粒径组缺失后反而可以提高试样的可压实性,例如当基准级配 D 为 2.3、2.5、2.7 时,缺失 5~20mm 粒径组后试样密度大于基准级配试样密度。为进一步比较间断级配和其基准级配干密度的关系,用 η 表示间断级配与其基准级配试样压实后干密度的比值,并绘于图 4.4.5。

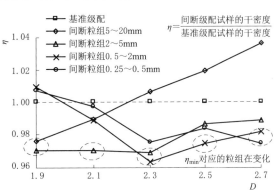

图 4.4.5   间断级配与基准级配试样压实干密度的比值

由图 4.4.5 可见,间断区间不同时,η 随分形维数 D 的变化规律也不同。当间断粒组为 5~20mm 时,η 随 D 单调递增,当 D 从 1.9 增大到 2.7 时,η 从 0.976 增加到 1.037;当间断粒组为 2~5mm 时,η 随 D 呈递增趋势,但始终小于 1;当间断粒组为 0.5~2mm 和 0.25~0.5mm 时,η 随 D 先减小后增大,最小值出现在 D=2.3 时。$\eta<1$,说明从基准级配中剔除该粒径组会降低试样的可压实性,η 越小降低的程度越大;$\eta>1$,说明从基准级配中剔除该粒径组会提高试样的可压实性,η 越大提高的程度越大。由图 4.4.5 可见,随着基准级配分形维数 D 增大,对压实性影响程度最大的粒组从 5~20mm 逐渐转移到 0.5~2mm,粒径组平均粒径越来越小。这是因为基准级配不同的间断级配试样,虽然间断粒组相同,但该粒组在基准级配中的颗粒含量却不同,这可能导致了不同基准级配中对压实性影响程度最大的粒组的变化。

将基准级配中各粒组的颗粒含量绘制在百分比累积条形图中,如图 4.4.6,不同颜色表示不同粒组,横坐标为各粒组颗粒含量累积值。将缺失该粒组的间断级配试样的 η 值标在其上方。

由图 4.4.6 可见,$\eta<1$ 的试样间断粒组均在颗粒累积含量小于 30% 的粒径范围内,η 最小值则集中在 10% 附近;$\eta>1$ 的情况样本较少,集中在 30%~60% 的范围内。可见,在基准级配的基础上,剔除 d_{30} 以下粒径时,压实性降低;剔除 d_{10} 以下粒径时,降低最明显;剔除 d_{30}~d_{60} 范围内的粒径时,压实性可能会有所提升。显然,对于压实性,粗粒土中缺少小粒径颗粒比缺少中间粒径的颗粒影响大得多,缺少中间粒径的颗粒,粗粒土压实性反而可能会提高。

值得说明的是,当同一基准级配缺少某一粒组后,干密度比值仅在 0.97~1.04 变化,起伏在 5% 以内,可见不同间断位置对干密度的影响很小。这也说明了只要设计合理,间断级配的压实性是可以满足工程要求的。

2. 细料含量与干密度的关系

工程中出现的间断级配粗粒料一般具有确定的间断粒组,那么间断粒组两侧的粗料和

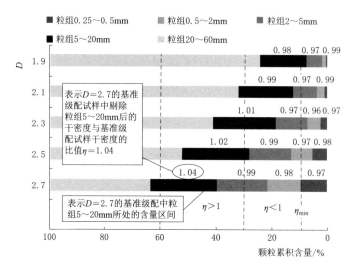

图 4.4.6　间断粒组位置对干密度的影响

细料以怎样的掺比混合才能达到较高的密实度是值得关注的问题。以缺少粒组 5～20mm 的间断级配料为例，探究了相同分形维数下试样压实干密度与细料含量 ω 的关系，如图 4.4.7 所示。

图 4.4.7 中分形维数不同的 5 组试样干密度呈现明显的层次性，分形维数越大，干密度越大。当分形维数相同时，随着细料含量增加，试样压实干密度先增后减，存在某一最优细料含量使干密度达到最大值。并且在不同分形维数下，最优细料含量均在 50％左右。η 的变化范围为 0.78～1.10，与间断位置相比，细料含量对间断级配的干密度影响要大得多。

下面用两种理想情况的间断级配粗粒土堆积模型来解释压实干密度随细料含量先增再减的规律。

（1）粗颗粒骨架模型。ω 较小时，粗料占主导地位并形成骨架，细料散布在骨架间的孔隙中，但不改变骨架的形态，如图 4.4.8（a）所示。此时堆石体的体积等于粗料骨架体积，若已知粗料的干密度为 $\rho_{0\%}$，由粗料堆积体积 $V_c = M_c / \rho_{0\%}$ 和式（4.4.3）可得出此时堆石体的干密度：

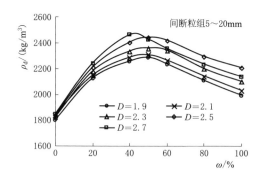

图 4.4.7　间断级配粗粒土压实干密度与
　　　　　细料含量的关系

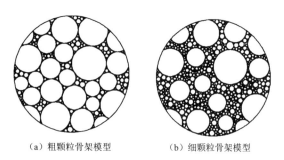

图 4.4.8　两种理想的颗粒堆积模型示意图

$$\rho=\frac{M_{\mathrm{f}}+M_{\mathrm{c}}}{V_{\mathrm{c}}}=\frac{\rho_{0\%}}{1-\omega} \tag{4.4.6}$$

由式（4.4.6）可知此种情况堆石体的干密度取决于粗料的干密度 $\rho_{0\%}$。当 $\rho_{0\%}$ 一定时，细料含量越多，堆石体的干密度越大，这解释了图 4.4.7 中压实干密度随细粒含量增加而先增大的变化规律。

（2）细颗粒骨架模型。ω 较大时，细料处于主导地位，而粗料处于细料的包围之中，如图 4.4.8（b）所示。此时堆石体的体积等于细料的堆积体积 V_{f} 加上粗料表观体积 V_{cs}。若已知颗粒密度 ρ_{s} 和细料的干密度 $\rho_{100\%}$，由 $V_{\mathrm{f}}=M_{\mathrm{f}}/\rho_{100\%}$、$V_{\mathrm{cs}}=M_{\mathrm{c}}/\rho_{\mathrm{s}}$ 和式（4.4.3）可得出此时堆石体的干密度：

$$\rho=\frac{M_{\mathrm{f}}+M_{\mathrm{c}}}{V_{\mathrm{f}}+V_{\mathrm{cs}}}=\frac{1}{\dfrac{\omega}{\rho_{100\%}}+\dfrac{1-\omega}{\rho_{\mathrm{s}}}} \tag{4.4.7}$$

由式（4.4.7）可知此种情况堆石体的干密度取决于细料的干密度 $\rho_{100\%}$。当 $\rho_{100\%}$ 一定时，粗料含量越多，堆石体的干密度越大，这解释了图 4.4.7 中的压实干密度随细粒含量的继续增加而先减小的变化规律。

4.4.3　间断级配粗粒土干密度预测公式

因间断级配间断位置的不确定性，很难给出一个固定的最优细料含量。因此建立一个间断级配粗粒土干密度的预测公式，通过少量试验即可获得最优细料含量或满足干密度要求的细料含量区间就显得尤为必要。

式（4.4.6）和式（4.4.7）可以定性解释压实干密度随细粒含量增加而先增后减的变化趋势，但其计算结果与试验值有一定偏差，如图 4.4.9 所示。这是因为理想堆积情况在实际压实过程中很难达到，粗细颗粒在堆积过程中会相互干扰引起体积改变。因此需要对上述理想情况进行修正。

假设细料中掺入粗料后的孔隙体积改变量为 ΔV，令 $\Delta V=kV_{\mathrm{cs}}$，则粗料颗粒体积与孔隙体积改变量之和为 $V_{\mathrm{cs}}+kV_{\mathrm{cs}}=(1+k)V_{\mathrm{cs}}$。令 $\alpha=1+k$、$\alpha>1$、$\Delta V>0$，表示细料中掺入粗料后孔隙体积增加；$\alpha<1$、$\Delta V<0$，表示细料中掺入粗料后孔隙体积减小（理论上，$\alpha<1$ 是不存在的，因为细料达到了最大干密度，孔隙不可能再减小）；$\alpha=1$、$\Delta V=0$，表示细料中掺入粗料后孔隙体积不变。因此，α 可表示粗细颗粒间堆积过程中的的干扰。α 随掺入粗料含量的改变而改变，即 α 是 ω 的函数。此时，细料含量为 ω 的粗粒土的干密度为

$$\rho(\omega)=\frac{M_{\mathrm{f}}+M_{i}}{V_{\mathrm{f}}+\alpha V_{\mathrm{cs}}}=\frac{1}{\dfrac{\omega}{\rho_{100\%}}+\alpha(\omega)\dfrac{1-\omega}{\rho_{\mathrm{s}}}} \tag{4.4.8}$$

式（4.4.6）和式（4.4.7）为式（4.4.8）的两种特殊情况。当 $\omega\rightarrow0\%$ 时，

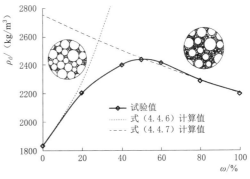

图 4.4.9　理想模型计算值与试验值对比（$D=2.5$）

145

式（4.4.8）＝式（4.4.6），得 $\alpha=\rho_s/\rho_{0\%}$；当 $\omega\rightarrow100\%$ 时，式（4.4.8）＝式（4.4.7），得 $\alpha=1$。当 $\mathrm{d}\rho/\mathrm{d}\omega=0$ 时，干密度具有最大值，对应的细料含量为最优细料含量 ω_{op}，有

$$\omega_{op}=1-\frac{\alpha\big|_{\omega=\omega_{op}}-\dfrac{\rho_s}{\rho_{100\%}}}{\dfrac{\mathrm{d}\alpha}{\mathrm{d}\omega}\bigg|_{\omega=\omega_{op}}} \tag{4.4.9}$$

下面尝试建立 α 与 ω 的关系。根据压实试验结果，反推出 α，将 α 和 ω 放在同一坐标

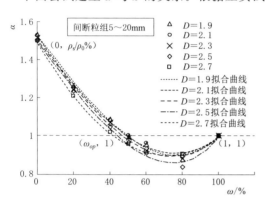

图 4.4.10　参数 α 和细料含量的关系曲线

系中，如图 4.4.10 所示。会发现图 4.4.10 中出现了 $\alpha<1$ 的情况。许多研究表明，分形维数相同的粗粒土粒径越大越容易压实，原因是随着粒径增大，颗粒间的接触点减少，相同击实功下击实效率更高，颗粒更容易被压实。出现 $\alpha<1$ 的情况，也是这个原因：掺有少量粗颗粒的细料与纯细料相比，接触点减少，压实效率更高，孔隙体积减小。将试验点用三次函数拟合，结果较好。由以上分析，α 关于 ω 的三次函数曲线经过两个定点（1，1）、（0，$\rho_s/\rho_{0\%}$），表达式为

$$\alpha(\omega)=(1-\omega)\left(A\omega^2+B\omega+\frac{\rho_s}{\rho_{0\%}}-1\right)+1 \tag{4.4.10}$$

式（4.4.10）亦可写成孔隙比的表达形式：

$$e(\omega)=e_{100\%}\omega-(1-\omega)^2(A\omega^2+B\omega+e_{0\%}) \tag{4.4.11}$$

式中：A、B 为系数；$e_{100\%}$、$e_{0\%}$ 分别表示细料、粗料的孔隙比。

假设曲线与直线 $\alpha=1$ 的另一个交点为（ω_x，1）；当 $0\leqslant\omega<\omega_x$ 时，$\alpha>1$；当 $\omega_x<\omega<1$ 时，$\alpha<1$。当 $\omega=\omega_x$ 时，$\alpha=1$，此时粗料的引入没有引起细料孔隙体积的变化，达到"骨架-孔隙"状态，对应的细料含量近似为最优细料含量，即 $\omega_x=\omega_{op}$。进一步，式（4.4.10）、式（4.4.11）的表达式可以改写为

$$\alpha(\omega)=(\omega-1)(\omega-\omega_{op})(A\omega+C)+1 \tag{4.4.12}$$

$$e(\omega)=e_{100\%}\omega-(1-\omega)^2(\omega-\omega_{op})(A\omega+C) \tag{4.4.13}$$

其中：

$$A=\frac{\dfrac{\rho_s}{\rho_{100\%}}-1}{\omega_{op}(1-\omega_{op})^2}-\frac{\dfrac{\rho_s}{\rho_{0\%}}-1}{\omega_{op}^2}=\frac{e_{100\%}}{\omega_{op}(1-\omega_{op})^2}-\frac{e_{0\%}}{\omega_{op}^2} \tag{4.4.14}$$

$$C=\frac{\dfrac{\rho_s}{\rho_{0\%}}-1}{\omega_{op}}=\frac{e_{0\%}}{\omega_{op}} \tag{4.4.15}$$

式（4.4.8）、式（4.4.12）、式（4.4.14）、式（4.4.15）为修正后的干密度预测公式，共有 3 个未知量 $\rho_{0\%}$、$\rho_{100\%}$、ω_{op}，只需要 3 个不同细料含量的压实试验即可获得完整的 $\rho(\omega)$ 曲线。D 为 1.9、2.1、2.3、2.5、2.7 时，$\rho_{0\%}$、$\rho_{100\%}$ 已知，ω_{op} 分别取 49.1%、

48.8％、47.7％、48.2％、40.5％，分别代入式（4.4.8）、式（4.4.12）、式（4.4.14）、式（4.4.15）中进行计算，结果与试验值吻合较好，如图 4.4.11 所示。说明基于间断级配粗粒土的理想堆积模型，通过引入粗细颗粒间的干扰系数 α，来构建间断级配粗粒土压实干密度预测模型具有可行性。在工程中，根据设计干密度值，在干密度预测曲线上圈定细料含量范围，然后根据设计干密度与对应细料含量下最大干密度的比值，即可确定施工压实标准。

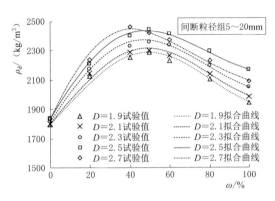

图 4.4.11　修正后的模型计算值与试验值对比

第5章　筑坝土石料本构模拟

为合理设计土石坝结构及了解土石坝的运行状态，一般应采用有限单元法等数值手段，计算分析土石坝及其坝基的应力与应变。有限元计算分析中，最为关键的是反映筑坝土石料特性的本构模型。筑坝土石料以粗粒料为主，具有粒径大、低压剪胀、颗粒破碎、强度非线性等明显特征，且与密度、加载路径及温湿度等诸多因素有关。多年来众多的学者致力于粗粒料特性及本构模拟的研究，提出了许多相应的本构模型。本章首先介绍目前在土石坝应力应变有限元计算分析中常用的邓肯-张非线性弹性模型，尔后介绍本课题组近年来提出的四个粗粒料本构模型：考虑剪胀效应及中主应力影响的粗粒料 hhu-KG 模型、基于细观结构变化的粗粒料弹塑性模型（hhu-SH）、考虑状态相关的 hhu-SH 模型及考虑颗粒破碎的 hhu-SH 模型。

5.1　邓肯-张非线性弹性模型

筑坝土石料应力应变关系具有明显的非线性，通常用增量形式表示：

$$\{\Delta\sigma\} = [D]\{\Delta\varepsilon\} \tag{5.1.1}$$

式中：$[D]$ 为劲度矩阵。

非线性弹性本构模型以广义胡克定律为基础，劲度矩阵 $[D]$ 表示为

$$[D] = \frac{E(1-\nu)}{(1+\nu)(1-2\nu)} \begin{bmatrix} 1 & \dfrac{\nu}{1-\nu} & \dfrac{\nu}{1-\nu} & 0 & 0 & 0 \\ \dfrac{\nu}{1-\nu} & 1 & \dfrac{\nu}{1-\nu} & 0 & 0 & 0 \\ \dfrac{\nu}{1-\nu} & \dfrac{\nu}{1-\nu} & 1 & 0 & 0 & 0 \\ 0 & 0 & 0 & \dfrac{1-2\nu}{2(1-\nu)} & 0 & 0 \\ 0 & 0 & 0 & 0 & \dfrac{1-2\nu}{2(1-\nu)} & 0 \\ 0 & 0 & 0 & 0 & 0 & \dfrac{1-2\nu}{2(1-\nu)} \end{bmatrix} \tag{5.1.2}$$

式中：E 与 ν 为单轴拉伸或压缩试验条件下的材料参数，分别称作杨氏模量（Young's modulus）与泊松比（Poisson ratio）。

杨氏模量 E 反映轴向应变与轴向应力间的关系，而泊松比 ν 则反映横向应变与轴向应变间的关系。有时土石材料参数也用反映体积应变与平均应力间关系的体积模量

K（Duncan 等也用 B 表示）与反映剪应变与剪应力间关系的剪切模量 G 来表示。体积模量 K、剪切模量 G 与 E、ν 间有以下关系：

$$K = \frac{E}{3(1-2\nu)} \quad G = \frac{E}{2(1+\nu)} \tag{5.1.3}$$

用体积模量 K 与剪切模量 G 表示的刚度矩阵 $[D]$ 为

$$[D] = \begin{bmatrix} K+\frac{4}{3}G & K-\frac{2}{3}G & K-\frac{2}{3}G & 0 & 0 & 0 \\ K-\frac{2}{3}G & K+\frac{4}{3}G & K-\frac{2}{3}G & 0 & 0 & 0 \\ K-\frac{2}{3}G & K-\frac{2}{3}G & K+\frac{4}{3}G & 0 & 0 & 0 \\ 0 & 0 & 0 & G & 0 & 0 \\ 0 & 0 & 0 & 0 & G & 0 \\ 0 & 0 & 0 & 0 & 0 & G \end{bmatrix} \tag{5.1.4}$$

由于筑坝土石料应力应变关系的非线性，包含在矩阵 $[D]$ 中的弹性参数 E、ν 或 K、G 为随应力状态而变的变量。非线性弹性本构模型指的就是如何确定矩阵 $[D]$ 中的弹性参数 E、ν 或 K、G。

非线性弹性本构模型中，邓肯-张（Duncan - Chang）模型（Duncan et al.，1970）由于其形式简单、参数可以直接从室内三轴试验得到，因此在土石坝工程中应用尤为广泛。该模型是 Duncan 和 Chang 基于常规三轴压缩试验结果提出的，常规三轴压缩试验是在保持 σ_3 不变的情况下，加轴向应力（$\sigma_1-\sigma_3$），测定轴向应变 ε_a 和体积应变 ε_v，并由此计算出侧向膨胀应变 $\varepsilon_r = (\varepsilon_v - \varepsilon_a)/2$。由于只在一个方向施加应力增量，而其他方向无应力增量，因此可根据常规三轴试验结果确定广义胡克定律中的弹性参数。

5.1.1 切线弹性模量

非剪胀性材料（黏性土或密度较小的粗粒料）常规三轴压缩试验典型的应力应变关系曲线如图 5.1.1（a）所示，Kondner 和 Zelasko（1964）建议采用双曲线来拟合，即对于某 σ_3，（$\sigma_1-\sigma_3$）～ε_a 关系可表示成

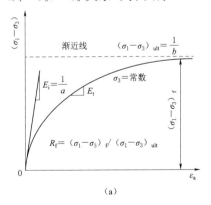
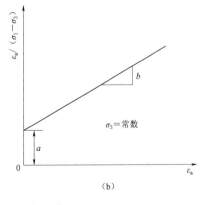

（a）　　　　　　　　　　　　　　（b）

图 5.1.1　双曲线的应力—应变关系

$$\sigma_1 - \sigma_3 = \frac{\varepsilon_a}{a + b\varepsilon_a} \tag{5.1.5}$$

式中：$\sigma_1 - \sigma_3$ 为偏应力，即主应力差；ε_a 为轴向应变；a、b 为试验常数。

由于在常规三轴试验中，$\sigma_2 = \sigma_3 =$ 常数，$\Delta\sigma_2 = \Delta\sigma_3 = 0$，根据增量广义胡克定律有

$$\Delta\varepsilon_1 = \frac{\Delta\sigma_1}{E_t} \quad \Delta\varepsilon_2 = \Delta\varepsilon_3 = -\nu_t \frac{\Delta\sigma_1}{E_t} = -\nu_t \Delta\varepsilon_1 \tag{5.1.6}$$

因此，切线弹性模量 E_t：

$$E_t = \frac{\Delta\sigma_1}{\Delta\varepsilon_1} = \frac{\Delta(\sigma_1 - \sigma_3)}{\Delta\varepsilon_a} = \frac{\partial(\sigma_1 - \sigma_3)}{\partial\varepsilon_a} \tag{5.1.7}$$

将式 (5.1.5) 代入式 (5.1.7)，得

$$E_t = \frac{a}{(a + b\varepsilon_a)^2} = \frac{1}{a}\left[1 - b(\sigma_1 - \sigma_3)\right]^2 \tag{5.1.8}$$

为确定参数 a 和 b，将式 (5.1.5) 改写成

$$\frac{\varepsilon_a}{\sigma_1 - \sigma_3} = a + b\varepsilon_a \tag{5.1.9}$$

以 $\varepsilon_a/(\sigma_1 - \sigma_3)$ 为纵坐标，ε_a 为横坐标，构成新的坐标系，则图 5.1.1 (a) 中应力应变双曲线关系转换为直线关系，见图 5.1.1 (b)，直线的斜率为 b，截距为 a。由式 (5.1.9) 可见，当 $\varepsilon_a \to 0$ 时：

$$a = \left(\frac{\varepsilon_a}{\sigma_1 - \sigma_3}\right)_{\varepsilon_a \to 0} \tag{5.1.10}$$

而 $\left[(\sigma_1 - \sigma_3)/\varepsilon_a\right]_{\varepsilon_a \to 0}$ 是 $(\sigma_1 - \sigma_3) \sim \varepsilon_a$ 曲线的初始切线斜率，称初始切线模量，用 E_i 来表示，参见图 5.1.1 (a)。因此：

$$a = \frac{1}{E_i} \tag{5.1.11}$$

说明参数 a 是初始切线模量的倒数。试验表明，E_i 随 σ_3 近似地按幂指数关系变化，即

$$E_i = k p_a \left(\frac{\sigma_3}{p_a}\right)^n \tag{5.1.12}$$

点绘在双对数纸上，则近似地为一直线，如图 5.1.2 所示。直线的斜率为 n，截距为 $\lg k$。这里 p_a 为大气压力。引入 p_a 的目的是使得初始切线模量 E_i 的单位能与应力单位相同。

由式 (5.1.9) 还可见，当 $\varepsilon_a \to \infty$ 时

$$b = \frac{1}{(\sigma_1 - \sigma_3)_{\varepsilon_a \to \infty}} = \frac{1}{(\sigma_1 - \sigma_3)_{ult}} \tag{5.1.13}$$

这里用 $(\sigma_1 - \sigma_3)_{ult}$ 表示当 $\varepsilon_a \to \infty$ 时 $(\sigma_1 - \sigma_3)$ 的极限值，也就是双曲线关系的渐近值。事实上，ε_a 不可能趋向于无穷大，在达到一定值后试样就破坏了，破坏时的偏应力差 $(\sigma_1 - \sigma_3)_f$ 与其极限值之比定义为破坏比 R_f，即

$$R_f = \frac{(\sigma_1 - \sigma_3)_f}{(\sigma_1 - \sigma_3)_{ult}} \tag{5.1.14}$$

将式（5.1.14）代入式（5.1.13），然后与式（5.1.11）一起代入式（5.1.8），得

$$E_t = \left[1 - R_f \frac{\sigma_1 - \sigma_3}{(\sigma_1 - \sigma_3)_f}\right]^2 E_i = [1 - R_f s]^2 E_i \tag{5.1.15}$$

式中：$s = \dfrac{\sigma_1 - \sigma_3}{(\sigma_1 - \sigma_3)_f}$，通常称为应力水平，它反映土石材料强度发挥的程度。

破坏时的偏应力差 $(\sigma_1 - \sigma_3)_f$ 根据莫尔-库仑准则（图 5.1.3）确定为

$$(\sigma_1 - \sigma_3)_f = \frac{2c\cos\varphi + 2\sigma_3\sin\varphi}{1 - \sin\varphi} \tag{5.1.16}$$

式中：c、φ 分别为土石材料的黏聚力与内摩擦角。

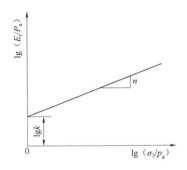

图 5.1.2　初始切线模量 E_i 随围压 σ_3 的变化

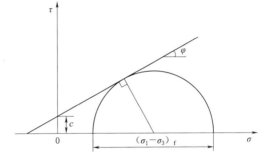

图 5.1.3　土体破坏时的应力莫尔圆

将式（5.1.16）与式（5.1.12）代入式（5.1.15），得

$$E_t = \left[1 - R_f \frac{(1 - \sin\varphi)(\sigma_1 - \sigma_3)}{2c\cos\varphi + 2\sigma_3\sin\varphi}\right]^2 k p_a \left(\frac{\sigma_3}{p_a}\right)^n \tag{5.1.17}$$

式（5.1.17）表示 E_t 随应力水平 s 增加而降低，随围压 σ_3 增加而增大。式中 c、φ 为土石材料的强度指标，k、n 和 R_f 的确定方法在公式推导中已作说明，其中 R_f 对不同的 σ_3 会有不同的数值，取平均值。

5.1.2　卸荷再加荷的模量

试验结果表明：在卸荷（回弹）与再加荷的情况下，应力与应变关系接近于直线，其斜率为回弹模量 E_{ur}，见图 5.1.4。弹性模量 E_{ur} 仅取决于围压 σ_3，而与 $(\sigma_1 - \sigma_3)$ 无关。在不同的围压 σ_3 下卸荷与再加载，可得到不同的 E_{ur}，两者也近似为幂指数关系。

$$E_{ur} = k_{ur} p_a \left(\frac{\sigma_3}{p_a}\right)^n \tag{5.1.18}$$

式中：n 与 k_{ur} 为试验拟合参数。一般来说，n 与加荷时基本一致，而 $k_{ur} = (1.2 \sim 3.0)k$。

在有限元计算分析中，要给出一个在什么情况下使用 E_{ur} 的标准，即加卸载判别准则，相当于弹塑性模型中的屈服准则。通常采用以下粗略的规

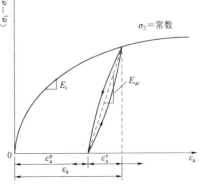

图 5.1.4　卸荷再加荷曲线

定：当 $(\sigma_1-\sigma_3)<(\sigma_1-\sigma_3)_0$，且 $S<S_0$ 时，用 E_{ur}，否则用 E_t。这里 $(\sigma_1-\sigma_3)_0$ 与 s_0 分别为曾经达到的最大应力差与最大应力水平。

5.1.3 切线泊松比

库哈威和邓肯认为常规三轴试验测得的 ε_a 与 $(-\varepsilon_r)$ 关系也可用双曲线来拟合，如图 5.1.5（a）所示。点绘 $-\varepsilon_r/\varepsilon_a$ 与 $-\varepsilon_r$ 的关系，为一直线，如图 5.1.5（b）所示，其截距为 f，斜率为 D。

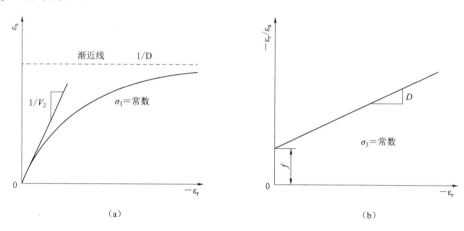

图 5.1.5 轴向应变 ε_a 与径向应变 ε_r 关系

因此，

$$\frac{-\varepsilon_r}{\varepsilon_a}=f+D(-\varepsilon_r) \tag{5.1.19}$$

或

$$-\varepsilon_r=\frac{f\varepsilon_a}{1-D\varepsilon_a} \tag{5.1.20}$$

三轴压缩条件下，切线泊松比为

$$\nu_t=\frac{-\Delta\varepsilon_r}{\Delta\varepsilon_a}=\frac{-\partial\varepsilon_r}{\partial\varepsilon_a} \tag{5.1.21}$$

将式（5.1.19）代入式（5.1.21），并利用推导切线弹模 E_t 时的相关式子把所含的 ε_a 用应力来表示，可得

$$\nu_t=\frac{f}{(1-A)^2} \tag{5.1.22}$$

其中

$$A=\frac{D(\sigma_1-\sigma_3)}{kp_a\left(\dfrac{\sigma_3}{p_a}\right)^n\left[1-\dfrac{R_f(1-\sin\phi)(\sigma_1-\sigma_3)}{2c\cos\phi+2\sigma_3\sin\phi}\right]} \tag{5.1.23}$$

由式（5.1.19），当 $-\varepsilon_r\to\infty$ 时，$D=1/\varepsilon_a$。可见 D 是 ε_a 渐近线的倒数。当 $-\varepsilon_r\to0$ 时，

$$f=\left(\frac{-\varepsilon_r}{\varepsilon_a}\right)_{\varepsilon_r\to0}=\nu_i \tag{5.1.24}$$

式中：ν_i 为初始切线泊松比，被认为是围压 σ_3 的对数函数（见图 5.1.6）。

$$\nu_i=G-F\lg\frac{\sigma_3}{p_a} \tag{5.1.25}$$

将式（5.1.25）代入式（5.1.21），得切线泊松比的最终计算公式为

$$\nu_t=\frac{G-F\lg\dfrac{\sigma_3}{p_a}}{(1-A)^2} \tag{5.1.26}$$

式（5.1.26）算得的 ν_t 有时可能大于 0.5，在试验中测得的 ν 值也确有可能超过 0.5，这是由于土体存在剪胀性。然而，有限元计算中 ν_t 若大于或等于 0.5，劲度矩阵会出现异常。因此，实际计算中，当 $\nu_t>0.49$ 时，令 $\nu_t=0.49$。这也就是说，邓肯 $E-\nu$ 模型不能反映土体的剪胀特性。

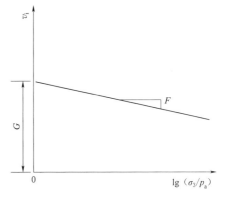

图 5.1.6 初始切线泊松比 ν_i 随围压 σ_3 的变化

以上所述即为 Duncan 和 Chang 于 1970 年提出的 $E-\nu$ 非线性弹性模型，它以假定 $(\sigma_1-\sigma_3)\sim\varepsilon_a$ 和 $\varepsilon_a\sim\varepsilon_r$ 皆为双曲线关系为基础，通常也称为双曲线模型。该模型有 8 个参数：φ、c、R_f、K、n、G、F、D，由常规三轴试验确定。

5.1.4 邓肯-张双曲线模型的改进

5.1.4.1 切线泊松比 ν_t 的直线近似

由式（5.1.22）与式（5.1.23）可知，ν_t 是随着应力水平而增加的。Daniel 假定 ν_t 随应力水平直线变化，提出用式（5.1.27）代替式（5.1.26）计算 ν_t。

$$\nu_t=\nu_i+(\nu_{tf}-\nu_i)\frac{\sigma_1-\sigma_3}{(\sigma_1-\sigma_3)_f} \tag{5.1.27}$$

其中，ν_i 可按式（5.1.25）计算。ν_{tf} 为破坏时的切线泊松比，可按实验结果建立类似于式（5.1.25）的公式，作近似处理，也可取 0.49。

5.1.4.2 堆石料非线性抗剪强度的应用

当应力水平较高时，由于颗粒破碎的影响，堆石材料的抗剪强度不符合莫尔-库仑破坏准则，其强度包络线呈非线性。根据 Leps 的研究，按单元法确定的内摩擦角 φ（即 $\varphi=\sin^{-1}\dfrac{\sigma_1-\sigma_3}{\sigma_1+\sigma_3}$）与围压 σ_3 间的关系近似为

$$\varphi=\varphi_0-\Delta\varphi\lg\left(\frac{\sigma_3}{p_a}\right) \tag{5.1.28}$$

式中：φ_0 为 $\sigma_3=100\text{kPa}$ 时的内摩擦角；$\Delta\varphi$ 为 φ 随 σ_3 的变化量；p_a 为大气压力。

用式（5.1.28）计算的 φ 代入相应的切线弹模 E_t 与切线泊松比 ν_t 的计算公式 [式（5.1.17）、式（5.1.26）] 中的 φ，此时取 $c=0$。

5.1.4.3　用切线体积模量 B_t 代替切线泊松比 ν_t

Duncan 等于 1980 年提出用体积模量 B_t 代替切线泊松比 ν_t，即将 E-ν 模型改为 E-B 模型，认为以 B_t 表征土体的体积变化特征，可较合理表达土体在较高应力水平下的力学性质。

在常规三轴试验中，围压 σ_3 保持不变，轴向压力增量为 $(\sigma_1-\sigma_3)$，侧向压力增量为 0，平均正应力增量为 $\Delta p=(\sigma_1-\sigma_3)/3$。体积模量为平均正应力增量与相应的体积应变增量之比，即

$$B=\frac{1}{3}\frac{\sigma_1-\sigma_3}{\varepsilon_v} \tag{5.1.29}$$

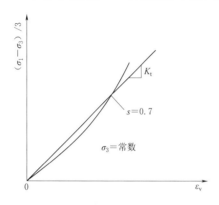

图 5.1.7　常规三轴试验平均正应力增量与相应的体积应变的关系

邓肯等假定，B 与应力水平无关，或者说与偏应力 $(\sigma_1-\sigma_3)$ 无关，它仅随围压 σ_3 而变。对于同一围压 σ_3，B 为常量。由式（5.1.29）可见，这相当于假定 ε_v 与 $(\sigma_1-\sigma_3)$ 成比例关系。由于 $(\sigma_1-\sigma_3)\sim\varepsilon_a$ 及 $\varepsilon_a\sim\varepsilon_r$ 均假定为双曲线关系，而 $\varepsilon_v=2\varepsilon_r+\varepsilon_a$，因此 ε_v 与 $(\sigma_1-\sigma_3)$ 的比例关系并非直线，如图 5.1.7 所示。为此，邓肯等取与应力水平 $S=0.7$ 相应的点与原点连线的斜率作为平均斜率，即

$$B_t=\frac{1}{3}\frac{(\sigma_1-\sigma_3)_{s=0.7}}{(\varepsilon_v)_{s=0.7}} \tag{5.1.30}$$

对于不同的 σ_3，B_t 也不同。假定 B_t 随 σ_3 的变化也可表达成 σ_3 的幂函数，即

$$B_t=k_b p_a\left(\frac{\sigma_3}{p_a}\right)^m \tag{5.1.31}$$

式中：k_b、m 为试验拟合参数。

体积模量 B 与 E、ν 间的关系如式（5.1.3）所示。在有限元计算中，ν 值限制在 $0\sim0.49$ 之间变化，相应的 B 值变化范围为：$E_t/3\leqslant B_t\leqslant 17E_t$。

邓肯-张双曲线模型（E-ν、E-B 模型）最大的优点是简单，一般的工程技术人员都能理解，且参数容易确定，但也存在一些问题，主要有：①使用莫尔-库仑破坏准则，不能反映中主应力 σ_2 对强度变形的影响；②在有限元计算中限制 $\nu_t<0.5$，不能反映土体的剪胀特性；③使用广义胡克定律，不能反映平均正应力对剪应变的影响，也就是说不反映压缩与剪切的交叉影响；④假定 $(\sigma_1-\sigma_3)\sim\varepsilon_a$ 为双曲线关系，模型只能考虑硬化，不能考虑软化。

5.2　考虑剪胀效应及中主应力影响的粗粒料 hhu-KG 模型

筑坝土石料在剪切过程中，颗粒之间发生滑移和错动，在密度较小围压较高时，常发生剪缩，在密度较大围压较低时，常发生剪胀，筑坝土石料的本构模型应能合理反映这一特性；同时，土石坝在施工与运行过程中处于复杂的三维应力状态，本构模型中的土石料

强度破坏准则应能反映中主应力的影响。本节首先介绍一个土石材料三维强度破坏准则——SMP 准则，然后介绍一个可以考虑剪胀效应与中主应力影响的土石料非线性本构模型（hhu－KG 模型）。该模型详细的推导参见文献（Liu et al.，2020）。

5.2.1 空间滑动面（SMP）概念及其破坏准则

Matsuoka（1976）提出了"空间滑动面"（Spatially Mobilized Plane，简称 SMP）概念。紧接着，他与 Nakai（1974）一起提出了粒状材料的 SMP 破坏准则，该破坏准则被认为是将二维应力状态下的莫尔-库仑准则拓展到三维应力状态，在世界上被广泛认可与应用。

设在土单元上作用着三个主应力（σ_1，σ_2，σ_3，），可以画出三个应力莫尔圆，如图 5.2.1 所示。过原点作三条直线分别与三个应力莫尔圆相切，得三个切点 P_1、P_2、P_3。在剪应力作用下土颗粒的运动性状由摩擦定律控制，即由剪切面上剪应力与正应力之比 τ/σ 来控制。在 τ/σ 为最大值的平面上，土颗粒最有可能发生相对滑动，该面被称为二维应力状态下的"滑动面"（mobilized plane）。由于三个切点 P_1、P_2、P_3 分别对应于三对不同的主应力组合下剪应力与正应力之比为最大的点，因此它们分别对应于三个滑动面，见图 5.2.2（a）。根据应力莫尔圆的几何关系 $2\alpha=90°+\varphi_{moij}$ 可知，$(\tau/\sigma)_{max}$ 的作用面与相应的应力主轴夹角为 $45°+\varphi_{moij}/2$，$(i,j=1,2,3;i<j)$，$\varphi_{moij}=\tan^{-1}(\tau/\sigma)_{max}$ 表示在主应力 σ_i 与 σ_j 作用下，其相应的滑动面上土体内被发挥的内摩擦角。如果图 5.2.1 对应的是土体发生破坏时的应力莫尔圆，则 φ_{mo13} 就是通常意义上的土体内摩擦角 φ。事实上，土体在三维应力作用下，不可能产生图 5.2.1 剪应力与正应力之比为最大的三个滑动面及空间准滑面所示的三个独立的滑动面，而应该是它们的一个组合面。以图 5.2.2（a）中的三个"滑动面"为三边作图，得到图 5.2.2（b）中所示的面，Matsuoka 称其为 SMP，该面上的正应力 σ_{SMP}、剪应力 τ_{SMP} 与图 5.2.1 中的 P 点相对应。Matsuoka 等认为，粒状材料在三维应力条件下的破坏取决于 SMP 上的剪应力 τ_{SMP} 与正应力 σ_{SMP} 的比值，这就是著名的 SMP 破坏准则。

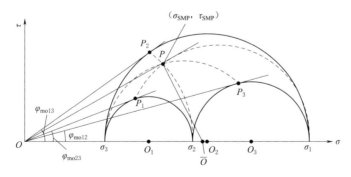

图 5.2.1　剪应力与正应力之比为最大的三个滑动面及空间准滑面

SMP 破坏准则与莫尔-库仑破坏准则一样，着眼于滑动面上的应力比。在图 5.2.1 中，莫尔-库仑破坏准则（黏聚力 $c=0$）表示为 $(\tau/\sigma)_{max}=\tan\angle P_2OO_2=$ 常量，而 SMP 破坏准则表示为 $\tau_{SMP}/\sigma_{SMP}=\tan\angle PO\overline{O}=$ 常量。为便于理解，这儿也列出着眼于最大剪应

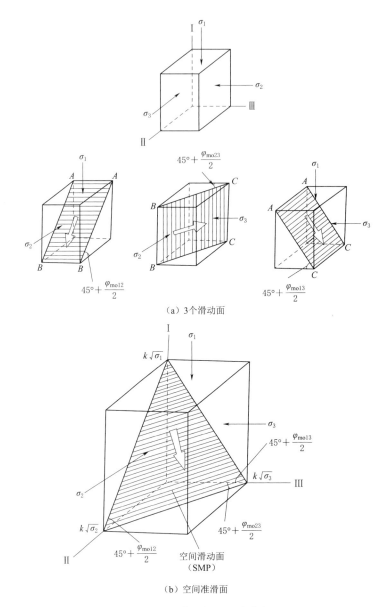

（a）3个滑动面

（b）空间准滑面

图 5.2.2　三维空间的几个特征面

力的金属材料的破坏准则。图 5.2.3 表示金属材料的屈雷斯卡（Tresca）准则 $\tau_{\max}=$
$P_2O_2=$ 常量及米塞斯（Mises）准则 $\tau_{oct}=P\overline{O}=$ 常量。

以上四个破坏准则用公式表示如下。

屈雷斯卡（Tresca）准则：

$$\tau_{\max}=P_2O_2=\frac{\sigma_1-\sigma_3}{2}=常量 \tag{5.2.1}$$

米塞斯（Mises）准则：

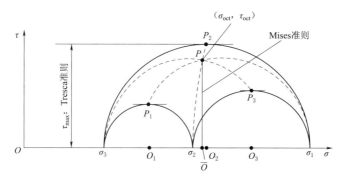

图 5.2.3 金属材料破坏准则的应力莫尔圆示意

$$\tau_{oct}=P\overline{O}=\frac{2}{3}\sqrt{\left(\frac{\sigma_1-\sigma_2}{2}\right)^2+\left(\frac{\sigma_2-\sigma_3}{2}\right)^2+\left(\frac{\sigma_3-\sigma_1}{2}\right)^2}=常量 \qquad (5.2.2)$$

莫尔-库仑准则（黏聚力 $c=0$）：

$$(\tau/\sigma)_{max}=\tan\angle P_2OO_2=\frac{\sigma_1-\sigma_3}{2\sqrt{\sigma_1\sigma_3}}=常量 \qquad (5.2.3)$$

SMP 破坏准则：

$$\tau_{SMP}/\sigma_{SMP}=\tan\angle PO\overline{O}$$

$$=\frac{2}{3}\sqrt{\left(\frac{\sigma_1-\sigma_2}{2\sqrt{\sigma_1\sigma_2}}\right)^2+\left(\frac{\sigma_2-\sigma_3}{2\sqrt{\sigma_2\sigma_3}}\right)^2+\left(\frac{\sigma_3-\sigma_1}{2\sqrt{\sigma_3\sigma_1}}\right)^2}=常量 \qquad (5.2.4)$$

式（5.2.4）用应力不变量 I_1、I_2、I_3 表示，则为

$$I_1I_2/I_3=常量 \qquad (5.2.5)$$

由式（5.2.1）～式（5.2.5）可知，对于金属材料，三维应力状态下的米塞斯准则是二维应力状态下的屈雷斯卡破坏准则的平方根形式；而对于粒状材料，三维应力状态下的 SMP 破坏准则是二维应力状态下的莫尔-库仑准则的平方根形式，且两者的平方根前面的系数 2/3 也相同。因此，这四个破坏准则相互之间存在着一定的关系。对比式（5-34）与式（5-33），可以认为，SMP 破坏准则是莫尔-库仑准则在三个主应力下的拓展。图 5.2.4 表示四个破坏准则在 π-平面上的形状。屈雷斯卡准则是正六角形，米塞斯准则是外接于这个正六角形的圆，莫尔-库仑准则是非正六角形，SMP 破坏准则是外接于这个非正六角形的光滑外凸形曲线。在三维主应力空间，四个破坏准则的立体形状示于图 5.2.5 中。莫尔-库仑准则与 SMP 准则遵循摩擦定律，当 $\sigma_1=\sigma_2=\sigma_3=0$ 时，强度为 0，在主应力坐标空间收缩到原点。

为了简单地将 SMP 准则引入到本构模型中，有研究（姚仰平等，2005；Matsuoka et al.，1999）提出了变换应力方法，通过伸缩偏应力张量将真实应力空间中的 SMP 准则映射到变换应力空间中，使得在 π 平面上 SMP 破坏准则外凸形曲线形状转换为像 Mises 准则那样的圆形，如图 5.2.6 所示。变换应力方法的应力转换公式为

$$\tilde{\sigma}_{ij}=p\delta_{ij}+\frac{q_c}{q}(\sigma_{ij}-p\delta_{ij}) \qquad (5.2.6)$$

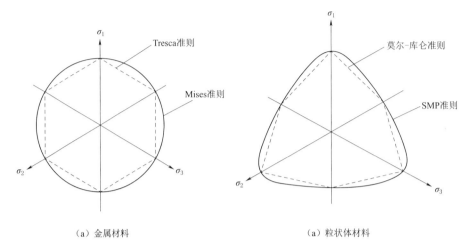

（a）金属材料　　　　　　　　　　　（a）粒状体材料

图 5.2.4　π-平面上四个强度破坏准则的形状

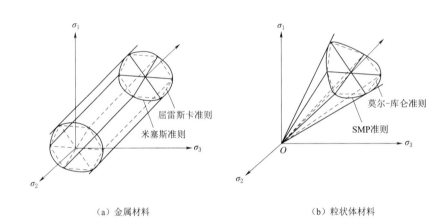

（a）金属材料　　　　　　　　　　　（b）粒状体材料

图 5.2.5　三维主应力空间内表示的四个强度破坏准则的形状

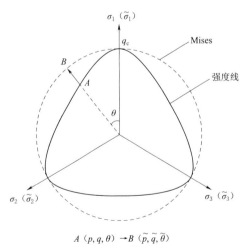

$$A(p,q,\theta) \rightarrow B(\tilde{p},\tilde{q},\tilde{\theta})$$

图 5.2.6　真实应力和变换应力 π 平面

式中：q_c 为 SMP 强度准则的三轴压缩强度，可根据当前应力状态及应力张量的 3 个不变量 I_1、I_2、I_3 进行计算。

q_c 具体公式如下：

$$q_c = \frac{2I_1}{3\sqrt{\dfrac{I_1 I_2 - I_3}{I_1 I_2 - 9I_3} - 1}} \tag{5.2.7}$$

在变换应力空间，π 平面上圆形的 SMP 准则可表示为

$$\tilde{q}_f = M_f \tilde{p} \tag{5.2.8}$$

式中：M_f 为三轴压缩状态下的峰值应力比。

5.2.2 hhu‐KG 模型

K‐G 模型最初由 Domaschuk 和 Villiappan 提出（1975），分别采用弹性体积模量 K 与剪切模量 G 代替工程上常用的杨氏模量 E 和泊松比 ν，但是该模型无法反映粗粒料的剪胀和压硬性，主要因为没有考虑偏应力对体积应变及球应力对偏应变的交叉影响。故许多学者对其提出了改进，典型的有高莲士等（2001）通过复杂应力路径研究提出的非线性解耦 K‐G 模型、孙陶等（2005）在"南水"模型基础上建立的 K‐G 模型、Yin 等（1990）提出的三模量增量非线性模型以及程展林等（2001）提出的非线性剪胀模型等。

K‐G 模型中，使用球应力 p、偏应力 q、体积应变 ε_v 和偏应变 ε_s 描述应力应变特性，其定义为

$$\left.\begin{aligned}
p &= (\sigma_1 + \sigma_2 + \sigma_3)/3 \\
q &= \frac{1}{\sqrt{2}}\sqrt{(\sigma_1-\sigma_2)^2+(\sigma_2-\sigma_3)^2+(\sigma_3-\sigma_1)^2} \\
\varepsilon_v &= \varepsilon_1 + \varepsilon_2 + \varepsilon_3 \\
\varepsilon_s &= \frac{\sqrt{2}}{3}\sqrt{(\varepsilon_1-\varepsilon_2)^2+(\varepsilon_2-\varepsilon_3)^2+(\varepsilon_3-\varepsilon_1)^2}
\end{aligned}\right\} \tag{5.2.9}$$

试验表明：在等 p 条件下进行剪切，粗粒料应力—应变曲线中会发现仍有明显的体积变形，该部分体积变形完全是由剪切造成的。另外，粗粒料为摩擦性材料，其剪切强度 q_f 随着球应力 p 的增大而增大，当保持偏应力 q 不变时，偏应变 ε_s 则会随着球应力 p 的增大而减小。因此，在 p—q 应力空间，应力应变关系可用式（5.2.10）表示：

$$\left.\begin{aligned}
\mathrm{d}\varepsilon_v &= \mathrm{d}\varepsilon_{vp} + \mathrm{d}\varepsilon_{vq} = \frac{\mathrm{d}p}{K} + \frac{\mathrm{d}q}{J_1} \\
\mathrm{d}\varepsilon_s &= \mathrm{d}\varepsilon_{sp} + \mathrm{d}\varepsilon_{sq} = \frac{\mathrm{d}p}{J_2} + \frac{\mathrm{d}q}{G}
\end{aligned}\right\} \tag{5.2.10}$$

式中：K、J_1、G、J_2 分别为体变模量、剪胀模量、剪切模量、压硬模量。J_1、J_2 为考虑球应力 p 与偏应力 q 耦合效应的模量，耦合模量 J_1 和 J_2 通常是不同的，且很难根据试验测得的应力应变数据分别确定两个模量的值。hhu‐KG 模型对其进行了简化，假定 $J_1 = J_2 = J$，即 $\mathrm{d}p$ 与 $\mathrm{d}\varepsilon_s$ 的耦合和 $\mathrm{d}q$ 与 $\mathrm{d}\varepsilon_v$ 的耦合都由同一个模量 J 控制。$J > 0$ 和 $J < 0$ 分别反映了材料的剪胀性及剪缩性。

5.2.2.1 体变模量 K

体变模量 K 表示体积应变 ε_v 与球应力 p 之间的关系。土石材料的等向压缩试验结果表明，体积应变 ε_v 与球应力 p 之间的关系用式（5.2.11）所示的指数关系来表示更为合理：

$$\varepsilon_v = C_t\left[\left(\frac{p}{p_a}\right)^n - \left(\frac{p_0}{p_a}\right)^n\right] \tag{5.2.11}$$

式中：C_t、n 为试验参数；p_0 为初始球应力；p_a 为大气压力。

对式（5.2.11）两边微分，得

$$\mathrm{d}\varepsilon_v = C_t n\left(\frac{p}{p_a}\right)^{n-1}\frac{\mathrm{d}p}{p_a} \tag{5.2.12}$$

由体积模量 K 的定义得

$$K = \frac{\mathrm{d}p}{\mathrm{d}\varepsilon_\mathrm{v}} = \frac{p_\mathrm{a}}{C_\mathrm{t} n}\left(\frac{p}{p_\mathrm{a}}\right)^{1-n} \tag{5.2.13}$$

假定 $K_\mathrm{b} = 1/(C_\mathrm{t} n)$，$n_1 = 1-n$ 并将式（5.2.13）进行简化，得到体变模量 K 的表达式：

$$K = K_\mathrm{b} p_\mathrm{a}\left(\frac{p}{p_\mathrm{a}}\right)^{n_1} \tag{5.2.14}$$

式中：K_b、n_1 为模型参数，可由试验拟合确定。

5.2.2.2　切线剪切模量 G 及耦合模量 J

剪切模量 G 可以通过等 p 剪切试验路径下的剪切试验确定，而实际上这种试验很少进行，通常采用常规的三轴试验来确定模型参数。我们将常规三轴试验确定的剪切模量定义为 G_TC。

土石材料具有非线性摩擦特性，其偏应力 q 与偏应变 ε_s 之间存在渐进关系。由常规三轴试验得到的偏应力 q 与偏应变 ε_s 间的关系也可由双曲线拟合：

$$q = \frac{\varepsilon_\mathrm{s}}{a + b\varepsilon_\mathrm{s}} \tag{5.2.15}$$

式中：$a = 1/G_\mathrm{i}$（G_i 为初始切向剪切模量）；$b = 1/q_\mathrm{ult}$（q_ult 表示 $\varepsilon_\mathrm{s} \to \infty$ 时 q 的值）。

由于 ε_s 不可能趋于无穷大，在达到一定值后试样发生破坏，故通过引入破坏比 R_f 来确定 q_ult：

$$q_\mathrm{f} = R_\mathrm{f} q_\mathrm{ult} \tag{5.2.16}$$

式中：q_f 为破坏时的偏应力。

在三轴压缩条件下，根据剪切模量的定义 $G_\mathrm{TC} = \mathrm{d}q/\mathrm{d}\varepsilon_\mathrm{s}$，对式（5.2.15）微分并结合式（5.2.16）得

$$G_\mathrm{TC} = \frac{\mathrm{d}q}{\mathrm{d}\varepsilon_\mathrm{s}} = \frac{1}{a}(1-bq)^2 = G_\mathrm{i}\left(1 - R_\mathrm{f}\frac{q}{q_\mathrm{f}}\right)^2 \tag{5.2.17}$$

初始切向剪切模量 G_i 随平均应力 p 的变化而变化，参照简布公式，采用式（5.2.18）：

$$G_\mathrm{i} = K_\mathrm{G} p_\mathrm{a}\left(\frac{p}{p_\mathrm{a}}\right)^{n_2} \tag{5.2.18}$$

式中：K_G、n_2 为模型参数；n_2 是决定 G_i 和 p 变化率的指数。K_G 和 n_2 的值可以通过将一系列三轴试验得到的 G_i 与 p 的值绘制于双对数坐标并用直线进行拟合得到结果。

采用不同的破坏准则，式（5.2.18）的具体形式不同，剑桥模型和许多其他的模型也都采用广义 Mises 准则 $q_\mathrm{f} = M_\mathrm{f} p$，其中 $M_\mathrm{f} = 6\sin\varphi/(3-\sin\varphi)$，$\varphi$ 是峰值内摩擦角。利用该准则将式（5.2.18）代入式（5.2.17）得

$$G_\mathrm{TC} = K_\mathrm{G} p_\mathrm{a}\left(\frac{p}{p_\mathrm{a}}\right)^{n_2}\left(1 - R_\mathrm{f}\frac{q}{M_\mathrm{f} p}\right)^2 \tag{5.2.19}$$

然而，试验表明，广义 Mises 准则严重高估了三轴拉伸的强度，在同一 π 平面上三轴压缩强度要高于三轴拉伸强度，广义 Mises 准则不能描述土的强度 q_f 随应力洛德角 θ 的变化。前面介绍的 SMP 准则是目前比较公认的三维应力状态下土体强度破坏准则，因而

在 hhu－KG 模型中采用式（5.2.8）所示的 SMP 准则。

引入 SMP 准则，式（5.2.19）改写为

$$G_{TC} = K_G p_a \left(\frac{\tilde{p}}{p_a}\right)^{n2} \left(1 - R_f \frac{\tilde{q}}{M_f \tilde{p}}\right)^2 \tag{5.2.20}$$

将 $G_{TC} = \mathrm{d}q/\mathrm{d}\varepsilon_s$ 代入式（5.2.10）中的第二个式子，得到

$$\frac{1}{G_{TC}} = \frac{1}{J}\frac{\mathrm{d}p}{\mathrm{d}q} + \frac{1}{G} \tag{5.2.21}$$

结合式（5.2.10）中的两个式子，得到

$$\frac{\mathrm{d}\varepsilon_v}{\mathrm{d}\varepsilon_s}\left(\frac{1}{J} + \frac{1}{G}\frac{\mathrm{d}q}{\mathrm{d}p}\right) = \frac{1}{K} + \frac{1}{J}\frac{\mathrm{d}q}{\mathrm{d}p} \tag{5.2.22}$$

假设 $\xi = \mathrm{d}q/\mathrm{d}p$，$D = \mathrm{d}\varepsilon_v/\mathrm{d}\varepsilon_s$，剪切模量 G 及耦合模量 J 可由式（5.2.21）及式（5.2.22）推导得

$$G = \frac{K G_{TC} \xi^2}{K\xi^2 - DK\xi + G_{TC}} \tag{5.2.23}$$

$$J = \frac{K\xi G_{TC}}{DK\xi - G_{TC}} \tag{5.2.24}$$

图 5.2.7 为三轴压缩试验中土石料的典型应力—应变关系，通常试样在剪切开始时压缩，随后逐渐表现为剪胀。基于此应力应变特征，笔者从粗粒料在不同应力路径下细观结构变化的角度，建立了剪胀关系（详见 5.3 节）：

$$D = \frac{\mathrm{d}\varepsilon_v}{\mathrm{d}\varepsilon_s} = \frac{mM^{m+1} - m\eta^{m+1}}{(m+1)\eta^m} \tag{5.2.25}$$

式中：$\eta = q/p$；m 为试验拟合的参数，其值反映不同岩土材料的剪胀特性；M 定义为临胀应力比，为体变由剪缩变为剪胀转折点处所对应的应力比，一般小于峰值应力比 M_f。表示体变由剪缩变为剪胀转折点处的内摩擦角 ϕ 称为临胀内摩擦角，则 $M = 6\sin\psi/(3 - \sin\psi)$。

式（5.2.25）可以合理描述颗粒材料从剪缩到剪胀的体积变化。当 $0 < \eta < M$ 时，$\mathrm{d}\varepsilon_v > 0$；当 $M < \eta$ 时，$\mathrm{d}\varepsilon_v < 0$。式（5.2.25）可以认为是已有的几种剪胀方程的一般形式，例如：当 $m = 1$ 时，式（5.2.25）变为修正剑桥模型中的剪胀方程；在 $\eta = M$ 时，对公式（5.2.25）进行一阶泰勒展开，即转化为 Pastor 和 Zienkiewicz 提出的广义塑性模型中的剪胀方程。通过式（5.2.25）的剪胀方程，式（5.2.23）与式（5.2.24）中的 G 与 J 仅与应力有关。

至此，hhu－KG 模型中的模量 K、G 和 J 可以分别通过式（5.2.14）、式（5.2.23）和式（5.2.24）计算而得。该模型通过将 SMP 破坏准则引入到剪切模量

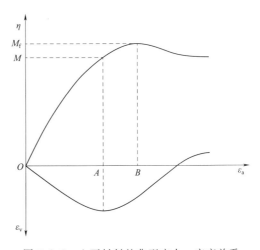

图 5.2.7 土石材料的典型应力—应变关系

G_{TC} 中，使得模量 G 和 J 可以反映中主应力的影响，而且模量 G 和 J 中包含剪胀方程式（5.2.25），可以考虑粗粒材料的剪胀特性。耦合模量 J 同时考虑了偏应力增量 dq 对体积应变及平均应力增量 dp 对偏应变的影响。该模型最大的优点就是公式简单、容易理解。

5.2.2.3　强度非线性

模量 G 和 J 的计算公式中峰值应力比 M_f 与临胀应力比 M 可通过式（5.2.26）计算：

$$\left.\begin{array}{c} M_f = \dfrac{6\sin\varphi}{3-\sin\varphi} \\[3mm] M = \dfrac{6\sin\psi}{3-\sin\psi} \end{array}\right\} \tag{5.2.26}$$

式中：φ 与 ψ 分别为峰值内摩擦角与临胀内摩擦角。考虑堆石料强度的非线性，峰值内摩擦角 φ 按式（5.1.28）计算。类似的，假定临胀内摩擦角 ψ（排水剪切试验中剪缩与剪胀转换点处对应的摩擦角）与球应力 p 的关系与式（5.1.28）相似，即

$$\psi = \psi_0 - \Delta\psi \lg\frac{p}{p_a} \tag{5.2.27}$$

式中：ψ_0 为球应力等于一个大气压力（$p=p_a$）时的临胀内摩擦角；$\Delta\psi$ 为球应力增加一个数量级时临胀内摩擦角降低的幅度。

hhu-KG 模型已经在有限元程序中实现，其主要代码见附录 A。

5.2.2.4　试验验证

建立的 hhu-KG 模型中共有 φ_0、$\Delta\varphi$、ψ_0、$\Delta\psi$、K_b、n_1、K_G、n_2、R_f、m 十个参数，均可以通过室内试验来确定，具体分为三组，见表 5.2.1。

表 5.2.1　　　　　　　　　hhu-KG 模型参数及相关试验

分　组	参　数	相关试验	分　组	参　数	相关试验
压缩特性参数	K_b、n_1	等向压缩试验	摩擦角参数	φ_0、$\Delta\varphi$、ψ_0、$\Delta\psi$	三轴压缩试验
剪切特性参数	K_G、n_2、R_f	三轴压缩试验	剪胀参数	m	三轴压缩试验

模型参数除通过一系列的压缩试验和三轴压缩试验确定外，也可以采用粒子群优化方法，仅通过一组常规三轴压缩试验数据便可确定。

为了验证该模型的合理性，对浙江省青田县境内的混凝土面板堆石坝主堆石区和砂砾石区的两种典型堆石料及双江口心墙坝坝料的三轴压缩及三轴伸长试验结果进行了预测，并与实测结果进行对比。模型参数见表 5.2.2。

表 5.2.2　　　　　　滩坑面板堆石坝及双江口心墙坝坝料 hhu-KG 模型参数

材　　料	m	φ_0 /(°)	$\Delta\varphi$ /(°)	ψ_0 /(°)	$\Delta\psi$ /(°)	K_b	n_1	K_G	n_2	R_f
滩坑主堆石	0.76	53.0	3.8	47.6	3.0	164	0.38	1493	0.26	0.83
滩坑砂砾石	0.64	51.5	5.0	48.8	4.4	146	0.59	1518	0.34	0.83
双江口堆石料	0.53	59.4	12.6	55.9	6.8	844	2.21	818	1.16	0.71

图 5.2.8 对比了滩坑混凝土面板堆石坝主堆石区及砂砾石区材料在不同围压下的三轴压缩试验结果与模型预测结果。从试验结果与模型预测结果的吻合程度来看，hhu - KG模型能较好地反映堆石料应力应变的非线性及低围压下剪胀性，高围压下剪缩的特性。

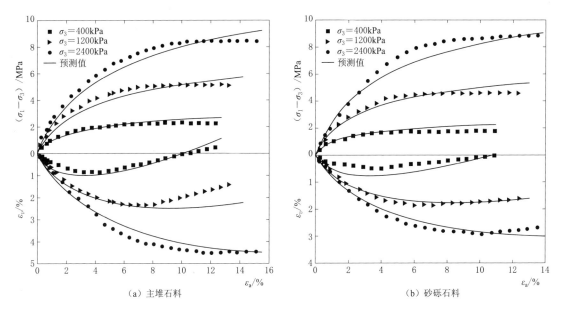

图 5.2.8 滩坑混凝土面板堆石坝主堆石料及砂砾石料三轴压缩试验结果对比

图 5.2.9 为双江口心墙坝堆石料三轴压缩和三轴伸长试验结果对比。从图 5.2.9 中可以看出试验结果与模型预测结果的吻合程度均较好，表明上述模型中考虑中主应力的方法是可行的。综上，hhu - KG 模型不仅能够反映粗粒料应力应变的非线性及剪胀性还能够考虑中主应力的影响。

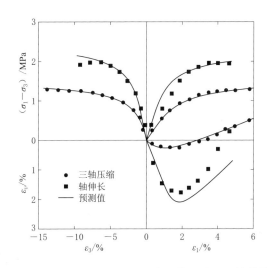

图 5.2.9 双江口心墙坝堆石料三轴压缩和三轴伸长
试验结果对比（围压 150kPa）

5.3　基于细观结构变化的粗粒料弹塑性本构模型（hhu‐SH 模型）

粗粒料由于具有压实性能好、透水性强、沉降变形小、承载力高等良好的工程特性，因而在土石坝工程中得到了广泛应用。目前国内外学者建立的粗粒料弹塑性本构模型主要有两类：一类是在经典弹塑性理论的框架内，由宏观试验或能量假设得出屈服函数，但对屈服函数中蕴含的细观本质关注较少，而且这类模型大多沿用剑桥模型的硬化规律；另一类则基于广义塑性理论，根据试验结果进行大量试算来构造塑性模量，大多直接采用原始或修正剑桥模型中的剪胀方程，不能合理地反映粗粒料的剪胀特性，而且许多模型都存在参数多、参数确定方法复杂等问题。

本节介绍一个基于颗粒材料细观结构变化的粗粒料弹塑性本构模型，简称 hhu‐SH 模型。该模型在经典弹塑性理论的框架内，通过下述三个方面的工作建立：①基于颗粒材料细观结构变化推导了一个屈服函数，在此基础上根据非相关联流动法则提出了一个粗粒料剪胀方程；②结合粗粒料典型的三轴压缩试验结果，引入一种无黏性土的压缩模式，构造了一个能够统一描述粗粒料剪胀、剪缩特性的硬化参数；③采用随平均正应力减小的峰值内摩擦角描述粗粒料强度的非线性特性。该模型的具体推导可以参考文献刘斯宏等（2016）。

5.3.1　细观结构参数 S

早在 1923 年，土力学之父 Terzaghi 提出了有效应力原理的基本概念，阐明了离散颗粒材料与连续固体材料在应力应变关系上的重大区别，这也是土力学成为一门独立学科的重要标志。有效应力原理是把复杂土体简化为颗粒骨架、孔隙水及孔隙气这几个研究对象来考虑，认为骨架对土体的力学行为起决定性作用。土力学角度的土体骨架是由颗粒间相互挤压形成的，在土体内部由于颗粒之间相互挤压的传递使得颗粒之间形成了一个整体来响应外部荷载。颗粒之间相互挤压是存在方向性的，这种相互挤压形成的土体骨架其实也可以认为是颗粒材料内部挤压的几何排布。国内外很多学者对土体骨架做了大量宏观角度的研究，但很少有人从细观的角度去分析骨架的结构。

粗粒料等颗粒材料在加载过程中，宏观力学特性的变化与材料细观结构的变化存在着必然的联系。颗粒材料是散粒体结构，颗粒之间的接触存在一个相互的接触力。颗粒之间的接触力沿着颗粒的构架传递，当传递到颗粒材料表面时，就体现出颗粒材料宏观的力学性质。因此，颗粒材料宏观力学性质可以从细观层次上颗粒接触力沿着颗粒材料架构传递的过程着手研究，而离散单元法这种分析散粒体结构的数值方法无疑也成为了最好的研究手段之一。

图 5.3.1 是采用离散单元法模拟双轴压缩试验得到的颗粒在等向压缩状态和剪切状态（p 为常数）下相互接触挤压的关系网格，又称力链结构。图 5.3.1 中圆心之间的连线表示颗粒之间的接触情况，连线的粗细表示接触挤压力的大小。由图 5.3.1 可见，在等向压缩过程中［图 5.3.1（a）］，颗粒之间的接触挤压力呈均匀分布，力链分布接近于圆形；随着大主应力的增大，即剪切过程中［图 5.3.1（b）］，沿大主应力方向的颗粒接触增多，

接触挤压力也增加，力链分布趋向于椭圆形。

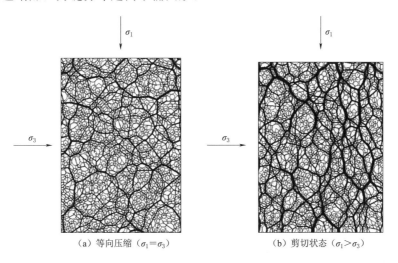

（a）等向压缩（$\sigma_1 = \sigma_3$） （b）剪切状态（$\sigma_1 > \sigma_3$）

图 5.3.1 离散单元法数值模拟双轴压缩试验试样的力链结构

根据离散单元法（DEM）数值模拟二轴压缩试验的结果，刘斯宏等提出了一个能够综合反映颗粒材料的力学特性与组构特征的细观结构参数 S（structure parameter），其定义为颗粒接触力与颗粒接点数按颗粒接触角整理的归一化分布的点积。

颗粒接触角 α 定义为相互接触的两个颗粒的形心连线与大主应力作用面的夹角，如图 5.3.2 所示，以逆时针方向为正。

图 5.3.3、图 5.3.4 分别为根据双轴压缩试验离散元数值模拟结果（图 5.3.1），按颗粒接触角统计得到的颗粒接触力分布 $F(\alpha)$ 及颗粒接点数分布 $\overline{N}(\alpha)$。其中，$F(\alpha)$ 为对应于颗粒接触角 α 的颗粒接触力的平均值，表征颗粒间的受力分布；$\overline{N}(\alpha)$ 为对应颗粒接触角 α 的颗粒有接触力作用的接点数（颗粒间相互挤压）除以颗粒接点总数（归一化处理），表征颗粒的几何排布，即骨架结构。从图 5.3.3 和图 5.3.4 中可以看出，无论是颗粒接触力分布 $F(\alpha)$ 还是颗粒接点数分布 $\overline{N}(\alpha)$，等向压缩

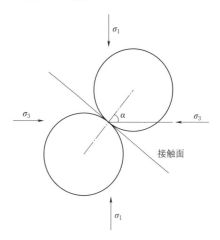

图 5.3.2 颗粒接触角 α 定义示意

状态时可以近似用圆来拟合，呈现出各向同性的性状；剪切状态时可以近似用椭圆来拟合，椭圆的长轴方向为大主应力方向，呈现出各向异性的性状。

事实上，图 5.3.1 中力链的分布可以看作是颗粒材料细观结构的一种表现，它包括两个部分：颗粒接触力和颗粒接触点。图 5.3.3 中 $F(\alpha)$ 的分布描述了颗粒接触力的分布特性，图 5.3.4 中 $\overline{N}(\alpha)$ 的分布描述了颗粒接点数的分布特性。因此，将 $F(\alpha)$ 和 $\overline{N}(\alpha)$ 做点乘运算后得到的分布 $\overline{N}(\alpha) \cdot F(\alpha)$ 能够综合考虑颗粒接触力和颗粒接触点的分布特性。$\overline{N}(\alpha) \cdot F(\alpha)$ 的分布如图 5.3.5 所示，$\overline{N}(\alpha) \cdot F(\alpha)$ 分布特征与颗粒接点数和颗粒

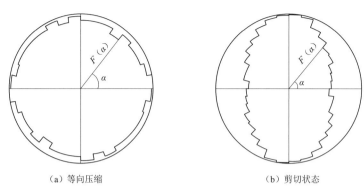

（a）等向压缩   （b）剪切状态

图 5.3.3 颗粒接触力按颗粒接触角 α 的统计分布图

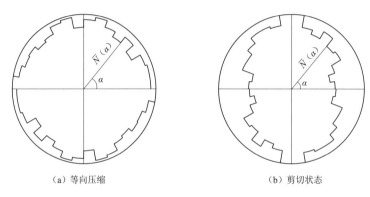

（a）等向压缩   （b）剪切状态

图 5.3.4 颗粒接点数按颗粒接触角 α 的统计分布图

接触力的分布特征相似，即：在等向压缩状态时呈各向同性，剪切过程中呈各向异性，向大主应力方向集中。该分布反映颗粒的细观结构，既考虑了颗粒材料的骨架结构特性，又关注了颗粒间的受力特性，是颗粒材料力链结构的综合反映。

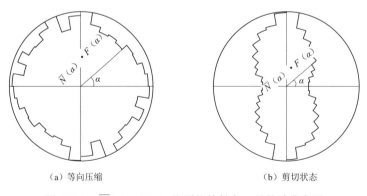

（a）等向压缩   （b）剪切状态

图 5.3.5 $\overline{N}(\alpha) \cdot F(\alpha)$ 按颗粒接触角 α 的统计分布图

$\overline{N}(\alpha) \cdot F(\alpha)$ 分布表示的是对应于某一应力状态颗粒接触力随着颗粒接触角 α 在 $0° \sim 360°$ 范围内的变化情况，反映了该应力状态下颗粒材料的细观结构。在建立本构模型时，需要用一个参量来定量描述 $\overline{N}(\alpha) \cdot F(\alpha)$ 分布。为此，对 $\overline{N}(\alpha) \cdot F(\alpha)$ 分布求模，求模结果定义为细观结构参数 S，即：

$$S = |\overline{\boldsymbol{N}}(\alpha) \cdot \boldsymbol{F}(\alpha)| = \sqrt{\sum (\overline{\boldsymbol{N}}(\alpha) \cdot \boldsymbol{F}(\alpha))^2} \tag{5.3.1}$$

5.3.2 基于细观结构参数 S 变化的屈服函数

大多数已有的土体弹塑性本构模型很少有关注屈服函数的细观本质，多根据三轴试验等宏观试验结果得到。从理论上来说，颗粒材料的屈服与颗粒细观结构的变化存在必然的联系。根据定义，细观结构参数 S 定量地描述了颗粒材料的细观结构，而且从图 5.3.1可以看出，细观结构参数 S 在压缩和剪切条件下有明显的变化，它的变化直接受到宏观应力状态的影响。也就是说，细观结构参数 S 是一个反映外荷载作用下颗粒材料细观结构变化的内变量，因此可以考虑用它来定量地描述颗粒材料的屈服。

文献（Liu et al.，2015）对图 5.3.6 所示的等向压缩、等 p 剪切、侧限压缩和等 σ_3 剪切四种不同应力路径下的双轴压缩试验进行了离散元数值模拟。图 5.3.7 为根据数值模拟结果整理得到的细观结构参数 S 随着宏观应力的变化过程曲线。图 5.3.7 中的 p 与 q 分别为二维情况下的球应力与偏应力。统一将细观结构参数 S 的变化与宏观应力的变化近似地用幂指数关系来拟合，其拟合方程示于相应的图中。图5.3.7 中 ΔS_p 与 ΔS_q 分别为等向压缩与等 p 剪切过程中的细观结构参数增量。

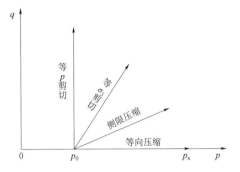

图 5.3.6 离散元模拟的加载应力路径

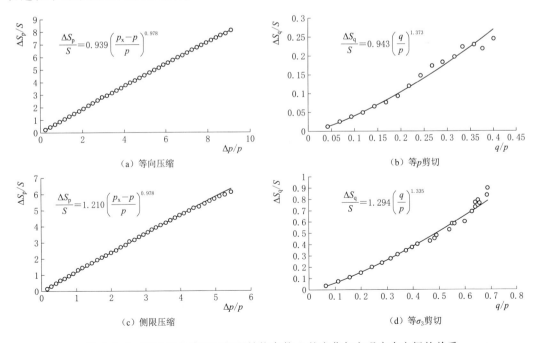

图 5.3.7 不同应力路径下细观结构参数 S 的变化与宏观应力之间的关系

通常来说，同一屈服面上土体具有相同的结构。例如，剑桥模型以塑性体积应变为硬化参数，认为从同一初始状态出发到达同一屈服面产生的塑性体积应变相同，即同一屈服面上土体具有相同的孔隙比。类似地，文献（Liu et al.，2015）假定同一屈服面上土体的细观结构参数 S 相同，也就是说以细观结构参数 S 作为硬化参数。基于此假定，从同一应力状态出发，沿着不同的应力路径到达某一新的屈服面，其细观结构参数 S 的变化相等。例如，图 5.3.6 中分别沿等向压缩路径和沿等 p 剪切路径到达新的屈服面，其细观结构参数 S 的变化量相等，即 $\Delta S_\mathrm{p} = \Delta S_\mathrm{q}$，其表达式为

$$k_1 \left(\frac{p_\mathrm{x} - p}{p} \right)^{n_1} = k_2 \left(\frac{q}{p} \right)^{n_2} \tag{5.3.2}$$

式中：k_1 与 n_1 分别为等向压缩过程中幂指型关系的系数与指数；k_2 与 n_2 分别为等 p 剪切过程中幂指型关系的系数与指数。

对式（5.3.2）整理得屈服函数为

$$f = \frac{q}{p} - k \left(\frac{p_\mathrm{x}}{p} - 1 \right)^n = 0 \tag{5.3.3}$$

式中：$n = n_1 / n_2$；$k = (k_1 / k_2)^{1/n_2}$。

对应于图 5.3.7 (a) 等向压缩和 5.3.7 (b) 等 p 剪切两条应力路径，$k_1 = 0.939$，$k_2 = 0.943$，$n_1 = 0.978$，$n_2 = 1.373$，$k = 0.997$，$n = 0.712$。对应于图 5.3.7 (c) 侧限压缩和 5.3.7 (b) 等 σ_3 剪切两条应力路径，$k_1 = 1.210$，$k_2 = 1.294$，$n_1 = 0.978$，$n_2 = 1.335$，$k = 0.951$，$n = 0.733$。

图 5.3.8 为由以上整理得到的两条屈服曲线。从图 5.3.8 中可以看出，这两条屈服曲线吻合较好，从而验证了以细观结构参数 S 作为硬化参数建立的屈服函数的合理性。

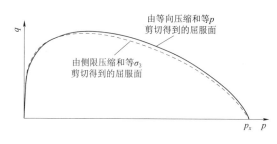

图 5.3.8　由不同应力路径得到的基于细观结构的屈服面

事实上，剑桥模型的屈服函数是以塑性体积应变作为硬化参数得到的，而塑性体积应变与孔隙比直接相关。孔隙比其实是颗粒材料几何排列和细观结构的外在表现。剑桥模型以塑性体积应变作为硬化参数也间接地反映了颗粒材料的细观结构性质，而且剑桥模型在推导过程中也是基于能量假设，因此，基于细观结构的屈服函数与剑桥模型的屈服函数有一定的相似性，可以看作是基于细观结构对剑桥模型屈服函数的一种拓展。

对屈服函数式（5.3.3）求导可得

$$\frac{\mathrm{d}q}{\mathrm{d}p} = \frac{m p^{m-1} q^{m+1} - k^{m+1} p^{2m}}{(m+1) p^m q^m} = \frac{m \eta^{m+1} - k^{m+1}}{(m+1) \eta^m} \tag{5.3.4}$$

其中，$m = 1/n - 1$，$\eta = q/p$。对于粗粒料，不考虑其在饱和状态下的失稳路径，因此当其应力比达到峰值时，$\eta = M_\mathrm{f}$，$\mathrm{d}q = 0$。代入式（5.3.4），可求得 $k = \sqrt[m+1]{m} M_\mathrm{f}$。因此，式（5.3.3）中参数 k、n 存在内在的关系，并与粗粒料峰值强度有关。

5.3.3 剪胀方程

图 5.3.9 为粗粒料典型的应力—应变关系曲线。其主要特征为在 A 点体积应变从剪缩转变为剪胀，$\mathrm{d}\varepsilon_v^p = 0$，对应的应力比 $\eta = M$（称为变相应力比），小于峰值应力比 M_f。同时，在 A 点，$\mathrm{d}\varepsilon_d^p \neq 0$，$\mathrm{d}q \neq 0$，显然 $\mathrm{d}p\mathrm{d}\varepsilon_v^p + \mathrm{d}q\mathrm{d}\varepsilon_d^p \neq 0$，即不满足正交流动法则。根据此特征，结合式（5.3.4），建议剪胀方程为

$$\frac{\mathrm{d}\varepsilon_v^p}{\mathrm{d}\varepsilon_d^p} = \frac{mM^{m+1} - m\eta^{m+1}}{(m+1)\eta^m} \tag{5.3.5}$$

若参数 $m = 1$，则式（5.3.5）转化为修正剑桥模型中的剪胀方程。因此，通过调整参数 m，式（5.3.5）可以统一描述黏土、粗粒料等不同岩土材料的剪胀特性。

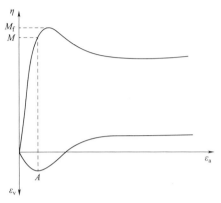

图 5.3.9　粗粒料典型的应力—应变关系曲线

5.3.4 硬化参数 H

将屈服函数表达式（5.3.3）写成对数形式，可得

$$\ln\left(1 + \frac{q^{\frac{1}{n}}}{k^{\frac{1}{n}}p^{\frac{1}{n}}}\right) = \ln p_x - \ln p \tag{5.3.6}$$

类比剑桥模型，令 $p_x = p_0 \exp H$，其中 H 为硬化参数（harding parameter）。则式（5.3.6）可以写为

$$f = \ln\frac{p}{p_0} + \ln\left(1 + \frac{q^{\frac{1}{n}}}{k^{\frac{1}{n}}p^{\frac{1}{n}}}\right) - H = 0 \tag{5.3.7}$$

由上文可知，屈服函数表达式（5.3.3）以细观结构参数 S 为硬化参数。在宏观上，细观结构参数 S 相当于塑性功，因为细观上颗粒接触力分布 $F(\alpha)$ 与颗粒接点数分布 $\overline{N}(\alpha)$ 分别对应于宏观的应力与应变。因此宏观上硬化参数 H 可用塑性功表示：

$$H = \int \mathrm{d}w_p = \int \left[\varphi_1(p, \eta)\mathrm{d}\varepsilon_v^p + \varphi_2(p, \eta)\mathrm{d}\varepsilon_d^p\right] \tag{5.3.8}$$

其中 $\varphi_1(p, \eta)$ 和 $\varphi_2(p, \eta)$ 分别为应力状态的函数。

将剪胀方程式（5.3.5）代入式（5.3.8）得

$$H = \int \left[\varphi_1(p, \eta)\mathrm{d}\varepsilon_v^p + \varphi_2(p, \eta)\frac{(m+1)\eta^m}{mM^{m+1} - m\eta^{m+1}}\mathrm{d}\varepsilon_v^p\right] = \int \varphi(p, \eta)\mathrm{d}\varepsilon_v^p \tag{5.3.9}$$

将式（5.3.9）代入屈服函数的表达式（5.3.7），求全微分得到塑性体积应变增量：

$$\mathrm{d}\varepsilon_v^p = \frac{1}{\varphi(p, \eta)}\left(\frac{\partial f}{\partial p}\mathrm{d}p + \frac{\partial f}{\partial q}\mathrm{d}q\right) \tag{5.3.10}$$

将屈服函数分别对 p、q 求偏导数，并代入式（5.3.10）得

$$d\varepsilon_v^p = \frac{1}{\varphi(p,\eta)}\frac{1}{p}\left[\frac{mM_f^{m+1}-m\eta^{m+1}}{mM_f^{m+1}+\eta^{m+1}}dp + \frac{(m+1)\eta^m}{mM_f^{m+1}+\eta^{m+1}}dq\right] \tag{5.3.11}$$

在等向压缩条件下，$dq=0$，$\eta=0$，式（5.3.11）表示为

$$d\varepsilon_v^p = \frac{dp}{p}\frac{1}{\varphi(p,\eta)}\Big|_{\eta=0} \tag{5.3.12}$$

大量试验结果表明，对于无黏性土，等向压缩试验的体积应变 ε_v 与固结应力 p 在双对数坐标系下近似为线性关系。对于粗粒料，弹性变形较小，可以认为 $\varepsilon_v = \varepsilon_v^p$，即有

$$\varepsilon_v^p = t\left(\frac{p}{p_a}\right)^\lambda \tag{5.3.13}$$

式中：ε_v^p 为塑性体应变；p_a 为大气压；t、λ 为参数。

对式（5.3.13）进行求导，并与式（5.3.12）联立，可得

$$\frac{1}{\varphi(p,\eta)}\Big|_{\eta=0} = \frac{1}{\lambda t\left(\dfrac{p}{p_a}\right)^\lambda} \tag{5.3.14}$$

另外，当 $\eta=M$，即达到变相应力比时，$d\varepsilon_v^p=0$，代入式（5.3.12）得

$$\frac{1}{\varphi(p,\eta)}\Big|_{\eta=M} = 0 \tag{5.3.15}$$

在满足式（5.3.14）、式（5.3.15）的条件下，基于式（5.3.11），通过大量试算后，确定 $\varphi(p,q)$ 的表达形式为

$$\varphi(p,q) = \frac{M^{m+1}}{M_f^{m+1}}\frac{M_f^{m+1}-\eta^{m+1}}{M^{m+1}-\eta^{m+1}}\frac{1}{\lambda t\left(\dfrac{p}{p_a}\right)^\lambda} \tag{5.3.16}$$

最后，将式（5.3.16）代入式（5.3.9），得到硬化参数 H 的具体表达式为

$$H = \frac{1}{\lambda t\left(\dfrac{p}{p_a}\right)^\lambda}\int \frac{M^{m+1}}{M_f^{m+1}}\frac{M_f^{m+1}-\eta^{m+1}}{M^{m+1}-\eta^{m+1}}d\varepsilon_v^p \tag{5.3.17}$$

对式（5.3.17）求导得

$$d\varepsilon_v^p = \lambda t\left(\frac{p}{p_a}\right)^\lambda\frac{M_f^{m+1}}{M^{m+1}}\frac{M^{m+1}-\eta^{m+1}}{M_f^{m+1}-\eta^{m+1}}dH \tag{5.3.18}$$

因为在加载过程中，$dH\geqslant0$ 始终成立，由式（5.3.18）知：当 $\eta<M<M_f$ 时，$d\varepsilon_v^p>0$，土体发生剪缩；当 $\eta=M$ 时，$d\varepsilon_v^p=0$，此时为剪缩到剪胀的过渡状态；当 $M<\eta<M_f$ 时，$d\varepsilon_v^p<0$，土体发生剪胀；当 $\eta=M_f$ 时，$dH=0$，土体达到峰值强度，屈服面停止扩张。

5.3.5 弹性变形特性

粗粒料的弹性体积应变可以按 $e-\lg p$ 图中的回弹曲线计算，由此可以确定弹性体积应变的表达式为

$$d\varepsilon_v^e = \frac{\kappa}{1+e_0}\frac{dp}{p} \tag{5.3.19}$$

式中：κ 为 $e—\lg p$ 图中回弹直线的斜率；e_0 为初始孔隙比。

设粗粒料的泊松比为 ν，弹性广义剪应变的表达式为

$$d\varepsilon_d^e = \frac{2}{9}\frac{1+\nu}{1-2\nu}\frac{\kappa}{1+e_0}\frac{dq}{p} \tag{5.3.20}$$

hhu-SH 基本模型已经在有限元程序中实现，其主要代码见附录 B。

5.3.6　模型参数确定及试验验证

5.3.6.1　模型参数确定

建立的模型共有 M_f、M、m、λ、t、κ、ν 七个参数，可以分为 3 组。

1. 剪切特性参数 M_f、M、m

参数 M_f 与 M 根据粗粒料的峰值内摩擦角 φ、临胀内摩擦角 ψ（排水剪切试验中剪缩与剪胀的转换点对应的内摩擦角）按前述式（5.2.26）计算。

土石坝工程中，粗粒料的峰值内摩擦角 φ、临胀内摩擦角 ψ 均与平均应力 p 有关，即强度具有非线性特性，可分别用前述式（5.1.28）与式（5.2.27）计算。

根据三轴压缩试验结果，分别以 $d\varepsilon_v^p/d\varepsilon_d^p$ 与 η 为纵、横坐标整理得到一系列试验点，按照剪胀方程（5.3.5）进行拟合，即可确定参数 m。

2. 压缩特性参数 λ、t

参数 λ 和 t 根据粗粒料的等向压缩试验结果，整理 $\varepsilon_v—(p/p_a)$ 的关系，按式（5.3.13）进行拟合确定。

3. 弹性变形参数 κ、ν

κ 为 $e—\lg p$ 回弹曲线的斜率；ν 为泊松比，对粗粒料一般取 0.3 左右。

5.3.6.2　试验验证

为了验证提出的粗粒料弹塑性本构模型，对于某混凝土面板堆石坝过渡层、主堆石Ⅰ区、主堆石Ⅱ区的三种典型粗粒料，根据三轴压缩试验及等向压缩试验结果，按前述的方法分别整理得到模型参数，见表 5.3.1。

表 5.3.1　　　　　　　　　三种不同粗粒料的本构模型参数

粗粒料	e_0	φ_0 /(°)	$\Delta\varphi$ /(°)	ψ_0 /(°)	$\Delta\psi$ /(°)	m	t	λ	κ	ν
过渡层	0.24	55.7	10.6	50.2	5.9	0.8	0.1419	0.9632	0.006	0.3
主堆石料Ⅰ	0.22	51.2	9.4	44.2	4.1	0.7	0.2806	0.8644	0.002	0.3
主堆石料Ⅱ	0.23	52.2	8.9	45.8	4.3	0.7	0.2275	0.8975	0.003	0.3

图 5.3.10～图 5.3.12 为三种粗粒料不同围压下的三轴压缩试验结果与模型预测结果的对比。可以看出，模型预测结果与试验结果吻合较好，较好地反映了粗粒料在低围压下剪胀、高围压下剪缩的特性，从而验证了该模型的合理性。

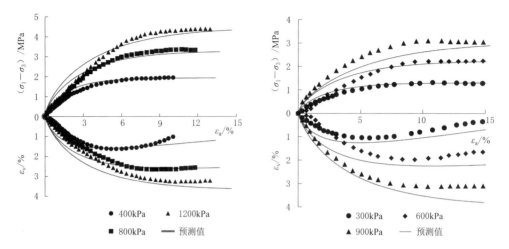

图 5.3.10 三轴压缩试验结果及模型预测结果　　　图 5.3.11 三轴压缩试验结果及模型预测结果
（过渡层堆石料）　　　　　　　　　　　　　　（主堆石料Ⅰ）

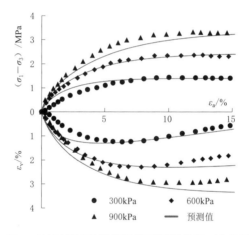

图 5.3.12 三轴压缩试验结果及模型预测结果 （主堆石料Ⅱ）

5.4 考虑状态相关的 hhu – SH 模型

　　堆石料料源分布广泛、力学性能优良，是国民经济发展中重要的基础材料，在土石坝、铁路等重大工程中发挥不可替代的作用。国内外学者针对堆石料的力学特性进行了大量的研究，普遍认为堆石料存在剪胀性、压硬性和峰值强度非线性等特点，并提出了相应的本构模型。目前，大多数堆石料本构模型中的强度准则、流动法则及硬化规律均建立在试样初始密实度相同的基础上，较少考虑初始密度对材料强度变形特性的影响。而在工程上，初始密度的影响却不可忽视。例如在土石坝工程中，高坝或者特殊的坝型会根据填筑高程或者坝体区域的重要程度选取不同的施工参数。在这种情况下，为了反映筑坝料施工参数对坝体变形的影响，即便是料源与级配相同的筑坝料也往往需要采用多组计算参数。

一种有效避免"一种材料多组参数"的途径是在堆石料的本构模型中引入状态参量。状态参量的概念最早由 Been 和 Jefferies（1985）在砂土的本构模型中提出，用以表征（e，$\ln p$）空间内当前状态与临界状态线间的距离。之后一批学者在本构模型中引入状态参数，并提出了相应的砂土本构模型。借鉴砂土状态相关本构模型的成功经验，一些研究进行了堆石料的三轴试验，并给出了颗粒破碎对临界状态线的修正方法，并在边界面本构理论与双屈服面本构理论框架内提出了考虑状态相关的堆石料本构模型。

本节基于剑桥型临界状态弹塑性理论框架，介绍一个笔者提出的考虑堆石料状态相关的弹塑性本构模型。其主要特点有：①模型中采用了考虑堆石料细观结构变化的屈服函数；②基于屈服函数的形式，提出了基于非关联流动准则的剪胀方程；③根据堆石料正常固结线在颗粒破碎的作用下趋向于极限压缩状态的现象，提出了能够反映不同初始孔隙比在高围压下收敛于极限压缩状态的硬化参数；④在唯一临界状态线的假设下，通过考虑剪胀与硬化参数的状态相关性实现模型状态相关性。模型的具体推导参见文献（刘斯宏等，2019）。

5.4.1　弹塑性基本本构模型

5.4.1.1　模型形式与约定

本节内容的讨论仅限于（p，q）空间内，暂不考虑应力罗德角对本构模型的影响。剑桥型本构模型假定材料为等向硬化，即屈服面方程可以写成

$$F = f(p, q) - H = 0 \tag{5.4.1}$$

式中：H 为硬化参数。

一般认为 H 是塑性应变的函数，通用的形式写为

$$H = \int \varphi_1(p, q) \varepsilon_v^p + \int \varphi_2(p, q) \varepsilon_s^p \tag{5.4.2}$$

式中：φ_1 和 φ_2 为应力状态的函数；ε_v^p 和 ε_s^p 分别为塑性体应变和塑性剪应变。

屈服发生后，如果不卸载，则应力始终在屈服面上，因此有 $\mathrm{d}F = 0$，即

$$\frac{\partial f}{\partial p}\mathrm{d}p + \frac{\partial f}{\partial q}\mathrm{d}q - \varphi_1(p)\mathrm{d}\varepsilon_v^p - \varphi_2(p)\mathrm{d}\varepsilon_s^p = 0 \tag{5.4.3}$$

记 $D = \mathrm{d}\varepsilon_v^p / \mathrm{d}\varepsilon_s^p$ 为土体的剪胀方程，则根据式（5.4.3）可知：

$$\mathrm{d}\varepsilon_v^p = \frac{\dfrac{\partial f}{\partial p}\mathrm{d}p + \dfrac{\partial f}{\partial q}\mathrm{d}q}{\varphi_1(p, q) + \varphi_2(p, q)/D} \tag{5.4.4}$$

再将式（5.4.4）回代入剪胀方程的定义式中，可以求出塑性偏应变增量。

以上结果可以用向量表示为更简单的形式：记 $\varphi_1(p, q) + \varphi_2(p, q)/D$ 整体为 Φ，则根据剪胀方程和硬化参数的定义可以将硬化参数 H 表示为 $\mathrm{d}H = \Phi\mathrm{d}\varepsilon_v^p$；将屈服面法向量 $(\partial f/\partial p, \partial f/\partial q)$ 记为 ψ；应力增量方向 $(\mathrm{d}p, \mathrm{d}q)$ 记为 $\mathrm{d}\sigma$；根据式（5.4.4）和剪胀方程的定义可以建立塑性应变增量与应力增量之间的关系

$$\mathrm{d}\varepsilon^p = (\mathrm{d}\varepsilon_v^p, \mathrm{d}\varepsilon_s^p) = \left(\frac{\psi\mathrm{d}\sigma}{\Phi}, \frac{\psi\mathrm{d}\sigma}{D\Phi}\right) \tag{5.4.5}$$

5.4.1.2　基于细观结构的屈服函数

堆石料作为一种颗粒体材料，其宏观力学行为与其细观组构密切相关。因此，越来越多的学者意识到将组构变化考虑到堆石料的本构模型中具有重要的意义。笔者研究了不同应力路径下颗粒体材料的细观参数演变规律，提出了综合考虑颗粒体材料细观接触力与接触点数目的细观结构参数 S。在此基础上，基于细观结构参数 S 的等值面与屈服面相同的假定，提出了一个基于细观结构变化的屈服函数：

$$f = \frac{q}{p} - k_{\mathrm{f}}\left(\frac{H}{p}-1\right)^{n_{\mathrm{f}}} = 0 \tag{5.4.6}$$

式中：k_{f} 与 n_{f} 为材料参数；H 为硬化参数。

图 5.4.1 给出了不同参数取值下的屈服面与 Yasufuko 等（1991）和 Verdugo（1992）的针对不同性质砂土及 Alonso 等（2016）针对堆石料的试验结果的对比。从图 5.4.1 中可以看出，式（5.4.6）给出的屈服面方程与颗粒材料的试验结果均能较好地吻合。另外，当 $n_{\mathrm{f}} = 0.5$ 时，式（5.4.6）退化为修正剑桥模型的屈服面，也就是说，式（5.4.6）是比修正剑桥模型具有更广泛意义的屈服面。若定义 $m_{\mathrm{f}} = 1/n_{\mathrm{f}} - 1$，屈服面顶点对应的应力比 $\eta = M_{\mathrm{f}}$，则此时有 $\partial f / \partial q = 0$，代入式（5.4.6）可得 $k_{\mathrm{f}} = \sqrt[1+m_{\mathrm{f}}]{m_{\mathrm{f}}} M_{\mathrm{f}}$。因此，式（5.4.6）的屈服面中的参数 n_{f} 和 k_{f} 可与参数 m_{f} 和 M_{f} 互换。

5.4.1.3　剪胀方程

塑性势面采用与屈服面相同形式的形式，写作：

$$g = \frac{q}{p} - k_{\mathrm{g}}\left(\frac{H_{\mathrm{g}}}{p}-1\right)^{n_{\mathrm{g}}} = 0 \tag{5.4.7}$$

式中：k_{g}、n_{g}、H_{g} 均为塑性势面对应的参数。

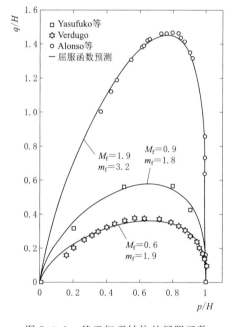

图 5.4.1　基于细观结构的屈服函数

对比式（5.4.6）与式（5.4.7）可知，若 $n_{\mathrm{f}} = n_{\mathrm{g}}$、$k_{\mathrm{f}} = k_{\mathrm{g}}$ 则为关联流动准则；反之则可实现非关联流动。若定义 $m_{\mathrm{g}} = 1/n_{\mathrm{g}} - 1$，且临界状态应力比为 $\eta = M_{\mathrm{g}}$，由于塑性势面顶点对应的应力比满足 $\partial g / \partial q = 0$，代入式（5.4.7）可得 $k_{\mathrm{g}} = \sqrt[1+m_{\mathrm{g}}]{m_{\mathrm{g}}} M_{\mathrm{g}}$。根据式（5.4.7）给出的塑性势面可以得到对应的剪胀方程

$$D = \frac{\partial g / \partial p}{\partial g / \partial q} = \frac{m_{\mathrm{g}} M_{\mathrm{g}}^{m_{\mathrm{g}}+1} - m_{\mathrm{g}} \eta^{m_{\mathrm{g}}+1}}{(m_{\mathrm{g}}+1)\eta^{m_{\mathrm{g}}}} \tag{5.4.8}$$

与屈服面类似，式中的参数 m_{g} 和 M_{g} 可与参数 n_{g} 和 k_{g} 互换。

当采用非关联流动准则时，即 $n_{\mathrm{f}} \neq n_{\mathrm{g}}$ 且 $k_{\mathrm{f}} \neq k_{\mathrm{g}}$，则由于屈服面与塑性势面不同，即有可能模拟特殊应力路径下的失稳。以三轴不排水路径为例，堆石料的失稳问题（也称静态液化）可以用 Hill 二阶功原理进行判断。该稳定判断准则可以归结为：在小变形条件下，若要使材料稳定，需满足：

$$\mathrm{d}^2 W = \mathrm{d}\boldsymbol{\sigma}\,\mathrm{d}\boldsymbol{\varepsilon} \geqslant 0 \tag{5.4.9}$$

这里 $\boldsymbol{\sigma}$ 指有效应力，下面如不说明，均为有效应力空间内分析。饱和堆石料在不排水条件可以认为近似等价于总体积变形为 0 的条件，即

$$\mathrm{d}\varepsilon_{\mathrm{v}}^{\mathrm{p}} = -\mathrm{d}\varepsilon_{\mathrm{v}}^{\mathrm{e}} \tag{5.4.10}$$

其中弹性体应变与正应力相关，可以写作：

$$\mathrm{d}\varepsilon_{\mathrm{v}}^{\mathrm{e}} = \frac{\mathrm{d}p}{K_{\mathrm{B}}} \tag{5.4.11}$$

式中：K_{B} 为弹性体变模量。

将式（5.4.5）、式（5.4.10）以及式（5.4.11）代入式（5.4.9），可得

$$\mathrm{d}^2 W = \frac{D(\varPhi + \varPsi_{\mathrm{p}} K_{\mathrm{B}})}{\varPsi_{\mathrm{q}}}(\mathrm{d}\varepsilon_{\mathrm{s}}^{\mathrm{p}})^2 \geqslant 0 \tag{5.4.12}$$

式中：$\varPsi_{\mathrm{p}} = \partial f / \partial p$，$\varPsi_{\mathrm{q}} = \partial f / \partial q$，为屈服面法向量 $\boldsymbol{\psi}$ 在 p、q 方向的分量。

式（5.4.12）建立了堆石料在不排水条件下的二阶功与本构模型间的关系，根据屈服面的形态可知 $\varPsi_{\mathrm{q}}$ 恒为正。因此，当堆石料失稳时，应满足

$$(\varPhi + \varPsi_{\mathrm{p}} K_{\mathrm{B}})D < 0 \tag{5.4.13}$$

当失稳发生时首先满足 $\varPhi + \varPsi_{\mathrm{p}} K_{\mathrm{B}} < 0$，根据 $\varPhi > 0$、$K_{\mathrm{B}} > 0$ 可得 $\varPsi_{\mathrm{p}} < 0$。这表明此时应力路径已经超过了屈服面的顶点（见图 5.4.2），即对应应力比 $\eta_{\mathrm{L}} > M_{\mathrm{f}}$。随着应力比的增大，接近临界状态应力比 M_{g} 时，可能出现两种情况：①试样一直剪缩，则此时二阶功 $\mathrm{d}^2 W < 0$ 一直成立，试样发生完全失稳［图 5.4.3(a)］；②试样由剪缩变成剪胀，则 D 的符号发生变化，二阶功的符号随之改变，即出现 $\mathrm{d}^2 W > 0$，在应力应变上表现为剪应力的回升，属于暂态失稳［图 5.4.3(b)］。

若忽略应力路径可能穿越临界状态线的情况，则以上分析表明：堆石料的不排水失稳对应的应力比 η_{L} 介于 M_{f} 与 M_{g} 之间。这一预测结论与关于颗粒材料的相关的试验结

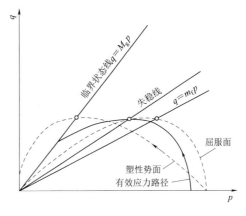

图 5.4.2 不排水剪切应力路径与屈服及塑性势的关系

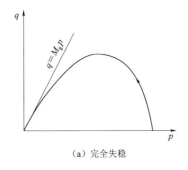

（a）完全失稳

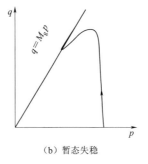

（b）暂态失稳

图 5.4.3 完全失稳与暂态失稳对应的应力路径

果吻合。且液化发生的条件与其屈服面、硬化规律及弹性模量有关，但是发生暂态失稳还是完全失稳则由其剪胀关系决定。需要说明的是，堆石料由于强度与渗透系数都较大，因此发生不排水失稳的可能性较低，这里以不排水路径为例，仅表明本节提出的非关联流动准则在特殊应力路径下的适用性。

5.4.1.4 硬化规律

由于同一个屈服面上的硬化参数 H 相等，因此可根据等向压缩路径确定堆石料的硬

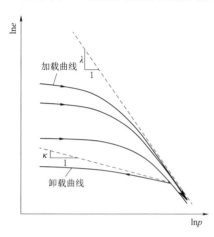

图 5.4.4 堆石料压缩回弹曲线

化规律。大量的试验结果表明，堆石料这类无黏性土的正常固结线并不唯一，但在高围压下发生颗粒破碎时趋于同一条极限压缩曲线。Sheng 等（2008b）进一步分析认为极限压缩线在孔隙比 e 与正应力 p 组成的双对数空间内为一条直线（见图 5.4.4），并提出以下正常固结曲线方程：

$$e = \frac{N}{(p + p_r)^\lambda} \tag{5.4.14}$$

式中：N 为极限压缩曲线在双对数坐标下与纵轴的截距；λ 为极限压缩曲线在双对数坐标下的斜率；p_r 为加载参考应力。

p_r 可根据某时刻已知的孔隙比 e_L 及对应的正应力 p_L 得到

$$p_r = \left(\frac{N}{e_L}\right)^{1/\lambda} - p_L \tag{5.4.15}$$

同样，为了保证加卸载方程形式的对称性，采用以下回弹曲线方程：

$$e_r = \frac{N}{(p + p_r')^\kappa} \tag{5.4.16}$$

式中：e_r 为回弹孔隙比；κ 为回弹参数；p_r' 为回弹参考应力。

同样，根据某一已知的回弹曲线上的孔隙比 e_L 和对应的应力 p_L 可得

$$p_r' = \left(\frac{N}{e_L}\right)^{1/\kappa} - p_L \tag{5.4.17}$$

设某一试样应力加载到 p_L 时对应的孔隙比为 e_L，然后进行卸载，则根据式（5.4.14）和式（5.4.16）的微分形式可求得此时正应力 p_L 与塑性体应变 ε_v^p 关系的微分形式：

$$d\varepsilon_v^p = \frac{de_r - de}{1 + e} = \frac{N}{1 + e}\left(\frac{\lambda}{(p_L + p_r)^{\lambda+1}} - \frac{\kappa}{(p_L + p_r')^{\kappa+1}}\right)dp_L \tag{5.4.18}$$

虽然式（5.4.18）的关系仅适用于等向压缩条件，但可以将等向压缩路径的塑性体应变扩展到任意应力路径。考虑到等向固结应力路径有 $p_L = H = \int \Phi d\varepsilon_v^p$，将式（5.4.18）代入屈服面方程式（5.4.16）可得

$$\Phi = \frac{1 + e}{N\left[\dfrac{\lambda}{(p_L + p_r)^{\lambda+1}} - \dfrac{\kappa}{(p_L + p_r')^{\kappa+1}}\right]} \tag{5.4.19}$$

其中：
$$P_L = p\left[\left(\frac{\eta}{k_f}\right)^{n_f} + 1\right] \tag{5.4.20}$$

5.4.1.5 弹性模量

至此，已经建立了堆石料本构模型中的塑性应变 $d\varepsilon^p$ 与应力增量 $d\sigma$ 间的关系。弹性阶段堆石料的弹性应变公式计算为

$$d\varepsilon_v^e = \frac{dp}{K} \quad d\varepsilon_s^e = \frac{dq}{3G} \tag{5.4.21}$$

式中：K 和 G 分别为弹性体变与剪切模量。

K 与 G 的关系为

$$G = K\frac{3(1-2\nu)}{2(1+\nu)} \tag{5.4.22}$$

式中：ν 为材料的泊松比。

由于在前面已经讨论过等向压缩过程中的回弹曲线，考虑到 $d\varepsilon_v^e = -de_r/(1+e)$，并代入式（5.4.16）的微分形式可得

$$d\varepsilon_v^e = \frac{-de_r}{1+e} = \frac{\kappa N}{(1+e)(p+p_r')^{\kappa+1}}dp \tag{5.4.23}$$

因为体变模量定义为 $K = dp/d\varepsilon_v^e$，故弹性体变模量 K 可以与硬化规律中的 κ 和 N 建立如下关系：

$$K = \frac{(1+e)(p+p_r')^{\kappa+1}}{\kappa N} \tag{5.4.24}$$

5.4.2 堆石料状态相关性

5.4.2.1 临界状态线与状态参数

大量的试验结果表明，颗粒材料的破碎会对孔隙比-球应力空间内的临界状态线的位置造成较大影响。然而颗粒破碎对临界状态线的影响有两种论调：一种是认为颗粒破碎造成 $e - \ln p$ 空间内的临界状态线斜率增大；另一种则是认为颗粒破碎造成临界状态线会发生向下平移。两种截然不同论调的本质是对临界状态线唯一性的争议：针对堆石料和砂土的三轴试验结果表明，由于颗粒破碎，颗粒材料在孔隙比-球应力空间内的临界状态线近乎平行；然而，针对钙质砂的环剪试验结果表明，颗粒材料发生破碎时，三轴试验远未达到临界状态需要的剪应变。另外，关于颗粒破碎的理论也趋向于认为颗粒破碎在足够大剪应变条件下会收敛于唯一的分形级配。

假设存在唯一的临界状态线，其形式与正常固结线形式类似，写作：

$$e = \frac{\Gamma}{(p+p_{cs})^\lambda} \tag{5.4.25}$$

式中：Γ 为高应力条件下的临界状态线在双对数坐标轴中与纵轴的截距。

与正常固结线类似，p_{cs} 可以根据某一已知临界状态线上孔隙比 e_{cs0} 和其对应的球应力 p_{cs0} 得到：

$$p_{cs} = \left(\frac{\Gamma}{e_{cs0}}\right)^{1/\lambda} - p_{cs0} \tag{5.4.26}$$

值得指出的是，与三轴试验达到的体变暂态稳定存在一定区别，此处的临界状态线是指试样在足够大剪切条件下发生充分破碎时对应的稳定状态。

借鉴 Li 和 Dafalias（2012）关于砂土临界状态的概念，定义状态参数为当前状态的孔隙比与临界状态孔隙比间的差，写作

$$\psi = e - e_{cs} \tag{5.4.27}$$

5.4.2.2　状态相关剪胀方程

堆石料的强度变形特性与其所处"状态"与临界状态之间的距离有关。主要表现为在

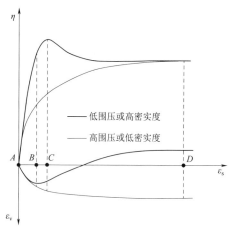

图 5.4.5　不同状态下的堆石料三轴
排水应力-变形特性

高密实度低围压下会出现高峰值应力、强剪胀和强度软化现象；而在低密实度、高围压下则表现为低峰值应力、弱剪胀和强度硬化现象（见图 5.4.5）。

在高围压或低密实度条件下，堆石料的应力与剪胀关系与常规剑桥模型类似；但在低围压或高密实度条件下情况较为复杂：应力比可能会"穿越"并最终回归临界状态线，剪胀关系也会由剪缩到剪胀最后达到剪胀为 0 的临界状态。

因此，对式（5.4.28）的剪胀方程进行如下修正：

$$D = \frac{m_g \eta_c^{m_g+1} - m_g \eta^{m_g+1}}{(m_g+1)\eta^{m_g}} \tag{5.4.28}$$

其中，状态参数对临胀应力比 η_c 的影响采用如下形式：

$$\eta_c = M_g(\zeta_c \psi + 1) \tag{5.4.29}$$

式中：ζ_c 为材料参数。

值得注意的是，Li 和 Dafalias 针对砂土提出的状态参数对临胀应力比的影响表示为

$$\eta_c = M_g e^{m\psi} \tag{5.4.30}$$

式中：m 为材料参数。

事实上，考虑到状态参数为当前状态的孔隙比与临界状态孔隙比之差，数值上相对较小，则式（5.4.30）在 $\psi = 0$ 处的一阶泰勒展开即是式（5.4.29）。

5.4.2.3　状态相关硬化参数

记图 5.4.5 中的低围压或高密实度的状态为 S_1，高围压或低密实度的状态为 S_2。表 5.4.1 列出了图 5.4.5 中 S_1 和 S_2 状态下不同点（点 A 到点 D）对应的本构模型要素需要满足的数学条件。显然，原式（5.4.19）对应的硬化参数并不满足表 5.4.1 的条件。

一种有效的修正方法是将原先式（5.4.19）中的硬化参数乘以某一无量纲的系数 Θ：该系数需满足两个条件：①本身的值在绝大多数条件下接近 1，从而保证修正后的硬化参数能够反映等向压缩曲线对应的客观规律；②通过乘以 Θ，使得修正后的硬化参数 $\Phi\Theta$ 满足表 5.4.1 的数学条件。

此处构造了以下形式的 Θ：

表 5.4.1   状态相关性需满足的数学条件

加载状态	η		D		dH		Φ	
	S_1	S_2	S_1	S_2	S_1	S_2	S_1	S_2
AB	>0		>0		>0		>0	
B	η_c		$=0$		>0		$\Phi\to+\infty$ 且 $D\Phi$ 有界	
BC	$>\eta_c$	>0	<0	>0	>0	>0	<0	>0
C	$>\eta_c$		<0		$=0$		$=0$	
CD	$>M_g$		<0		<0		>0	
D	$=M_g$	$=M_g$	$=0$	$=0$	$=0$	$=0$	$=0$	$=0$

$$\Theta=\frac{\eta_p^{m_g+1}-\eta^{m_g+1}}{\eta_c^{m_g+1}-\eta^{m_g+1}} \tag{5.4.31}$$

式中：η_p 为峰值应力比，根据前人试验研究，峰值应力同样是状态相关。

与式 (5.4.29) 类似，建议将 η_p 与状态参数 ψ 建立如下关系：

$$\eta_p=M_g(1-\zeta_p\psi) \tag{5.4.32}$$

式中：ζ_p 为材料参数。

考虑状态相关的 hhu - SH 模型已经写入有限元计算程序，详细程序段见附录 C。

5.4.3 参数确定与模型验证

5.4.3.1 基于粒子群优化的参数确定

本节提出的临界状态本构模型共包含 2 个弹性参数 ν 和 κ，2 个屈服面参数 M_f 和 m_f，2 个剪胀参数 M_g 和 m_g，2 个硬化参数 λ 和 N，2 个状态参数 ζ_c 和 ζ_p，两个临界状态参数 Γ 和 p_{cs}，共计 12 个独立参数。

理论上，这些模型参数可以通过一系列的压缩试验与三轴剪切试验标定。然而，由于在存在颗粒破碎的情况下，常规三轴试验的剪应变无法达到临界状态，因此往往需要对三轴试验数据进行主观性的外延。为此，本书推荐粒子群优化方法，仅通过常规三轴试验数据标定模型参数。

采用粒子群优化方法预测状态相关本构模型参数需要解决的核心问题是定义一个待优化函数 P。对于状态相关堆石料，在三轴应力路径下的剪应力 q 和体应变 ε_v 可以通过其初始状态（围压 σ_3 和初始孔隙比 e_0）以及剪应变唯一确定，写作

$$\varepsilon_v=\tilde{\varepsilon}_v(e_0,\sigma_3,\varepsilon_a),\quad q=\tilde{q}(e_0,\sigma_3,\varepsilon_a) \tag{5.4.33}$$

假定有一系列针对某一堆石料的不同初始状态下的常规三轴排水试验数据，对应的输入值是 $(e_0^i,\sigma_3^i,\varepsilon_a^i)$，试验结果值是 (ε_v^i,q^i)。则本构模型参数确定的问题可以表述为以下数学形式：在模型参数空间 $x\in\mathbb{R}^{12}$ 内寻找最优值，使得试验结果值 (ε_v^i,q^i) 与模型预测值 $(\tilde{\varepsilon}_v^i,\tilde{q}^i)$ 间的差异最小。因此，定义如下待优化函数

$$P(x)=\sum_{i=1}^N\left(\frac{\varepsilon_v^i-\tilde{\varepsilon}_v(e_0,\sigma_3,\varepsilon_a)}{\varepsilon_v^{ref}}\right)^2+\sum_{i=1}^N\left(\frac{q^i-\tilde{q}(e_0,\sigma_3,\varepsilon_a)}{q^{ref}}\right)^2 \tag{5.4.34}$$

式中：ε_v^{ref} 和 q^{ref} 是人为定义的参考体应变和参考剪应力。

在待优化函数的基础上，状态相关本构模型参数确定可以通过如下步骤实现：

（1）初始化 M 组粒子（模型参数）$\{x_1, x_2, \cdots, x_M\}$，使得 x 服从 x^l 到 x^u 区间内的均匀分布；初始化粒子速度 $\{v_1, v_2, v_3, \cdots, v_M\}$，使得 v 服从 $-|x^u-x^l|$ 到 $|x^u-x^l|$ 间的均匀分布；初始化粒子的最优位置 $p_j = x_j, j = 1, 2, \cdots, M$；初始化粒子群全局最优位置 $g = \min(F(p_j))$, $j = 1, 2, \cdots, M$。

（2）如果待优化函数取值 $P(g)$ 未能小于设定值 Tol，则循环如下步骤：

a. 更新粒子速度：

$$v_j = v_j + c_1 \times r_1 \times (p_j - x_j) + c_2 \times r_2 \times (g_j - x_j) \quad j = 1, 2, \cdots, M \qquad (5.4.35)$$

式中：c_1 和 c_2 为 0 到 4 间的参数；r_1 和 r_2 为服从 $[0, 1]$ 间均匀分布的对角随机矩阵。

b. 更新粒子位置：

$$x_j = x_j + v_j \quad j = 1, 2, \cdots, M \qquad (5.4.36)$$

c. 对每个粒子位置 x，更新其最优位置：

$$若 P(x_j) \leqslant P(p_j)，令 p_j = x_j \quad j = 1, 2, \cdots, M \qquad (5.4.37)$$

d. 更新全局最优位置

$$若 P(x_j) \leqslant P(g)，令 g = x_j \quad j = 1, 2, \cdots, M \qquad (5.4.38)$$

（3）当待优化函数取值小于设定值 $P(g) \leqslant Tol$，g 则为最优模型参数。

5.4.3.2　模型验证与预测

本书采用粒子群优化方法对 Xiao 等（2015）文献中关于塔城堆石料的三轴试验结果进行了参数拟合，得到的弹塑性本构模型参数见表 5.4.2。

表 5.4.2　　　　　　　　　　　　　　　某堆石料状态相关模型参数

弹性	屈服	剪胀	硬化	临界状态
$\nu = 0.25$	$M_f = 1.28$	$M_g = 1.72$	$\lambda = 1.29$	$\Gamma = 14.3\text{MPa}$
$\kappa = 1.16$	$m_f = 1.48$	$m_g = 0.62$	$N = 327\text{MPa}$	$p_{cs} = 2.0\text{MPa}$
				$\zeta_c = 0.19$
				$\zeta_c = 0.73$

图 5.4.6 对比了三轴排水路径下的试验结果和模型预测值。可以看出，采用提出的状态相关本构模型，可以采用一组参数，较好地预测不同初始孔隙比和不同围压条件下堆石料的试验结果。图 5.4.7 对比了三轴试验条件下孔隙比随着球应力的演变规律。从图 5.4.7 中可以看出，尽管模型中假定了唯一的临界状态线，在常规三轴的应变范围内，孔隙比-球应力空间内并不一定有显著的收敛趋势。事实上，根据提出的本构模型预测，当剪应变达到 120% 左右时，体变才趋向于稳定。

图 5.4.8 为在半对数坐标下绘制的不同初始状态下该堆石料的等向压缩曲线的预测结果，预测的等向压缩曲线符合堆石料压缩曲线的一般规律，且在高应力下收敛于唯一的极限压缩线。

图 5.4.9 为根据提出的本构模型预测得到的堆石料在不同初始状态下的不排水剪切有效应力路径预测结果。从图 5.4.9 中可以看出，材料在不排水路径下并未发生液化现象，当应力比在 (M_f, M_g) 区间内球应力 p 在达到极值点前回升，直到达到临界状态。

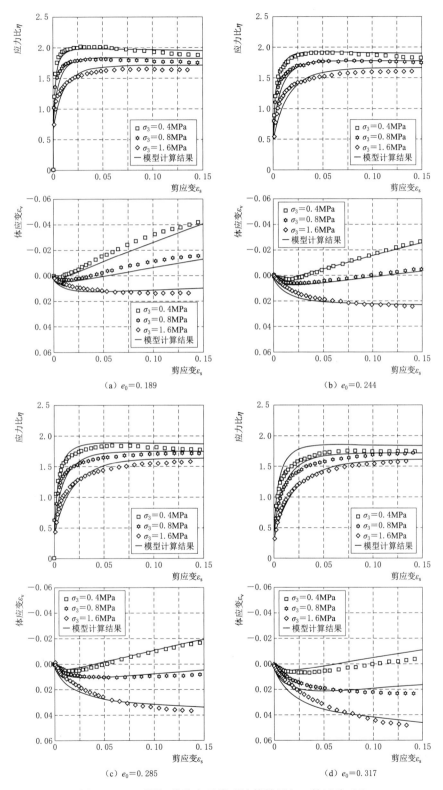

图 5.4.6 不同初始状态下模型计算结果与三轴试验对比

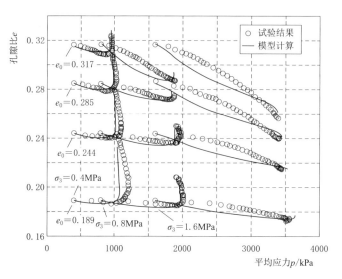

图 5.4.7　三轴试验条件下孔隙比随球应力的演变规律

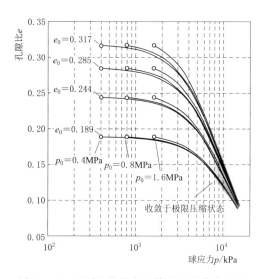

图 5.4.8　不同初始状态下等向压缩曲线预测

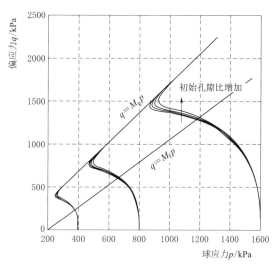

图 5.4.9　不同初始状态下堆石料不排水剪切
有效应力路径预测

5.5　考虑颗粒破碎的堆石料 hhu－SH 模型

堆石料的颗粒破碎是影响其力学行为的重要影响因素，随着目前我国的高土石坝建设，颗粒破碎问题日益突出。尽管前述的堆石料 hhu－KG 模型、堆石料 hhu－SH 基本模型和状态相关 hhu－SH 模型已能够较好地描述堆石料的诸多力学行为，但模型中并未专门探讨破碎对堆石料力学行为影响的物理机制，且不能直接反映堆石料力学行为和级配演变的关系。据此，本节介绍一个考虑颗粒破碎的堆石料本构模型，基于破碎能量耗散理论、破碎-堆积概念等将颗粒破碎的影响考虑到模型中，提出了物理机制明确的考虑颗粒破碎的堆石料弹塑性本构模型。

5.5.1 考虑颗粒破碎的剪胀方程

5.5.1.1 破碎性土的能量耗散

Taylor（1948）最早提出了密实土体受力剪胀的概念，并假设所有的能量都通过颗粒重分布耗散。Roscoe 等（1958）将这一概念拓展到了一般应力路径。最近研究发现，颗粒破碎导致的能量耗散是能量耗散的另一种途径。因此，对于破碎性颗粒材料其能量耗散包括颗粒重分布耗散和破碎耗散两部分：

$$\mathrm{d}W_\mathrm{p} = \mathrm{d}\Phi_\mathrm{p} + \mathrm{d}\Phi_\mathrm{B} \tag{5.5.1}$$

式中：Φ_B 和 Φ_p 分别为颗粒破碎耗散和重分布耗散；W_p 为总塑性功。

W_p 定义为：

$$\mathrm{d}W_\mathrm{p} = p\,\mathrm{d}\varepsilon_\mathrm{v}^\mathrm{p} + q\,\mathrm{d}\varepsilon_\mathrm{s}^\mathrm{p} \tag{5.5.2}$$

式中：$\varepsilon_\mathrm{v}^\mathrm{p}$ 和 $\varepsilon_\mathrm{s}^\mathrm{p}$ 分别为塑性体积应变和塑性偏应变。

Miura 和 O-Hara（1979）通过试验观察到，颗粒破碎耗散和破碎导致的颗粒表面积增加量呈正比。McDowell 和 Bolton（1996）在断裂力学中引用了这个结论。最近，Shen 等（2019）从理论上证明了破碎耗散和颗粒表面积增加量的关系：

$$\mathrm{d}\Phi_\mathrm{B} = G_\mathrm{B}\,\mathrm{d}s_\mathrm{f} \tag{5.5.3}$$

式中：G_B 为断裂力学中的应变能释放率；s_f 为材料的比表面积，定义为总表面积 S_f 除以总体积 V_t。

用概率密度函数 $p(d)$ 表示颗粒的质量分布，M_t 表示颗粒的总质量，粒径在 d 到 $d+\mathrm{d}d$ 之间的颗粒总质量为 $M_\mathrm{t}p(d)\mathrm{d}d$，那么颗粒的总表面积为

$$\mathrm{d}S_\mathrm{f} = \frac{M_\mathrm{t}p(d)\mathrm{d}d}{\rho_\mathrm{s}}\frac{\Omega}{d} \tag{5.5.4}$$

式中：ρ_s 为颗粒密度；Ω 为颗粒形状相关的参数。对于球形颗粒，$\Omega=6$。

进而可以通过式（5.5.3）积分得到颗粒的比表面积

$$s_\mathrm{f} = \frac{M_\mathrm{t}}{V_\mathrm{t}}\int\frac{p(d)}{\rho_\mathrm{s}}\frac{\Omega}{d}\mathrm{d}d = (1-n)\Omega\int\frac{p(d)}{d}\mathrm{d}d = (1-n)\Omega\int_{d_\mathrm{m}}^{d_\mathrm{M}}p(d)\mathrm{d}\ln d \tag{5.5.5}$$

式中：n 为材料的孔隙率；d_m 和 d_M 分别为最小和最大粒径。

Einav（2007）在破碎力学中提出通过 $p(d)$ 计算破碎率 B_r：

$$B_\mathrm{r} = \frac{p(d)-p_0(d)}{p_\mathrm{u}(d)-p_0(d)} \tag{5.5.6}$$

式中：$p_0(d)$ 和 $p_\mathrm{u}(d)$ 分别为初始和最终的颗粒粒径分布函数。

结合式（5.5.5）和式（5.5.6）得

$$s_f = (1-n)\Omega\int_{d_\mathrm{m}}^{d_\mathrm{M}}\left[p_0(d)(1-B_\mathrm{r})+p_\mathrm{u}(d)B_\mathrm{r}\right]\mathrm{d}\ln d \tag{5.5.7}$$

定义

$$\int_{d_\mathrm{m}}^{d_\mathrm{M}}p_0(d)\mathrm{d}\ln d = G_0 \qquad \int_{d_\mathrm{m}}^{d_\mathrm{M}}p_\mathrm{u}(d)\mathrm{d}\ln d = G_\mathrm{u} \tag{5.5.8}$$

以及

$$\theta_B = G_B(1-n)\Omega(G_u - G_0) \tag{5.5.9}$$

那么，式（5.5.3）可以改写为

$$d\Phi_B = \theta B_d B_r \tag{5.5.10}$$

图 5.5.1（a）和图 5.5.1（b）分别为颗粒累积质量分布和颗粒质量概率密度分布。需要说明的是，现有破碎率计算的是颗粒累积质量分布的面积，而式（5.5.8）中的 G_0 和 G_u 计算的是 $p(d) \sim \ln d$ 空间中的积分面积。此外，G_u 的取值与 $p_u(d)$ 有关。大量的试验和理论分析表明颗粒破碎极限粒径分布 $p_u(d)$ 是唯一的，并且与颗粒的初始粒径分布无关。因此，$G_0 - G_u$ 的值仅取决于初始粒径分布。从式（5.5.10）可以看出，对于给定的堆石材料，如果我们忽略孔隙率作为一阶近似值的变化，那么由于在颗粒破碎过程中产生新的表面积而产生的能量耗散与 Einav 破碎率呈正比。

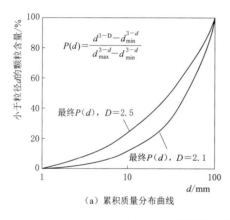
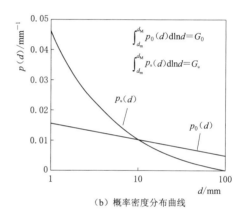

（a）累积质量分布曲线　　　　　　　　　（b）概率密度分布曲线

图 5.5.1　累积质量和概率密度分布曲线示意图

理清了破碎耗散 Φ_B 的物理意义后，仍需将式（5.5.1）中的重分布耗散 Φ_P 和破碎率 B_r 建立起来。为此，一个简单的方法是假定在给定的应力路径和边界条件下重分布耗散与破碎耗散成正比。然而，如何确定两种耗散之间的比例是一个问题。笔者重新探讨了塑性输入功 W_p 和破碎率 B_r 的双曲线关系：

$$B_r = \frac{W_p}{W_p + a} \tag{5.5.11}$$

式中：a 是一个拟合参数。式（5.5.11）在不同应力路径的试验中均得到了验证。但式（5.5.1）是完全经验性的，参数 a 的物理意义还不清楚。

为了理解参数 a 的物理意义，对式（5.5.11）进行微分：

$$dB_r = \frac{a\,dW_p}{(a + W_p)^2} \tag{5.5.12}$$

在开始施加荷载时，塑性功 $W_p = 0$，式（5.5.12）退化为

$$dW_p = a\,dB_r \tag{5.5.13}$$

从式（5.5.13）中可以看出，塑性功增量与破碎率增量成正比。此外，对比式（5.5.13）和式（5.5.10）可以得出

$$\frac{\mathrm{d}\Phi_{\mathrm{B}}}{\mathrm{d}W_{\mathrm{p}}} = \frac{\theta_{\mathrm{B}}}{a} \tag{5.5.14}$$

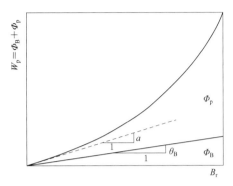

式（5.5.14）表明参数 θ_{B} 和 a 的比值等于初始加载时刻的破碎耗散增量 $\mathrm{d}\Phi_{\mathrm{B}}$ 和塑性功增量 $\mathrm{d}W_{\mathrm{p}}$ 的比值。图 5.5.2 进一步展示了破碎过程中 Φ_{B} 和 Φ_{p} 随 B_{r} 的变化趋势，其中 Φ_{B} 根据式（5.5.9）预测得到，Φ_{p} 根据式（5.5.1）通过总塑性功 W_{p} 减去 Φ_{B} 得到。从图 5.5.2 中可以看出，对于给定的堆石料，其加载初始时刻的塑性功以 $\theta_{\mathrm{B}}:(a-\theta_{\mathrm{B}})$ 的分配比例通过颗粒破碎和颗粒重分布两种形式耗散掉，但当颗粒破碎持续发生时塑性功主要由颗粒重分布的形式耗散。

图 5.5.2　破碎耗散和重分布耗散随破碎率的变化示意图

5.5.1.2　剪胀方程

对于不破碎土，Roscoe 等（1958）认为重分布耗散与平均有效应力有关，提出如下方程：

$$\mathrm{d}\Phi_{\mathrm{p}} = Mp\,\mathrm{d}\varepsilon_{\mathrm{s}}^{\mathrm{p}} \tag{5.5.15}$$

另外一个具有代表性的剪胀方程为 Rowe 剪胀方程（Rowe，1962），基于能量输入增量与能量耗散增量之比为常数的假设提出。Yin 和 Chang（2013）对比了 Roscoe 和 Rowe 的理论，发现两种理论都和部分试验结果吻合，没有明显的优劣性。因此简单起见，采用 Roscoe 建议的方程。结合式（5.5.1）、式（5.5.2）、式（5.5.10）、式（5.5.11）和式（5.5.15）得到剪胀方程：

$$D = \frac{1}{\omega}M - \eta \tag{5.5.16}$$

其中，$\omega = 1 - \dfrac{a\theta_{\mathrm{B}}}{(a+W_{\mathrm{p}})^2}$，$D = \mathrm{d}\varepsilon_{\mathrm{v}}^{\mathrm{p}}/\mathrm{d}\varepsilon_{\mathrm{s}}^{\mathrm{p}}$，$\eta = \dfrac{q}{p}$。式（5.5.16）中的剪胀方程表明，密实堆石料的剪胀不仅和应力比有关，还和塑性功有关。Alonso 等（2016）通过控相对湿度堆石料三轴试验也发现了这一现象。此外，式（5.5.16）还反映出：①对于理想的不可破碎堆石料，其能量耗散全部通过颗粒重分布产生，$\theta_{\mathrm{a}}/a=0$，此时式（5.5.16）退化为原剑桥模型所采用的剪胀方程；②对于破碎性堆石料，在初始剪切时塑性功 $W_{\mathrm{p}}=0$ 且 $0<\omega=1-\theta_{\mathrm{B}}/a<1$，因此 $D-\eta$ 曲线的纵轴截距为 $M/\omega>M$，表明颗粒破碎会增加剪缩量；此外，当颗粒破碎量足够大，即 $W_{\mathrm{p}}\gg a>\theta_{\mathrm{B}}$，$\omega$ 趋向于 1，式（5.5.16）再次退化为原始剑桥模型所采用的剪胀方程。考虑颗粒破碎和不考虑颗粒破碎的剪胀方程对比见图 5.5.3。

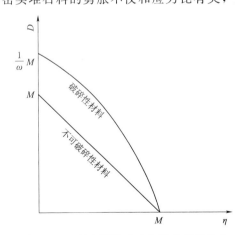

图 5.5.3　考虑颗粒破碎和不考虑颗粒破碎的剪胀方程对比

5.5.2　基于破碎−堆积概念的硬化规律

5.5.2.1　体积和剪切硬化

堆石料压缩和剪切都会导致硬化，许多学者在处理砂土硬化时假设体积应变和剪切应变成比例：

$$dH = \Phi(d\varepsilon_v^p + \beta d\varepsilon_s^p) \tag{5.5.17}$$

式中：H 为硬化参量；Φ 为应力状态参量；β 为剪切硬化与体积硬化的比值。

式（5.5.17）能保证在剪胀过程中屈服面扩张（$d\varepsilon_v^p < 0$），可以模拟密实堆石料的峰前剪胀。将定义的剪胀参数 $D = d\varepsilon_v^p/d\varepsilon_s^p$ 定义代入式（5.5.17）可得

$$dH = \Phi(1 + \beta/D)d\varepsilon_v^p \tag{5.5.18}$$

式（5.5.18）表明，剪胀已知的情况下可以直接通过从塑性体应变增量 $d\varepsilon_v^p$ 得到总塑性应变增量 dH。因此，接下来将重点研究堆石料的塑性体应变。

5.5.2.2　破碎−堆积概念

堆石材料发生破碎导致颗粒重新排列从而引起孔隙率变化，很多学者针对这种颗粒破碎重排的过程进行了详细地研究。Wood 等（2008b）提出了临界状态线在特定体积空间中的斜率随颗粒破碎量的增加而增加的概念，即 $\nu = \Gamma(I_G) - \lambda(I_G)\ln p$，其中 I_G 是一个用来衡量颗粒破碎量的指标。但是上述观点仅笼统地阐明了破碎会导致体积变形增大，尚未解决如何确定破碎后的变形量。在此，笔者提出一个用于致密颗粒材料的破碎−堆积概念，其中一个重要的假定是，颗粒在破碎过程中无论级配如何变化始终保持致密堆积。Shen 等（2019）通过试验数据验证了这一假设。

图 5.5.4 展示了破碎−堆积概念。当致密堆石料从 A 加载到 B，从 B 点开始发生颗粒破碎，然后进一步加载到 C。由于假设堆石料初始致密堆积，在点 A 处的孔隙率等于致密堆积孔隙率，用 e_d^A 表示。由于从 AB 段不发生颗粒破碎，因此 AB 段任何一点卸荷后都会具有相同的孔隙率 e_d^A。在 BC 段发生了颗粒破碎，$B_r(B) \neq B_r(C)$。如果材料从点 C 卸荷至点 D，在 CD 段上的任何一点也都有相同的孔隙率，其值等于 D 点最小孔隙率 e_d^D。以上分析表明，破碎率 B_r 与致密堆积孔隙率 e_d 有唯一的对应关系。通过 $B_r \sim e_d$ 关系，可以从致密堆积孔隙率的变化量推导由破碎引起的不可逆孔隙率变化量。例如，由破碎引起的从点 B 到点 C 的孔隙率变化量等于 A 和 D 致密堆积孔隙率差值 $e_d^A - e_d^D$。

由于破碎率 B_r 和孔隙率 e_d 都是无量纲数且与颗粒的形状特征有关，因此 $B_r - e_d$ 关系的建立不涉及没有物理意义的参数。如果没有颗粒破碎发生，那么 $B_r = 1$，$e_d = e_0$，其中 e_0 表示没有发生任何颗粒破

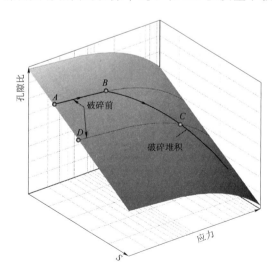

图 5.5.4　破碎−堆积概念示意图

碎的孔隙率。而对于极限颗粒破碎状态下形成分形阿波罗致密堆积,孔隙率无限接近于 0,此时 $B_r=1$,$e_d=0$。根据以上结论,提出一个简单的方程来描述 B_r—e_d 的关系:

$$1-B_r=\left(\frac{e_d}{e_0}\right)^m \tag{5.5.19}$$

式中:m 为一个无穷小的参数,其物理含义在下文给出。

图 5.5.5 对比了堆石料 B_r—e_d/e_0 关系的试验值和式(5.5.19)计算值。需要说明的是,在试验中只有初始状态的致密堆积孔隙率 e_d($B_r=0$)是可以获得的。颗粒破碎导致级配变化发生时,致密堆积孔隙率约等于从该级配状态卸荷后的孔隙率。在图 5.5.5 中,致密堆积孔隙率 e_d 通过其初始孔隙率 e_0 进行归一化,因此每个试样的初始坐标(e_d/e_0,B_r)为(1.0,0)。从图 5.5.5 可以观察到,对于不同形状的 B_r—e_d/e_0 曲线,均可以通过式(5.5.19)很好的描述。同时注意到 Hagerty 等(1993b)的研究中压缩应力已经达到了 680MPa,说明式(5.5.19)对于应力范围变化很大的粗粒土同样具与很好的适用性。

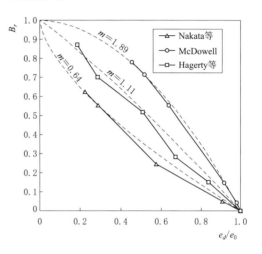

图 5.5.5 基于破碎-堆积概念的孔隙率
预测值与试验值对比

5.5.2.3 破碎引起的硬化

如前所述,式(5.5.11)不仅适用于剪切,也适用于破碎性土的压缩。将式(5.5.11)代入式(5.5.19)可得

$$e_d^m(W_p+a)=ae_0^m \tag{5.5.20}$$

式(5.5.20)的微分形式为

$$dW_p=-ame_0^m e_d^{-(m+1)}de_d \tag{5.5.21}$$

等向压缩的塑性功定义为

$$dW_p=pd\varepsilon_v^p=-p\frac{de_d}{1+e} \tag{5.5.22}$$

将式(5.5.22)代入式(5.5.21)最终可得

$$p=ame_0^m(1+e)e_d^{-(m+1)} \tag{5.5.23}$$

对于图 5.5.4 中的点 C,平均有效应力 p 与点 C 孔隙率的关系能够用式(5.5.23)描述,根据破碎堆积概念,其值应该等于致密堆积孔隙率 e_d。

下面将解释无量纲参数 m 的物理意义。点 C 处的孔隙率可以写成

$$e_C = e_A + (e_B - e_A) + (e_C - e_B) \tag{5.5.24}$$

考虑到破碎引起的塑性变形远大于等向压缩引起的塑性变形，假设 $e_C - e_B \approx e_D - e_A$。因此，式（5.5.24）等效为 $e_C \approx e_D$。上述讨论表明，当考虑颗粒破碎时，$p\text{—}e$ 关系可以用 $p\text{—}e_d$ 关系近似表示。在式（5.5.23）中用 e 替换 e_d，整理得

$$e = \left[a m e_0^m (1+e) \right]^{\frac{1}{1+mp} - \frac{1}{1+m}} \tag{5.5.25}$$

如式（5.5.25）所示，e 和 p 是幂函数关系。与黏性土的压缩曲线在 $e\text{—}\ln p$ 空间中呈一条直线不同，堆石料在高应力下的压缩曲线被广泛认为在 $\ln e\text{—}\ln p$ 空间中呈线性关系。e 和 p 的幂函数关系可以通过 $\ln e\text{—}\ln p$ 的线性关系表示

$$e \propto p^{-\lambda} \tag{5.5.26}$$

式中：λ 为 $\ln e\text{—}\ln p$ 曲线线性部分的斜率。

对比式（5.5.26）和式（5.5.25）可得

$$\lambda = \frac{1}{1+m} \tag{5.5.27}$$

式（5.5.27）表明，参数 m 与 λ 是一一对应的。此外，式（5.5.27）中的参数描述的仅仅是材料的形态学特征（孔隙比和级配曲线）而与材料的刚度或断裂韧度无关。

式（5.4.6）中考虑破碎硬化的屈服函数可改写为

$$p \left[\left(\frac{\eta}{k_f} \right)^{1/n_f} + 1 \right] - H = 0 \tag{5.5.28}$$

式（5.5.28）在等向压缩条件下 $p = H$。因此，在等向压缩条件下，硬化参数 H 的增量形式表示为

$$dH = -(1+m) m a e_0^m (1+e) e_d^{-(2+m)} de_d \tag{5.5.29}$$

比较式（5.5.28）和式（5.5.29），结合式（5.5.22），最终能够得到

$$dH = (1+m) m e_0^m (1+e)^2 e_d^{-(2+m)} (1+\beta/D) d\varepsilon_v^p \tag{5.5.30}$$

5.5.3　完整的模型

以上描述了堆石料的屈服函数、剪胀方程和硬化参数。现在建立塑性变形 $d\varepsilon^p$ 和应力增量 $d\sigma$ 的关系。堆石料的弹性应变用估计公式为

$$d\varepsilon_v^e = \frac{dp}{K} \qquad d\varepsilon_s^e = \frac{dq}{3G} \tag{5.5.31}$$

式中：K 和 G 为弹性体积模量和剪切模量。

K 和 G 之间的关系满足：

$$G = K \frac{3(1-2\nu)}{2(1+\nu)} \tag{5.5.32}$$

式中：ν 为泊松比。

堆石体的弹性体积模量可以写成平均有效应力的函数：

$$K = B_0 p_a \left(\frac{p}{p_a} \right)^{\frac{1}{3}} \tag{5.5.33}$$

完整的弹塑性本构模型汇总于表 5.5.1。

表 5.5.1　　　　　　　　　　　　　　　完整弹塑性本构模型汇总

弹性行为	体积模量	$K = B_0 p_a \left(\dfrac{p}{p_a} \right)^{\frac{1}{3}}$
	剪切模量	$G = K \dfrac{3(1-2\nu)}{2(1+\nu)}$
屈服准则		$\dfrac{q}{p} - k \left(\dfrac{p_x}{q} - 1 \right)^{n_f} = H$
剪胀方程		$D = \dfrac{1}{\omega} M - \eta, \ \overline{\omega} = \left[1 - \dfrac{\theta_B a}{(a + W_p)^2} \right]$
硬化准则		$\mathrm{d}H = (1+m) m e_0^m (1+e)^2 e_d^{-(2+m)} (1+\beta/D) \mathrm{d}\varepsilon_v^p$

该模型共有 9 个参数：B_0，ν，M，M_f，m，m_f，θ_B，a，β。模型参数可以通过常规三轴试验进行标定。弹性参数 k_b 可以通过等向压缩（三轴剪切试验之前的固结）测定，泊松比 ν 是材料常数。M_f 和 m_f 根据 Poorooshasb 等（1966）的建议可从加载-卸载-再加载试验中获得。参数 M 通过三轴剪切试验最终的应力比估算。参数 a 可以通过拟合塑性功和三轴试验之后测得的颗粒破碎率得到。一旦参数 a 确定，参数 θ_B 可以利用式（5.5.16）拟合三轴试验数据中 $\mathrm{d}\varepsilon_v^p / \mathrm{d}\varepsilon_d^p - \eta$ 的关系得到。参数 m 通过 $\ln e - \ln p$ 空间的等向压缩曲线测得。

考虑颗粒破碎的 hhu-SH 模型已经写入有限元计算程序，详细程序段见附录 D。

5.5.4　模型验证

为了验证所提出的堆石材料本构模型，选择了 Jia 等（2017）测试的古水土石坝采用的堆石料，其岩性为微风化玄武岩。该堆石料的模型参数见表 5.5.2。图 5.5.6 给出了试验所得的堆石料的应力应变关系和采用表 5.5.2 中参数的模型预测结果，可以看出模型能够较好地反映堆石料在不同围压条件下的变形特性。图 5.5.7 进一步给出了试验所得和模型预测的堆石料级配曲线演变规律，可以看出，考虑颗粒破碎的堆石料 hhu-SH 模型同样能够反映不同围压下颗粒破碎导致的级配曲线演变。

表 5.5.2　　　　　　　　　考虑颗粒破碎的堆石料 hhu-SH 模型参数

参　数	取　值	参　数	取　值
B_0	3000	m	0.57
v	0.2	a/kPa	1460
M_f	1.79	θ_B/kPa	183
m_f	3.33	β	0.80
M	1.49		

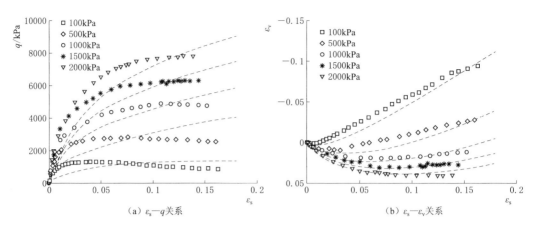

（a）ε_s—q关系 （b）ε_s—ε_v关系

图 5.5.6 堆石料强度变形特性试验结果与模型预测结果对比

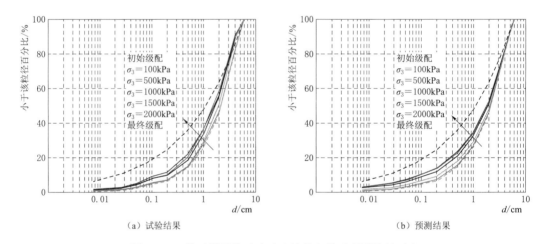

（a）试验结果 （b）预测结果

图 5.5.7 堆石料颗粒破碎试验结果与模型预测结果对比

第6章 本构模型在土石坝工程中的初步应用

前述章节的内容基于试验结果讨论了土石料的物理力学特性，并从细观力学、堆积形态、热力学等角度尝试揭示一些重要力学行为背后的物理机制，据此提出了土石料的若干本构关系。本章将上述本构关系写入土石坝静动力分析软件 SDAS，用于计算分析实际土石坝工程的变形特性。

6.1 SDAS 有限元计算分析软件

6.1.1 SDAS 的发展历史

土石坝有限元应力变形计算分析是土石坝工程设计中的一个非常重要的内容。与边坡稳定分析、渗流分析一起构成土石坝数值计算的三个主要内容。本书采用的有限元计算软件 SDAS 为笔者团队和华东勘测设计研究院有限公司联合开发。SDAS 的全称为"土石坝静、动力流固耦合可视化分析软件"（Static and Dynamic Analysis Software for Dam's Stress and Seepage），因为英文缩写与"实打实"谐音，因此也俗称"实打实"软件。该软件的前世今生可以大致划分为以下几个阶段。

1985—1988 年，SDAS 软件可以追溯到 20 世纪 80 年代河海大学岩土所开发的 TDAD 程序，该软件是当时岩土所老一辈科研工作者们共同努力与智慧的结晶，当时刘斯宏在河海大学岩土所攻读硕士学位时运用该程序开展了我国第一座高面板堆石坝天生桥一级的应力变形特性分析，是当时土石坝工程领域较早运用非线性有限元程序计算坝体变形特性的尝试。

1988—1995 年，刘斯宏硕士毕业后在现中国电建集团华东勘测研究院有限公司（以下简称"华东院"）工作期间，TDAD 软件随着刘斯宏在华东院推广应用。

尽管 TDAD 在当时水利工程领域具有领先性，但目前看这阶段的程序存在以下局限：TDAD 程序为 DOS 系统下开发的，兼容的 FORTRAN 语言版本较早，前后处理等功能均较为匮乏；程序仅包含静力部分，动力计算模块尚未开发，TDAD 中的提供的本构模型较少，仅提供了简单的线性弹性模型和非线性弹性模型；TDAD 程序不能计算土石材料的湿化与流变变形，不能正确反映土石坝初次蓄水时的变形特性，也不能预测长期变形的趋势。

2008—2011 年，刘斯宏回河海大学任教后受华东院委托，对原 TDAD 程序改写，开发了 Windows 界面下与计算程序对应的前、后处理交互模块，其中前处理模块是采用 AutoCAD 的 VBA 开发；在程序的静力计算部分增加了修正剑桥模型、考虑剪胀效应的 K-G 模型、南水模型，增加了湿化和流变计算模块，研发了动力反应计算程序，程序采用了等效线性化方法，提供了 Hardin-Drenivich 模型、北京水利科学研究院的经验模型及南京水利科学研究院的经验模型。自此，程序包含了完整的前处理、计算求解、后处理三个部分，且能够完成土石坝工程的静力和动力计算分析。该软件由河海大学和华东院联合注册软件著作权，并将其命名为 SDAS 软件。

2011 年，SDAS 软件纳入了《水工设计手册》（索丽生等，2014）作为土石坝有限元计算的推荐软件。

2018—2021 年，河海大学笔者团队再次受华东院委托，进一步对 SDAS 软件升级，采用 C♯ 语言重新开发了 SDAS 软件的图形界面和前处理模块，增加了对 AutoCAD 新版本的兼容性；增加了第五章介绍的系列本构模型；增加了单元的节点悬挂功能，实现了局部不连续加密有限元网格的计算分析。

6.1.2　软件主要组成和功能

鉴于绝大多数工程师熟谙 CAD 制图，故软件的前、后处理功能在 CAD 环境中实现。利用 C♯ 语言对其进行二次开发编写网格图形的分析处理程序，提取并分析图形信息，自动生成有限元分析所需的单元、结点、加载步、约束条件等数据文件。其中，模型的初始有限元网格通过手工绘制，其主要优点是可以人为干预网格的连接情况，避免网格自动剖分产生的单元形态不良等问题。从实际应用的经验来说，手工剖分网格、自动生成数据是一种灵活高效、可控性较好的建模方案。

软件的计算内核由 Intel Fortran 语言编制，在 Release 格式下编译链接得到可执行程序供软件框架调用启动计算。计算启动以后会对单元的形态、材料设置等进行检查，及时警告可能出现的错误。计算过程中及时保存结果，供后处理软件读入处理。计算程序主要具有如下功能。

（1）采用基本增量法，可以全面模拟水利和岩土工程中的分期施工。

（2）本构模型丰富，提供了线弹性模型、E-B 模型、E-ν 模型、剑桥模型、修正剑桥模型、南水模型、关口模型等常见模型以及本书中介绍的 hhu-KG 模型和 hhu-SH 系列模型，可以进行线弹性、非线性弹性、弹塑性分析；此外，还提供了摩擦接触单元，以模拟结构之间的位移不连续行为。

（3）设置了湿化和流变模型，可以考虑堆石料的湿化和流变特性。

（4）可以考虑开挖过程，并且设立了杆件单元，可以模拟地下洞室的开挖和支护。

（5）可以考虑流固耦合作用，同时计算出结构的位移分布和孔压分布；此外，有压渗流问题也可以用该程序计算。

（6）计算完成后可以从软件框架启动后处理模块，绘制出关心的项目，如坝体的位移与应力分布、面板的应力与挠度、周边缝的张拉与错动、坝体的加速度分布、结点的加速度时程等，从而为研究大坝工作性态提供依据。

图 6.1.1 中显示了 SDAS 软件各模块的主要功能，图 6.1.2 是软件的主操作界面。

SDAS 计算软件在河海大学和华东院的推广应用下，目前已经服务了数十个水利工程的静动力分析。

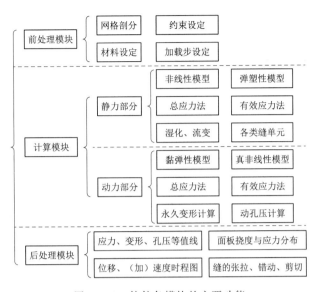

图 6.1.1 软件各模块的主要功能

图 6.1.2 软件的主操作界面

6.2 土石坝工程中的应用

基于滩坑面板堆石坝工程，以 hhu - KG 模型和考虑颗粒破碎的 hhu - SH 模型为例，初步探讨本书中的系列本构模型在土石坝有限元计算中的应用。

6.2.1 工程概况

滩坑水电站位于浙江省青田县境内瓯江支流小溪中游河段,距大溪、小溪汇合口处约26km,距离青田县城西门32km,距温州市约92km。水库正常蓄水位160.00m,死水位120.00m,总库容41.9亿 m³,其中调节库容为21.26亿 m³,具有多年调节能力。枢纽工程由混凝土面板堆石坝、左岸开敞式溢洪道和泄洪放空洞、右岸引水系统和岸边地面厂房、左岸坝后岸边开关站、右岸生态供水工程等构成,混凝土面板堆石坝最大坝高160m。坝体的平面布置图如图6.2.1所示。

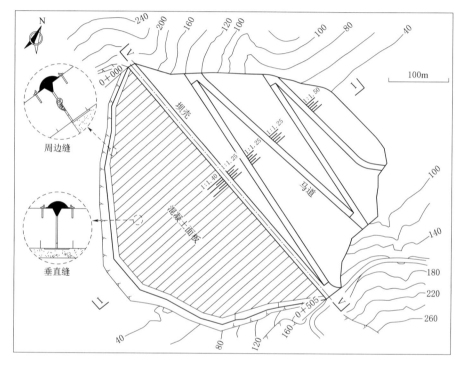

图 6.2.1 滩坑面板堆石坝平面布置图

面板堆石坝所在河谷断面呈 U 形,主河道位于左侧河床。河流流向为 N42°E,出峡谷后转为 N55°E。枯水期水面宽 90~130m,当正常蓄水位 165m 时,河谷宽 440~608m,坝址河床高程 30~34m。枯水期水深 1.0~2.5m,仅在左岸角湾冲沟口处(溢洪道出水渠)有一小深潭,水深约 6m。坝区基岩主要为中生界侏罗系上统西山头组(J₃x)火山岩,并有后期岩脉侵入。两岸第四系残坡积层较薄,河床覆盖较厚的冲洪积层。

滩坑面板堆石坝的坝体典型横断面如图6.2.2所示,上游坝坡1:1.4,下游平均坝坡1:1.58。混凝土面板厚度为0.30~0.85m,坝顶上游侧设防浪墙,防浪墙顶高程为172.2m。坝体断面分为上游粉土铺盖区填筑土料、盖重区填筑任意料、垫层区、趾板后小区、过渡区、主堆石区、次堆石区和砂砾料区。

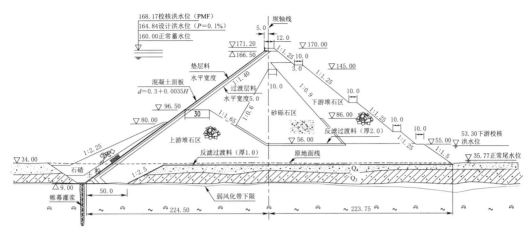

图 6.2.2　滩坑面板堆石坝坝体典型横断面（单位：m）

6.2.2　有限元计算模型及模拟过程

6.2.2.1　网格及材料模型

　　滩坑三维有限元计算模型如图 6.2.3 所示。该次计算三维模型网格剖分时主要采用 8 节点六面体单元，三维模型共有单元总数 7165 个，节点总数 8744 个。面板与其下部垫层和趾板之间，以及面板的垂直缝均采用接触单元模拟基础四周采用链杆单元约束，底部固定约束。

　　计算中堆石料采用本书提出的相应本构模型、混凝土面板与趾板按线弹性材料处理。

　　混凝土面板与垫层之间可能存在较大相对位移，为模拟垫层与混凝土之间可能的滑动，设置了 Goodman 接触面单元（Goodman et al.，1968）。面板伸缩

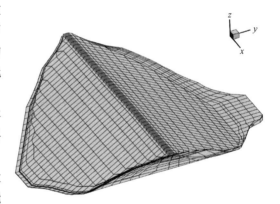

图 6.2.3　滩坑三维有限元计算模型

缝、周边缝也用无厚度的 Goodman 单元模型模拟。Goodman 单元为一种无厚度的接触面单元，在三维应力状态下，其应力与位移之间的关系见式（6.2.1）：

$$\begin{Bmatrix} \tau_{yx} \\ \sigma_n \\ \tau_{yz} \end{Bmatrix} = \begin{bmatrix} K_{yx} & 0 & 0 \\ 0 & K_n & 0 \\ 0 & 0 & K_{yz} \end{bmatrix} \begin{Bmatrix} \omega_{yx} \\ \omega_n \\ \omega_{yz} \end{Bmatrix} \tag{6.2.1}$$

式中：τ_{yx}、τ_{yz} 为接触面上两个方向的剪应力；σ_n 为接触面法向应力；ω_{yx}、ω_{yz}、ω_n 分别为两个切向位移和一个法向位移；K_n 为接触面法向劲度，接触面受压时，K_n 取一极大值，以防止接触面两面互相嵌入；接触面受拉时，K_n 取一很小值。

　　K_{yx}、K_{yz} 为接触面上两个方向的切向劲度，分别用下列两式求得

$$K_{yx} = K_1 \gamma_w \left(\frac{\sigma_n}{p_a}\right)^n \left(1 - \frac{R_f \tau_{yx}}{\sigma_n \tan\delta}\right)^2 \tag{6.2.2}$$

$$K_{yz} = K_1 \gamma_w \left(\frac{\sigma_n}{p_a}\right)^n \left(1 - \frac{R_f \tau_{yz}}{\sigma_n \tan\delta}\right)^2 \tag{6.2.3}$$

式中: K_1、n、R_f、δ 为材料参数; p_a 为大气压强; γ_w 为水的容重。

主堆石区、次堆石区、垫层区等弹塑性材料的模型与参数将在后续小节给出。面板、趾板与垫层之间 Goodman 单元模型的接触面参数参照天生桥面板坝、珊溪、天荒坪面板坝计算分析所采用的参数而取定,见表 6.2.1。接触面受压时的法向劲度参数 K_n 取一很大数 ($K_n = 6000000$),受拉时则取 $K_n = 100$。

表 6.2.1　　　　　　　　　　面板、趾板与垫层接触面参数

K_1	n_1	R_f	φ_0
3500	0.56	0.74	36°

面板伸缩缝及周边缝的参数比较难以确定,本书中周边缝单元参数是根据河海大学所做的铜片止水和塑料止水的力学试验成果拟定(顾淦臣等,1991)。各种受力条件下拉压剪力 F 与相对位移 δ 的关系及参数见表 6.2.2。

表 6.2.2　　　　　　　　铜片止水和塑料止水的 F 与 δ 关系式及参数

受 力 形 式	铜 片 止 水	塑 料 止 水
拉力	$\delta = F/(a+bF)$	$F = K\delta$
	$a = 175$　$b = 47.6$	$K = 4000$　$\delta \leqslant 0.0115$ $K = 600$　$\delta > 0.0115$
压力	$\delta = F/(a+bF)$	$F = K\delta$
	$a = 650$　$b = 14.0$	$K = 530$　$\delta \leqslant 0.0115$ $K = 196$　$\delta > 0.0115$
竖向剪力	$\delta = F/(a+bF)$	$F = K\delta$
	$a = 225$　$b = 40.0$	$K = 0$
横向剪力	$F = K\delta$	$F = K\delta$
	$K = 680$　$\delta \leqslant 0.0125$ $K = 560$　$\delta > 0.0125$	$K = 1400$

表 6.2.2 中, δ 单位为 m, F 单位为 kN/m。对于周边缝,竖剪方向为垂直于坝坡的剪切方向,横剪的方向则平行于趾板方向。周边缝单元各个方向的劲度模量由表 6.2.2 中的 F—δ 关系求导得到,即 $K = \mathrm{d}F/\mathrm{d}\delta$。计算中缝受拉、受压及受剪时,都同时考虑铜片止水和塑料止水的剪切劲度。当铜片受拉,且 $\delta > 16\mathrm{cm}$ 时认为铜片破坏。

对于面板垂直缝横剪方向为顺坡的剪切方向,竖剪方向为垂直于坝坡的剪切方向。受压时的法向劲度参数 K_n 取一很大数 ($K_n = 6000000$),受拉时则取 $K_n = 100$。其切向劲度由式 (6.2.2) 和式 (6.2.3) 确定。

混凝土面板及趾板按照线弹性材料考虑,弹性模量取为常量, $E = 2.0 \times 10^7 \mathrm{kPa}$,泊松比取为常量 $\upsilon = 0.167$。混凝土面板和趾板的容重均取为 $\gamma = 24\mathrm{kN/m}^3$。

6.2.2.2 工况及荷载步

施工过程：2004 年滩坑工程正式开工；2005 年河床截流，同年开始面板堆石坝填筑；2006 年开始趾板混凝土浇筑；2007 年浇筑一期面板混凝土；2008 年面板堆石坝坝体填筑至 40.5m 高程，并通过蓄水验收，水库开始蓄水；2009 年完成面板二次混凝土浇筑施工；2010 年完成坝顶防浪墙混凝土施工，至此滩坑面板堆石坝工程全面完工。2010 年水库水位达到 165.0m 高程，基本达到正常蓄水位。

模拟坝体填筑及蓄水过程共分两种工况：竣工期和蓄水期。竣工期指坝体填筑至坝顶防浪墙 172.2m 高程、面板三期浇筑至 170.0m 高程、上游水位 104.2m 工况；蓄水期指坝体填筑完成后上游水位由 104.2m 上升至正常蓄水位 165.0m 工况。

模拟荷载步共分 15 步，见图 6.2.4。第 1 至第 9 步坝体填筑至 160.0m、一期面板浇筑至 104.8m；第 10 步加载基坑水位至 58.57m；第 11 步坝体继续填筑至 170.0m，并完成防浪墙浇筑；第 12 步竣工期水位至 104.2m；第 13 至第 14 步完成全部面板浇筑至 170.0m、完成坝体防浪墙施工；第 15 步正常蓄水位至 165.0m。

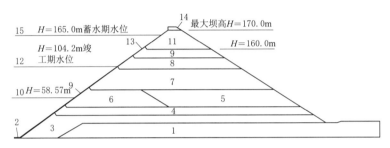

图 6.2.4 面板堆石坝填筑、蓄水过程

6.2.3 hhu-KG 模型的工程应用

6.2.3.1 hhu-KG 模型有限元程序实现

hhu-KG 模型是建立在 $p-q$ 空间，有限元计算时需要扩展到一般应力空间。一般应力空间内的应力与应变关系写作

$$\mathrm{d}\sigma_{ij} = D_{ijkl}(\sigma_{mn})\mathrm{d}\varepsilon_{kl} \tag{6.2.4}$$

式中：D_{ijkl} 是与应力状态相关的柔度矩阵 C_{ijkl} 的逆。

在各向同性条件下 D_{ijkl} 可以写为

$$\begin{aligned}
D_{ijkl}(\sigma_{mn}) &= A_1\delta_{ij}\delta_{kl} + A_2(\delta_{ik}\delta_{jl} + \delta_{jk}\delta_{il}) + A_3\sigma_{ij}\delta_{kl} + A_4\delta_{ij}\sigma_{kl} + A_5(\delta_{ik}\sigma_{jl} + \delta_{il}\sigma_{jk} + \delta_{jk}\sigma_{il} \\
&\quad + \delta_{jl}\sigma_{ik}) + A_6\delta_{ij}\sigma_{km}\sigma_{ml} + A_7\delta_{kl}\sigma_{im}\sigma_{mj} + A_8(\delta_{ik}\sigma_{jm}\sigma_{ml} + \delta_{il}\sigma_{jm}\sigma_{mk} + \delta_{jk}\sigma_{im}\sigma_{ml} \\
&\quad + \delta_{jl}\sigma_{im}\sigma_{mk}) + A_9\sigma_{ij}\sigma_{kl} + A_{10}\sigma_{ij}\sigma_{km}\sigma_{mi} + A_{11}\sigma_{im}\sigma_{mj}\sigma_{kl} + A_{12}\sigma_{im}\sigma_{mj}\sigma_{kn}\sigma_{nl}
\end{aligned} \tag{6.2.5}$$

式中：$A_1, A_2, \cdots, A_{12}$ 为与应力不变量有关的系数；δ_{ij} 为 Kronecker 函数（当 $i=j$，$\delta_{ij}=1$；当 $i\neq j$，$\delta_{ij}=0$）。

假定 A_5 至 A_{12} 是高阶应力不变量有关的系数且取值为 0，则式（6.2.5）可以简化为

$$D_{ijkl}(\sigma_{mn}) = A_1\delta_{ij}\delta_{kl} + A_2(\delta_{ik}\delta_{jl} + \delta_{jk}\delta_{il}) + A_3\sigma_{ij}\delta_{kl} + A_4\delta_{ij}\sigma_{kl} \tag{6.2.6}$$

将式（6.2.6）代入式（6.2.4）可得

$$d\sigma_{ij} = A_1 \delta_{ij} d\varepsilon_{kk} + 2A_2 d\varepsilon_{ij} + A_3 \sigma_{ij} d\varepsilon_{kk} + A_4 \delta_{ij} \sigma_{kl} d\varepsilon_{kl} \tag{6.2.7}$$

在三轴应力状态下，式（6.2.7）可以写作：

$$\left.\begin{aligned}
d\sigma_{11} &= A_1 d\varepsilon_{kk} + 2A_2 d\varepsilon_{11} + A_3 \sigma_{11} d\varepsilon_{kk} + A_4 (\sigma_{11} d\varepsilon_{11} + 2\sigma_{22} d\varepsilon_{22}) \\
d\sigma_{22} &= A_1 d\varepsilon_{kk} + 2A_2 d\varepsilon_{22} + A_3 \sigma_{22} d\varepsilon_{kk} + A_4 (\sigma_{11} d\varepsilon_{11} + 2\sigma_{22} d\varepsilon_{22}) \\
d\sigma_{33} &= d\sigma_{22}
\end{aligned}\right\} \tag{6.2.8}$$

p、q、ε_v 和 ε_s 的增量可以写作：

$$\begin{aligned}
dp &= \frac{d\sigma_{11} + 2d\sigma_{33}}{3} \\
dq &= d\sigma_{11} - d\sigma_{33} \\
d\varepsilon_v &= d\varepsilon_{11} + 2d\varepsilon_{33} \\
d\varepsilon_s &= \frac{2}{3}(d\varepsilon_{11} - d\varepsilon_{33})
\end{aligned} \tag{6.2.9}$$

结合式（6.2.8）与式（6.2.9）可得

$$\left.\begin{aligned}
dp &= \left(A_1 + \frac{2}{3}A_2 + pA_3 + pA_4\right) d\varepsilon_v + A_4 q d\varepsilon_s \\
dq &= A_3 q d\varepsilon_v + 3A_2 d\varepsilon_s
\end{aligned}\right\} \tag{6.2.10}$$

第 5 章 hhu-KG 模型中 p-q 空间内应力与应变增量关系写作

$$\left.\begin{aligned}
dp &= \overline{K} d\varepsilon_v - \overline{J} d\varepsilon_s \\
dq &= -\overline{J} d\varepsilon_v + \overline{G} d\varepsilon_s
\end{aligned}\right\} \tag{6.2.11}$$

其中，刚度 $\overline{K}$、$\overline{J}$、$\overline{G}$ 可以与 K、J、G 建立如下关系：

$$\left.\begin{aligned}
\overline{K} &= K \frac{J^2}{J^2 - KG} \\
\overline{G} &= G \frac{J^2}{J^2 - KG} \\
\overline{J} &= \frac{KGJ}{J^2 - KG}
\end{aligned}\right\} \tag{6.2.12}$$

根据式（6.2.10）和式（6.2.11），系数 $A_1 \sim A_4$ 可以根据式（6.2.13）获得：

$$\left.\begin{aligned}
A_1 &= \overline{K} - \frac{2}{9}\overline{G} + \frac{2p}{q}\overline{J} \\
A_2 &= \frac{\overline{G}}{3} \\
A_3 &= A_4 = -\frac{\overline{J}}{q}
\end{aligned}\right\} \tag{6.2.13}$$

将式（6.2.13）代入式（6.2.7）可得

$$d\sigma_{ij} = \left(\overline{K} - \frac{2}{9}\overline{G} + \frac{2p}{q}\overline{J}\right)\delta_{ij} d\varepsilon_{kk} + \frac{2}{3}\overline{G} d\varepsilon_{ij} - \frac{\overline{J}}{q}\sigma_{ij} d\varepsilon_{kk} - \frac{\overline{J}}{q}\delta_{ij}\sigma_{kl} d\varepsilon_{kl} \tag{6.2.14}$$

式（6.2.14）为应力和应变增量在一般应力空间内的表达式，也可以通过矩阵形式写作如下形式：

$$\left\{\begin{array}{c} d\sigma_{11} \\ d\sigma_{22} \\ d\sigma_{33} \\ d\sigma_{12} \\ d\sigma_{23} \\ d\sigma_{31} \end{array}\right\} = \left[\begin{array}{cccccc} D_{11} & D_{12} & D_{13} & D_{14} & D_{15} & D_{16} \\ D_{21} & D_{22} & D_{23} & D_{24} & D_{25} & D_{26} \\ D_{31} & D_{32} & D_{33} & D_{34} & D_{35} & D_{36} \\ D_{41} & D_{42} & D_{43} & D_{44} & 0 & 0 \\ D_{51} & D_{52} & D_{53} & 0 & D_{55} & 0 \\ D_{61} & D_{62} & D_{63} & 0 & 0 & D_{66} \end{array}\right] \left\{\begin{array}{c} d\varepsilon_{11} \\ d\varepsilon_{22} \\ d\varepsilon_{33} \\ d\gamma_{12} \\ d\gamma_{23} \\ d\gamma_{31} \end{array}\right\} \tag{6.2.15}$$

其中，$[D]$ 为对称的劲度矩阵，矩阵中的系数分别为

$$\left.\begin{array}{l} D_{11} = \alpha_1 + 2\alpha_3 ; D_{12} = D_{21} = \alpha_2 + \alpha_3 + \alpha_4 \\ D_{22} = \alpha_1 + 2\alpha_4 ; D_{23} = D_{32} = \alpha_2 + \alpha_4 + \alpha_5 \\ D_{33} = \alpha_1 + 2\alpha_5 ; D_{31} = D_{13} = \alpha_2 + \alpha_3 + \alpha_5 \\ D_{44} = D_{55} = D_{66} = \overline{G}/3 \\ D_{41} = D_{42} = D_{43} = D_{14} = D_{24} = D_{34} = -\overline{J}\sigma_{12}/q \\ D_{51} = D_{52} = D_{53} = D_{15} = D_{25} = D_{35} = -\overline{J}\sigma_{23}/q \\ D_{61} = D_{62} = D_{63} = D_{16} = D_{26} = D_{36} = -\overline{J}\sigma_{31}/q \end{array}\right\} \tag{6.2.16}$$

其中

$$\left.\begin{array}{l} \alpha_1 = \overline{K} + \dfrac{4}{9}\overline{G} \\[2mm] \alpha_2 = \overline{K} - \dfrac{2}{9}\overline{G} \\[2mm] \alpha_3 = \dfrac{\overline{J}}{3q}(\sigma_{22} + \sigma_{33} - 2\sigma_{11}) \\[2mm] \alpha_4 = \dfrac{\overline{J}}{3q}(\sigma_{11} + \sigma_{33} - 2\sigma_{22}) \\[2mm] \alpha_5 = \dfrac{\overline{J}}{3q}(\sigma_{22} + \sigma_{11} - 2\sigma_{33}) \end{array}\right\} \tag{6.2.17}$$

hhu-KG 模型在有限元实现时采用基本增量法是将全荷载分为若干微小增量，逐级用有限元法进行计算，对每一级增量都假定材料性质不变作线性有限元计算，并解得位移、应变和应力增量。各级荷载之间的材料性质变化、刚度矩阵 $[D]$ 变化反映了非线性的应力应变关系，增量法是一种用分段直线逼近曲线的计算方法。

基本增量法对于第 $(n+1)$ 级荷载的计算流程如下。

（1）用上一级最终状态的应力作为本级的初始应力 $\{\sigma\}_n$，进而确定刚度矩阵 $[D]$。对于弹性非线性问题，就是确定切线弹性常数 E_{tl} 和 υ_{tl}，从而形成 $[D]_{n+1}$，相当于图 6.2.5（a）中 N_n 处曲线的斜率。

（2）通过式（6.2.16）可用刚度矩阵 $[D]_{n+1}$ 形成劲度矩阵 $[K]_{n+1}$，相当于图 6.2.5（b）中 M_n 处曲线的斜率。

（3）解线性方程组 $[K]_{n+1}\{\Delta\delta\} = \{\Delta R\}_{n+1}$，得位移增量 $\{\Delta\delta\}_{n+1}$，总位移 $\{\delta\}_{n+1} = \{\delta\}_n + \{\Delta\delta\}_{n+1}$。

（4）通过位移增量 $\{\Delta\delta\}_{n+1}$ 求得各单元应变增量 $\{\Delta\varepsilon\}_n$ 和应力增量 $\{\Delta\sigma\}_n$，得：

$\{\varepsilon\}_{n+1} = \{\varepsilon\}_n + \{\Delta\varepsilon\}_{n+1}$，$\{\sigma\}_{n+1} = \{\sigma\}_n + \{\Delta\sigma\}_{n+1}$。

（5）由 $\{\Delta\delta\}_{n+1}$ 求得各单元应变增量 $\{\Delta\varepsilon\}_{n+1}$ 和应力增量 $\{\Delta\sigma\}_{n+1}$，相加得到应力全量和应变全量。

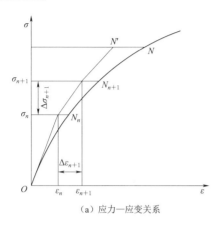
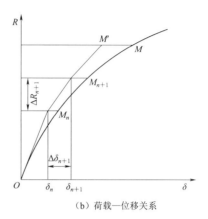

（a）应力—应变关系　　　　　　　　　　（b）荷载—位移关系

图 6.2.5　基本增量法原理示意

hhu - KG 模型的有限元程序实现部分代码见附录 A。

6.2.3.2　材料参数和结果分析

有限元计算过程中的面板、缝、趾板等材料参数均已交代，坝体的填筑材料采用 hhu - KG 模型，采用该模型预测主、次堆石料试验数据的结果已经在本书第 5 章给出，这里不再赘述。坝体各分区材料的 hhu - KG 模型参数见表 6.2.3。

表 6.2.3　　　　　　　　滩坑面板堆石坝各分区材料 hhu - KG 模型参数

材料	m	φ_0	$\Delta\varphi$	ψ_0	$\Delta\psi$	K_b	n_1	K_G	n_2	R_f
垫层	0.71	56.0°	10.9°	44.9°	1.3°	182	0.64	1566	0.46	0.80
过渡料	0.69	45.7°	7.7°	44.6°	1.6°	154	0.43	1297	0.35	0.65
主堆石	0.76	53.0°	3.8°	47.6°	3.0°	164	0.38	1493	0.26	0.83
砂砾石	0.64	51.5°	5.0°	48.8°	4.4°	146	0.59	1518	0.34	0.83
次堆石	0.65	52.2°	12.3°	47.7°	1.7°	298	0.33	1164	0.34	0.60
砂卵（砾）石 Q4	0.57	52.8°	4.9°	47.6°	2.1°	338	0.33	1021	0.31	0.89
壤土砂卵（砾）石 Q3	0.79	53.1°	9.7°	45.8°	2.2°	234	0.27	779	0.49	0.80

图 6.2.6 给出了初次蓄水后最大断面处模拟得到的大坝变形等值线。可以看出，最大沉降发生在坝高的 2/3 左右［见图 6.2.6（a）］。最大沉降值为 116cm，占坝高的 0.72%，在面板堆石坝的沉降极值范围内。在上游混凝土面板上的水压作用下，水平位移的总体趋势是向下游移动，最大幅度为 22cm［见图 6.2.6（b）］。

图 6.2.7 绘制了初次蓄水后混凝土面板挠度的分布，面板最大挠度为 33cm，发生在上游面板的中部。图 6.2.8 对比了计算和监测的初次蓄水后最大断面处大坝沉降及面板挠度。因为监测点 V3 - 2 处监测仪表在大坝完工前已损坏，沉降未进行测量，可以发现，计算得到的大坝沉降和面板挠度均与监测值基本一致。

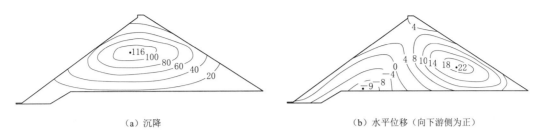

（a）沉降　　　　　　　　　　　　　　　　　（b）水平位移（向下游侧为正）

图 6.2.6　初次蓄水后坝体最大断面处变形分布（单位：cm）

图 6.2.9 将最大断面中间监测点 V2-3 处计算所得的沉降演化与监测数据进行了比较。结果表明，计算得到的 V2-3 点沉降演化与监测结果基本吻合。沉降在施工过程中有显著增加，在初次蓄水作用下增加不显著。由于计算时没有考虑堆石料的蠕变变形，计算出的沉降—时程曲线略低于图 6.2.9 中监测到的曲线。

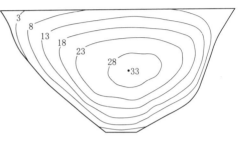

图 6.2.7　初次蓄水后面板挠度分布（单位：cm）

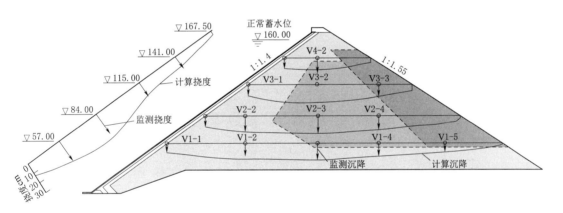

图 6.2.8　最大断面处坝体变形与面板挠度的计算值和监测结果对比

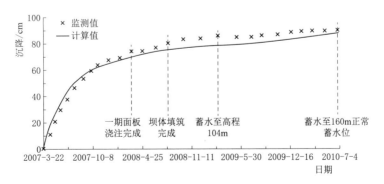

图 6.2.9　V2-3 测点处沉降—时程曲线

图 6.2.10 对比了计算的大坝沉降与初次蓄水后沿纵向截面 V—V 的监测数据。沉降值在监测点旁以分数形式表示，其中分子和分母分别表示监测值和计算值。可以看出，计算的各监测点（VC1～VC8）的沉降量与监测值接近。计算出的最大沉降几乎发生在断面的坝高中间。

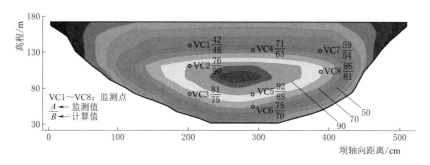

图 6.2.10　大坝沉降计算与初次蓄水后沿纵剖面 V—V 实测对比

一般而言，坝体的表观变形采用光学测量仪器（如全站仪等）监测，相较于通过施工期埋入堆石内部的侧斜管等监测，结果更加精确。图 6.2.11 给出了初次蓄水后坝体表面的水平位移，可以看出坝体表面不同部位的水平位移的数值和分布规律均与计算结果吻合。最大水平位移发生在大坝 2/3 高度附近。下游斜坡水平位移沿坝高方向的分布与面板挠度分布相似。

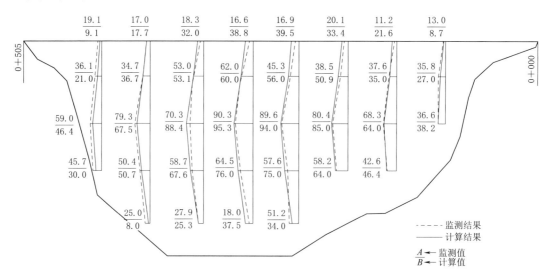

图 6.2.11　初次蓄水后下游坡面水平位移计算值与监测值对比（单位：mm）

6.2.4　考虑颗粒破碎的堆石料 hhu‐SH 模型工程应用

6.2.4.1　模型的有限元刚度矩阵

弹塑性理论包括两部分：塑性全量理论和塑性增量理论。由于岩土颗粒材料具有塑性变形不可逆的特性及应力历史路径相关的特点，其应力应变关系采用塑性增量理论描述更加合理。本构模型提出后，要将之运用于数值计算需要确定其应力应变刚度矩阵，给定一组应力增量，确定相应的应变增量各分量值。

塑性增量理论认为土的应变 $\{\varepsilon\}$ 由弹性应变 $\{\varepsilon^e\}$ 与塑性应变 $\{\varepsilon^p\}$ 两部分组成，具有如下关系：

$$\{\varepsilon\}=\{\varepsilon^e\}+\{\varepsilon^p\} \tag{6.2.18}$$

与之相对应，应变增量 $\{d\varepsilon\}$ 也具有类似的关系表达式：

$$\{d\varepsilon\}=\{d\varepsilon^e\}+\{d\varepsilon^p\} \tag{6.2.19}$$

式中：$\{d\varepsilon^e\}$ 为弹性应变增量，根据弹性理论求解；$\{d\varepsilon^p\}$ 为塑性应变增量，根据塑性增量理论求解。

弹性刚度矩阵 $[D_e]$ 见下式：

$$[D_e]=\frac{E}{(1+\nu)(1-2\nu)}\begin{bmatrix} (1-\nu) & \nu & \nu & 0 & 0 & 0 \\ \nu & (1-\nu) & \nu & 0 & 0 & 0 \\ \nu & \nu & (1-\nu) & 0 & 0 & 0 \\ 0 & 0 & 0 & \frac{(1-2\nu)}{2} & 0 & 0 \\ 0 & 0 & 0 & 0 & \frac{(1-2\nu)}{2} & 0 \\ 0 & 0 & 0 & 0 & 0 & \frac{(1-2\nu)}{2} \end{bmatrix} \tag{6.2.20}$$

式中：E 为材料的弹性模量；ν 为材料的泊松比。

弹塑性材料的刚度矩阵由弹性部分和塑性部分组成，其表达式为

$$[D_{ep}]=[D_e]+[D_p] \tag{6.2.21}$$

弹塑性应力应变关系可以写成：

$$\{d\sigma\}=[D_{ep}]\{d\varepsilon\} \tag{6.2.22}$$

式中：$\{d\varepsilon\}=\{d\varepsilon^e\}+\{d\varepsilon^p\}$。

下面推导弹塑性刚度矩阵 $[D_{ep}]$ 的表达式。塑性应变与应力的关系用屈服函数和硬化法则推导，对于屈服准则式：

$$f(\sigma_{ij})=F(H) \tag{6.2.23}$$

两边同时取微分，得

$$\left\{\frac{\partial f}{\partial \sigma}\right\}^T\{d\sigma\}=F'\left\{\frac{\partial H}{\partial \varepsilon^p}\right\}^T\{d\varepsilon^p\} \tag{6.2.24}$$

式 (6.2.24) 给出了 $\{d\sigma\}$ 和 $\{d\varepsilon^p\}$ 的关系式，但没有给出弹性和塑性分量的确定值，因此利用流动法则给出各塑性应变增量间的比例关系，确定塑性应变增量的各分量表达式。

改写式 (6.2.22) 得

$$\{d\sigma\}=[D_e]\{d\varepsilon\}-[D_e]\{d\varepsilon^p\} \tag{6.2.25}$$

联立式 (6.2.24)、式 (6.2.25)：

$$\left\{\frac{\partial f}{\partial \sigma}\right\}^{\mathrm{T}}[D_{\mathrm{e}}]\{\mathrm{d}\varepsilon\}=\left(F'\left\{\frac{\partial H}{\partial \varepsilon^{\mathrm{p}}}\right\}^{\mathrm{T}}+\left\{\frac{\partial f}{\partial \sigma}\right\}^{\mathrm{T}}[D_{\mathrm{e}}]\right)\{\mathrm{d}\varepsilon^{\mathrm{p}}\} \qquad (6.2.26)$$

由流动法则，认为塑性应变增量方向与塑性势面法线方向重合，即满足正交法则，表达式如下：

$$\{\mathrm{d}\varepsilon^{\mathrm{p}}\}=\mathrm{d}\lambda\left\{\frac{\partial g}{\partial \sigma}\right\} \qquad (6.2.27)$$

式中：$\mathrm{d}\lambda$ 为与塑性应变大小无关的比例常数；g 为塑性势函数。若材料屈服面与塑性势面重合，即 $f=g$，满足该条件的流动法则称为相关联流动法则；若 $f\neq g$，则称为非相关联流动法则。

将式（6.2.27）代入式（6.2.26）：

$$\left\{\frac{\partial f}{\partial \sigma}\right\}^{\mathrm{T}}[D_{\mathrm{e}}]\{\mathrm{d}\varepsilon\}=\mathrm{d}\lambda\left(F'\left\{\frac{\partial H}{\partial \varepsilon^{\mathrm{p}}}\right\}^{\mathrm{T}}+\left\{\frac{\partial f}{\partial \sigma}\right\}^{\mathrm{T}}[D_{\mathrm{e}}]\right)\left\{\frac{\partial g}{\partial \sigma}\right\} \qquad (6.2.28)$$

化简得

$$\mathrm{d}\lambda=\frac{\left\{\frac{\partial f}{\partial \sigma}\right\}^{\mathrm{T}}[D_{\mathrm{e}}]\{\mathrm{d}\varepsilon\}}{\left(F'\left\{\frac{\partial H}{\partial \varepsilon^{\mathrm{p}}}\right\}^{\mathrm{T}}+\left\{\frac{\partial f}{\partial \sigma}\right\}^{\mathrm{T}}[D_{\mathrm{e}}]\right)\left\{\frac{\partial g}{\partial \sigma}\right\}} \qquad (6.2.29)$$

将式（6.2.29）中 $\mathrm{d}\lambda$ 表达式代入式（6.2.27）得塑性应变增量与总应变增量的比例关系：

$$[\mathrm{d}\varepsilon^{\mathrm{p}}]=\frac{\left\{\frac{\partial g}{\partial \sigma}\right\}^{\mathrm{T}}\left\{\frac{\partial f}{\partial \sigma}\right\}[D_{\mathrm{e}}]}{\left(F'\left\{\frac{\partial H}{\partial \varepsilon^{\mathrm{p}}}\right\}^{\mathrm{T}}+\left\{\frac{\partial f}{\partial \sigma}\right\}^{\mathrm{T}}[D_{\mathrm{e}}]\right)\left\{\frac{\partial g}{\partial \sigma}\right\}}\{\mathrm{d}\varepsilon\} \qquad (6.2.30)$$

将式（6.2.30）代入式（6.2.25）：

$$[D_{\mathrm{ep}}]=[D_{\mathrm{e}}]-\frac{[D_{\mathrm{e}}]\left\{\frac{\partial g}{\partial \sigma}\right\}\left\{\frac{\partial f}{\partial \sigma}\right\}^{\mathrm{T}}[D_{\mathrm{e}}]}{A+\left\{\frac{\partial f}{\partial \sigma}\right\}^{\mathrm{T}}[D_{\mathrm{e}}]\left\{\frac{\partial g}{\partial \sigma}\right\}} \qquad (6.2.31)$$

$$A=F'\left\{\frac{\partial H}{\partial \varepsilon^{\mathrm{p}}}\right\}^{\mathrm{T}}\left\{\frac{\partial g}{\partial \sigma}\right\} \qquad (6.2.32)$$

其中 A 为反映硬化特性的一个变量，与硬化参数 H 取值有关。结合第 5 章中考虑颗粒破碎的 hhu-SH 模型的具体形式可以求出 $\left\{\frac{\partial g}{\partial \sigma}\right\}$ 与 $\left\{\frac{\partial f}{\partial \sigma}\right\}$ 表达式如下：

$$\frac{\partial f}{\partial \sigma_{ij}}=\frac{\partial f}{\partial p}\frac{\partial p}{\partial \sigma_{ij}}+\frac{\partial f}{\partial q}\frac{\partial q}{\partial \sigma_{ij}} \qquad (6.2.33)$$

$$\frac{\partial f}{\partial p}=\left(1-\frac{1}{n}\right)\left(\frac{q}{pk}\right)^{\frac{1}{n}}+1 \qquad (6.2.34)$$

$$\frac{\partial f}{\partial q}=\frac{1}{nk}\left(\frac{q}{pk}\right)^{\frac{1}{n}-1} \qquad (6.2.35)$$

$$\frac{\partial g}{\partial \sigma_{ij}}=\frac{\partial g}{\partial p}\frac{\partial p}{\partial \sigma_{ij}}+\frac{\partial g}{\partial q}\frac{\partial q}{\partial \sigma_{ij}} \qquad (6.2.36)$$

$$\frac{\partial g}{\partial p}=\frac{M}{\omega}-\frac{q}{p} \tag{6.2.37}$$

$$\frac{\partial g}{\partial q}=1 \tag{6.2.38}$$

式（6.2.37）中，$\omega=1-\dfrac{a\theta_B}{(a+W_p)^2}$。

6.2.4.2 程序实现与收敛性

在某级荷载增量 $\{\Delta R\}$ 作用下，首先应确定各单元处于何种应力状态，由此确定采用弹性刚度矩阵 $[D_e]$ 还是弹塑性刚度矩阵 $[D_{ep}]$。如图 6.2.12 所示，一个单元的应力状态变化可能包括三种：弹性→弹性、塑性→塑性和弹性→塑性状态。程序实现流程见图 6.2.13。

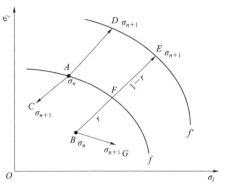

图 6.2.12　几种加载状态

值得注意的是，对于各向同性的硬化材料，H_0 为历史上曾达到的最大硬化参量。屈服面函数 $f=f(\sigma_{ij},H(\varepsilon^p))=0$，试探函数 $F=f(\sigma_{ij},H_0)\neq0$。

1. 弹性状态，刚度矩阵用弹性刚度矩阵

加载后进入弹性区，如图 6.2.12 所示 f 为屈服面，初始应力点可能在 f 上任意点：若初始点在 A，继续加载后落入屈服面内（$A\to C$），则该单元用弹性矩阵 $[D_e]$；若初始点在 B，即初始应力在屈服面以内，加载后仍在屈服面以内（$B\to G$），则该单元也用弹性矩阵 $[D_e]$。

2. 塑性屈服状态，刚度矩阵用弹塑性刚度矩阵

初始应力点（A）在屈服面 f 上，加载后到达另一个屈服面 f' 上（$A\to D$），该过程发生塑性变形，用弹塑性矩阵 $[D_{ep}]$。

3. 弹塑性屈服状态，刚度矩阵用弹性刚度矩阵和弹塑性刚度矩阵

初始应力点在屈服面以内（B），加载后由点 F 超过原屈服面 f 达到新的屈服面 $f'(E)$。该加载过程一部分落在屈服面内（$B\to F$），用弹性劲度矩阵 $[D_e]$；另一部分落在塑性区（$F\to E$），用弹塑性劲度矩阵 $[D_{ep}]$。因此存在确定临界点 F 位置的问题。

假定 BE 是一条直线，F 是 BE 与初始屈服面 f 的交点，B 点应力为 $\{\sigma\}_B$，E 点应力为 $\{\sigma\}_E=\{\sigma\}_B+\Delta\sigma$。由两个屈服面间的应力增量路径无关，因此对于直线 BE：BF 段各应力分量的增量 $\{\Delta\sigma'\}$ 与 BE 段各应力分量的增量 $\{\Delta\sigma\}$ 成比例：

$$\{\Delta\sigma'\}=r\{\Delta\sigma\} \tag{6.2.39}$$

r 由式（6.2.41）确定：

$$r=\frac{F(\sigma_F)-F(\sigma_B)}{F(\sigma_E)-F(\sigma_B)} \tag{6.2.40}$$

由屈服准则：$F(\sigma_F)=F(H_0)=0$，H_0 为已知的历史硬化参数，式（6.2.41）改写为

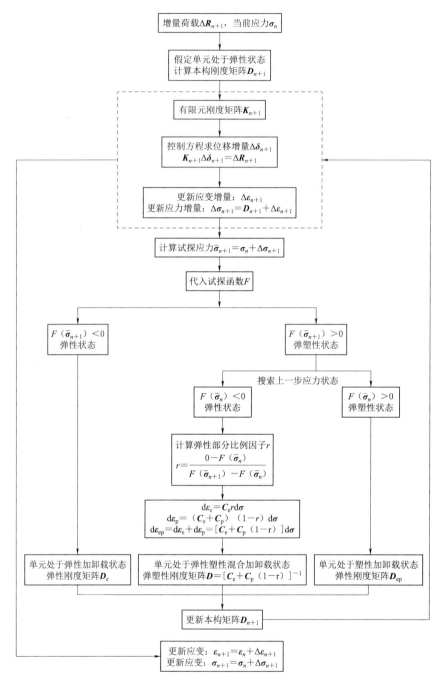

图 6.2.13　hhu - SH 模型程序实现流程图

$$r = \frac{0 - F(\sigma_{\mathrm{B}})}{F(\sigma_{\mathrm{E}}) - F(\sigma_{\mathrm{B}})} \qquad (6.2.41)$$

r 值已知，可得 F 点应力 $\{\sigma\}_{\mathrm{E}} = \{\sigma\}_{\mathrm{B}} + r\Delta\sigma$。

hhu - KG 模型的有限元程序实现部分代码见附录 A。

将滩坑面板堆石坝典型断面二维有限元网格模型的变形指标设为 H_i，计算荷载增量步设为 $\Delta\varepsilon_i$，相邻两次增量步计算结果的变化量设为 δ_i。为探究该程序实现 hhu-SH 模型的收敛性，改变加载步的值改变中点增量法中的增量大小，荷载增量步越大、则增量步长越小、计算越精细。

将 $\Delta\varepsilon_i$ 初值设为 1，每次计算后 $\Delta\varepsilon_{i+1}=\Delta\varepsilon_i+1$。以坝体竖向位移值为例，荷载增量步为 i 时，坝体竖向位移值为 H_i；荷载增量步为 $i+1$ 时，坝体竖向位移值为 H_{i+1}。计算相邻增量步计算结果的变化量 $\delta_{i+1}=(H_{i+1}-H_i)/H_i\times100\%$，随后荷载增量步加 1。假设变化量 $\delta_i<5.0\times10^{-3}$ 时计算收敛，则竖向沉降值、顺河向水平位移值收敛时对应得荷载增量步 $\Delta\varepsilon_i=5$，认为当荷载增量步大于 5 时模型预测结果趋于稳定。

将收敛性验证试验拓展至其他变形指标，如图 6.2.14～图 6.2.16 所示，$\Delta\varepsilon_i\geqslant5$ 结果趋于稳定。因此在后续计算三维有限元网格模型时，取 $\Delta\varepsilon_i=5$ 所得结果是合适的。

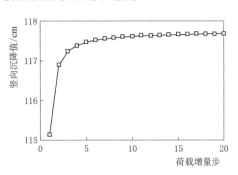

图 6.2.14 竖向沉降随荷载增量步变化图

6.2.4.3 模型参数和结果分析

本书基于不同坝料分区的三轴试验结果分别标定材料考虑颗粒破碎的 hhu-SH 模型参数和 E-B 模型参数。其中，考虑破碎的 hhu-SH 模型采用粒子群优化算法对滩坑面板堆石坝主堆石区、次堆石区、垫层、过渡料、砂砾料及覆盖层（Q3、Q4）三轴试验数据进行拟合，结果如图 6.2.17 所示，优化得到的模型参数结果列于表 6.2.4。

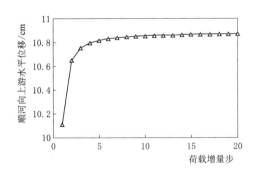

图 6.2.15 顺河向上游水平位移随荷载增量步变化图

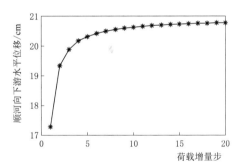

图 6.2.16 顺河向下游水平位移随荷载增量步变化图

表 6.2.4　　　　滩坑面板堆石坝各材料分区 hhu-SH 模型参数

材料类型	M_f	m_f	M	K_b	a	θ_B	m	υ	β
Q3	2.089	1.270	0.948	1600	6724.4	3177.5	0.480	0.200	0.005
Q4	1.928	1.270	1.542	1600	5248.8	291.53	0.511	0.200	0.001
主堆石	2.085	1.270	1.514	1600	7503.3	759.74	0.537	0.200	0.222

材料类型	M_f	m_f	M	K_b	a	θ_B	m	υ	β
次堆石	1.690	1.270	1.706	1600	729.9	83.63	2.511	0.200	0.257
砂砾石	1.628	1.270	1.253	1600	9217.4	2166.2	0.840	0.200	0.081
垫层料	2.810	1.270	1.116	1600	10737	3749.4	0.415	0.200	0.087
过渡料	2.248	1.270	1.363	1600	31860	5104.5	0.234	0.200	0.161

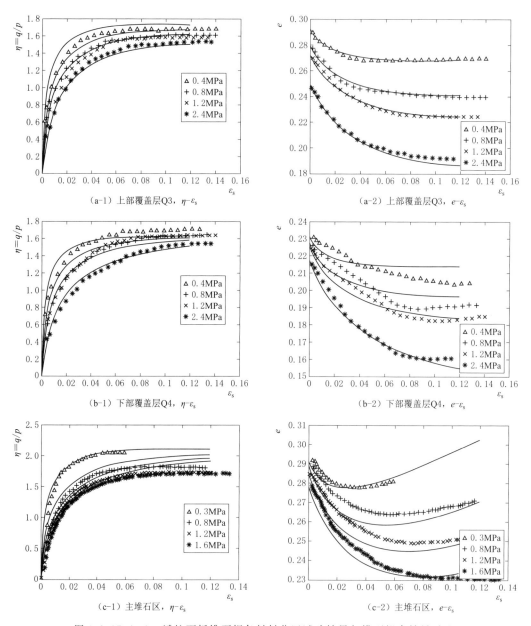

图 6.2.17（一）　滩坑面板堆石坝各材料分区试验结果与模型拟合结果对比

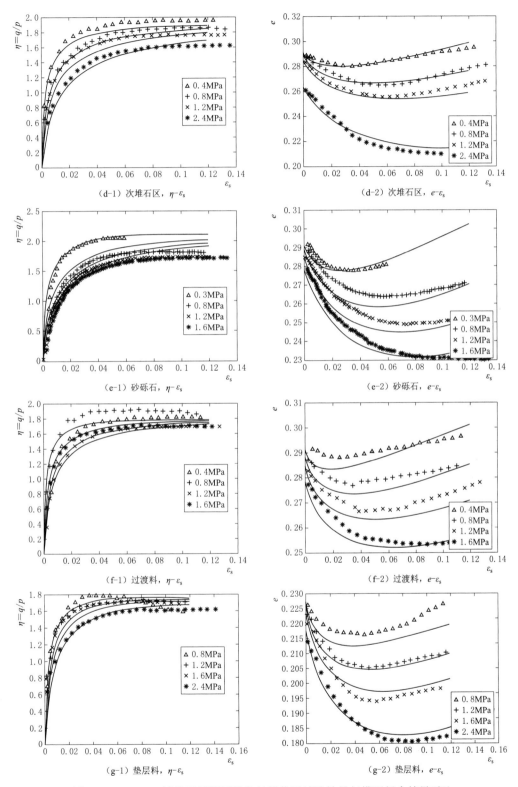

图 6.2.17（二） 滩坑面板堆石坝各材料分区试验结果与模型拟合结果对比

与考虑颗粒破碎的 hhu‐SH 模型进行对比的模型采用了邓肯 E‐B 模型，坝料分区对应的材料参数见表 6.2.5。

表 6.2.5   滩坑面板堆石坝各材料分区的 Duncan E‐B 模型试验参数

材料类型	R_f	K	n	K_b	m	K_{ur}	n_{ur}
Q3	0.804	700	0.38	240	0.39	875	0.38
Q4	0.855	1000	0.35	400	0.23	1250	0.35
主堆石	0.889	1060	0.44	480	0.13	1325	0.44
次堆石	0.889	1060	0.44	480	0.13	1325	0.44
砂砾石	0.821	1150	0.33	610	0.16	1437.5	0.33
垫层料	0.823	1340	0.42	940	0.07	1675	0.42
过渡料	0.886	1440	0.44	920	0.18	1800	0.44

竣工期坝体变形极值见表 6.2.6。图 6.2.18 给出了考虑破碎的 hhu‐SH 及邓肯 E‐B 两种模型计算的竣工期面板堆石坝的水平位移等值线图。由于地基覆盖层在上游靠近面板的部分挖除，并以较硬的堆石料填充，且上游基坑水位较低对位移影响较小，故坝体顺河向上游水平位移与顺河向下游水平位移量级相同，考虑破碎的 hhu‐SH 模型计算的最大向上游水平位移 16cm、最大向下游水平位移 14cm；邓肯 E‐B 模型计算的最大向上游水平位移 18cm、最大向下游水平位移 18cm。

表 6.2.6   竣工期坝体变形极值

计算模型	hhu‐SH 模型	邓肯 E‐B 模型	变化量
最大沉降/cm	90	60	33.3%
最大沉降与坝高比值/%	0.56	0.38	—
向上游最大水平位移/cm	−16.0	−18.0	−12.5%
向下游最大水平位移/cm	14.0	18.0	−28.6%

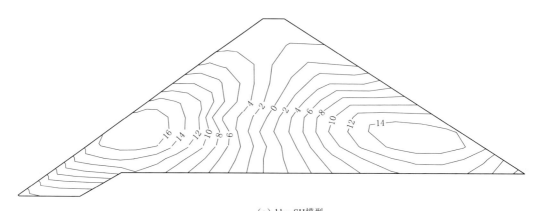

（a）hhu‐SH模型

图 6.2.18（一） 竣工期面板堆石坝顺河向水平位移（单位：cm）

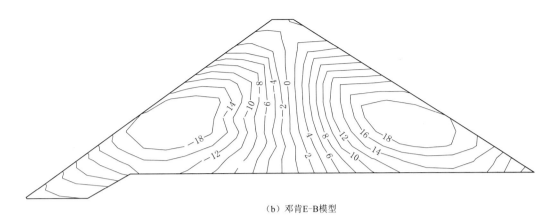

（b）邓肯E-B模型

图 6.2.18（二） 竣工期面板堆石坝顺河向水平位移（单位：cm）

图 6.2.19 给出了 hhu-SH 及邓肯 E-B 两种模型计算的竣工期面板堆石坝的竖向沉降等值线图。显然，hhu-SH 模型计算得到的坝体最大竖向沉降为 90cm，占面板堆石坝最大坝高的 0.56%；邓肯 E-B 模型计算得到的坝体最大竖向沉降为 60cm，占面板堆石坝最大坝高的 0.38%。

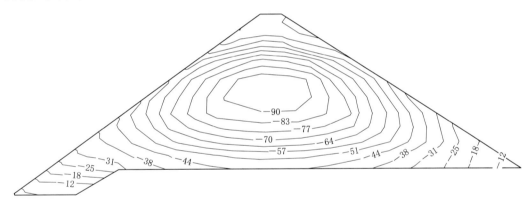

（a）hhu-SH模型

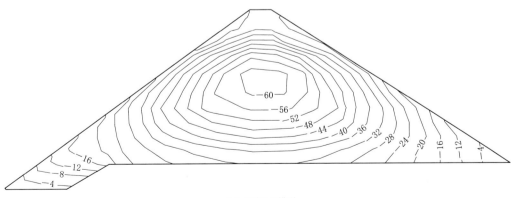

（b）邓肯E-B模型

图 6.2.19 竣工期面板堆石坝竖向沉降（单位：cm）

蓄水期坝体变形极值见表 6.2.7。图 6.2.20（a）和图 6.2.20（b）给出了考虑破碎的 hhu-SH 及邓肯 E-B 两种模型计算的蓄水期面板堆石坝的水平位移等值线图。hhu-SH 模型计算的最大向上游水平位移 8cm、最大向下游水平位移 18cm；邓肯 E-B 模型计算的最大向上游水平位移 2cm、最大向下游水平位移 24cm。

表 6.2.7　　　　　　　　　　　　蓄水期坝体变形极值

数据来源	hhu-SH 模型	邓肯 E-B 模型	现场监测
最大沉降/cm	103.8	65	96.0
最大沉降与坝高比值/%	0.65	0.41	0.6
向上游最大水平位移/cm	−8.0	−2.0	−7.7
向下游最大水平位移/cm	18.0	24.0	15.6

图 6.2.20（c）为面板堆石坝顺河向水平位移的 hhu-SH 模型预测值、邓肯 E-B 模型预测值与现场监测分布值对比图。由图 6.2.20（c）可知：hhu-SH 模型的预测结果数值上与实测结果更接近，但位移极值分布有细微区别，而邓肯 E-B 模型预测的顺河向水平位移无论是数值还是分布情况与实测值都相差较大。

图 6.2.21（a）和图 6.2.21（b）给出了 hhu-SH 及邓肯 E-B 两种模型计算的蓄水期面板堆石坝的竖向沉降等值线图。hhu-SH 模型计算得到的蓄水期面板堆石坝最大竖

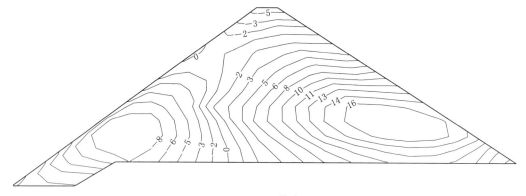

（a）hhu-SH模型

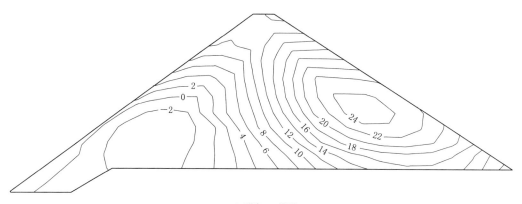

（b）邓肯E-B模型

图 6.2.20（一）　蓄水期面板堆石坝顺河向水平位移（单位：cm）

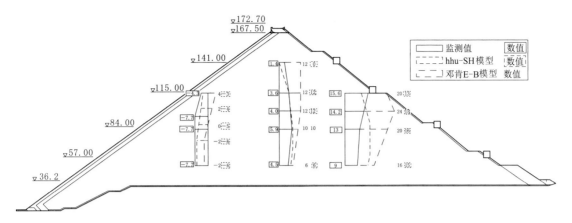

（c）现场监测对比

图 6.2.20（二） 蓄水期面板堆石坝顺河向水平位移（单位：cm）

向沉降为 103.8cm，占面板堆石坝最大坝高的 0.65%；邓肯 E-B 模型计算得到的最大竖向沉降为 65cm，占面板堆石坝最大坝高的 0.41%。

图 6.2.21（c）中将两种模型预测的面板堆石坝竖向位移分布与工程现场位移计监测值进行对比，可见 hhu-SH 模型预测值与现场实测的竖向沉降在数值和分布情况都较为

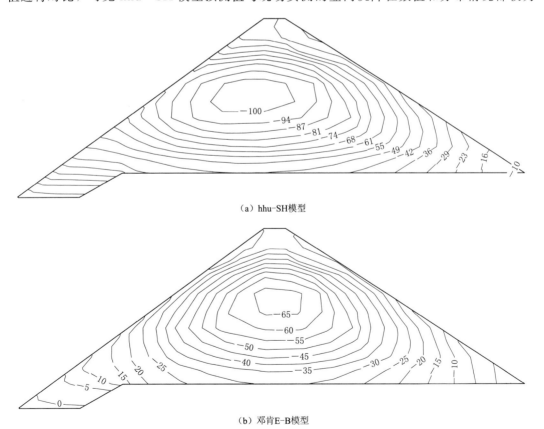

（a）hhu-SH模型

（b）邓肯E-B模型

图 6.2.21（一） 蓄水期面板堆石坝竖向沉降（单位：cm）

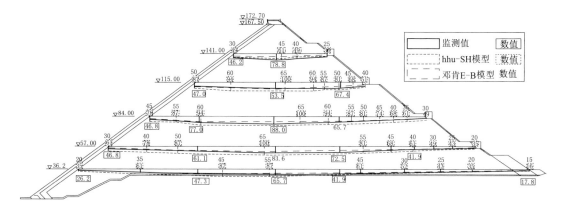

图 6.2.21（二）　蓄水期面板堆石坝竖向沉降（单位：cm）

接近，邓肯 E－B 模型预测竖向沉降分布情况与实测值也比较接近，但其数值偏小，最大竖向沉降为 65mm，比实测值小 32.3%。

现场监测结果以 2009 年 6 月 28 日测值为基准值、以一次、二次面板各自完成浇筑时间为基准值日期，根据 0＋273.0 断面内部水平、垂直位移计面板下方测点的测值及面板顶部表面水平、垂直位移测点的测值绘制运行期面板挠度分布与 hhu－SH 模型、邓肯 E－B 模型预测面板挠度分布见图 6.2.22（c）。

挠度极值对比见表 6.2.8。hhu－SH 模型的预测结果中，滩坑面板堆石坝 0＋273 断面在蓄水期挠度最大值为 31.8cm，占坝高 0.20%；邓肯 E－B 模型预测结果中面板挠度最大值 22cm，占坝高的 0.14%；现场监测面板挠度最大值 33.8cm，占坝高 0.21%。

表 6.2.8　　　　　　　　　　　　蓄水期面板挠度极值对比

数据来源	hhu－SH 模型	邓肯 E－B 模型	现场监测
面板最大挠度/cm	31.8	22	33.8
最大挠度与坝高比值/%	0.20	0.14	0.21

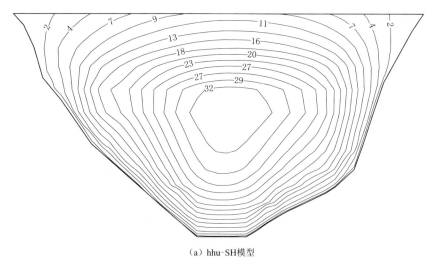

（a）hhu-SH模型

图 6.2.22（一）　蓄水期面板挠度分布（单位：cm）

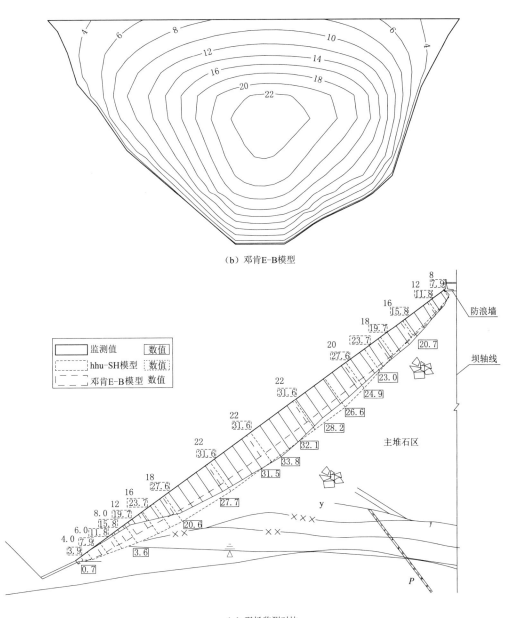

（b）邓肯E-B模型

（c）现场监测对比

图 6.2.22（二）　蓄水期面板挠度分布（单位：cm）

　　由图 6.2.22（a）和图 6.2.22（b）面板挠度分布情况可知，hhu-SH 模型计算的面板挠度比邓肯 E-B 模型计算值大，而两种模型计算的挠度分布情况相似。现场监测的挠度分布规律与预测结果相似，其挠度最大值均出现在 1/2 坝高处，且最大挠度为 33.8cm，与 hhu-SH 模型计算最大面板挠度 31.8cm 接近。

　　表 6.2.9 给出了模型预测的垂直缝、周边缝最大开度值与现场监测极值对比情况。图 6.2.23 和图 6.2.24 分别给出了两种模型计算和现场监测得到的面板堆石坝在蓄水期的垂直缝张开值分布及周边缝张开值分布。

表 6.2.9　　　　　　　　　　面板垂直缝、周边缝最大开度对比

数据来源	hhu-SH 模型	邓肯 E-B 模型	现场监测
垂直缝最大开度/mm	6.0	0.7	21.9
周边缝最大开度/mm	25	25.4	37.11

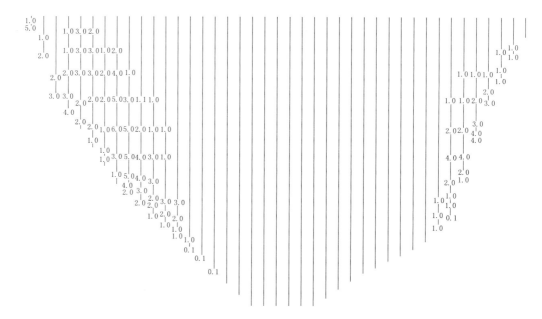

（a）hhu-SH模型

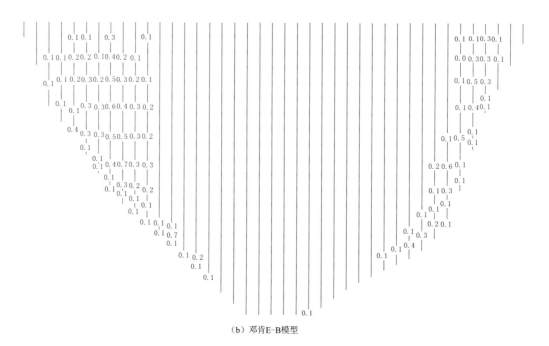

（b）邓肯E-B模型

图 6.2.23（一）　面板垂直缝张开值（单位：mm）

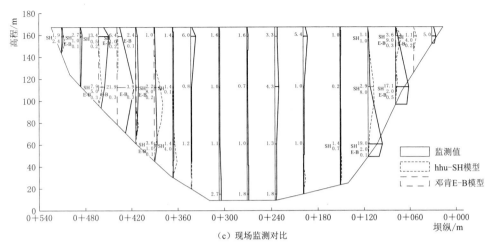

（c）现场监测对比

图 6.2.23（二）　面板垂直缝张开值（单位：mm）

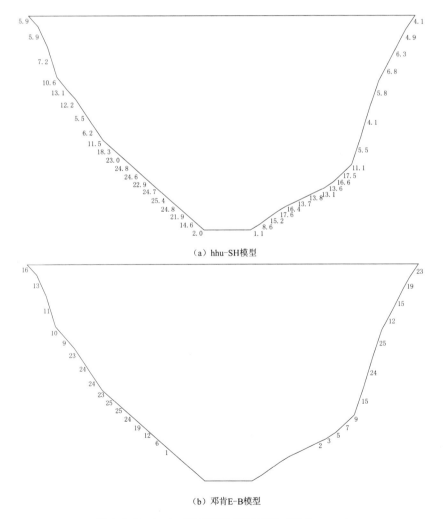

（a）hhu-SH模型

（b）邓肯E-B模型

图 6.2.24（一）　面板周边缝张开值（单位：mm）

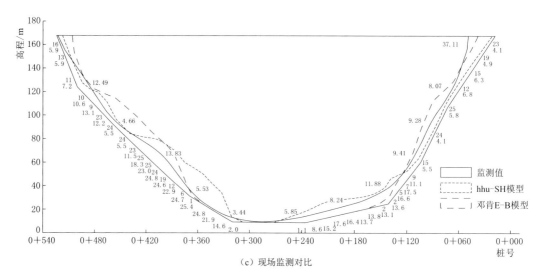

（c）现场监测对比

图 6.2.24（二）　面板周边缝张开值（单位：mm）

（1）垂直缝。hhu-SH 模型、邓肯 E-B 模型计算所得垂直缝张开值分布与现场监测情况相差较大。由图 6.2.23（a）hhu-SH 模型计算垂直缝张拉区主要分布在 0+030～0+120 坝段和 0+360～0+500 坝段，最大张开值在 0+440 坝段靠近趾板位置，值为 6.0mm；由图 6.2.23（b），邓肯 E-B 模型算垂直缝张拉区主要分布在 0+030～0+180 坝段和 0+360～0+520 坝段，最大张开值在 0+420 坝段 1/4 坝高靠下，值为 0.7mm；图 6.2.23（c）显示，现场监测面板垂直缝张开值分布在 0+040～0+120 坝段和 0+330～0+520 坝段，最大张开值在 0+430 坝段 1/2 坝高靠下处，值为 21.9mm。

（2）周边缝。由图 6.2.24 可知周边缝分布情况，左岸 0+350～0+400 坝段周边缝张开较大；hhu-SH 模型、邓肯 E-B 模型计算所得周边缝张开值分布与现场监测情况相差较大。由图 6.2.24（a），hhu-SH 模型计算周边缝张拉区主要分布在 0+030～0+120 坝段和 0+360～0+500 坝段，最大张开值在 0+440 坝段靠近趾板位置，值为 25mm；图 6.2.24（b）显示，邓肯 E-B 模型算周边缝张拉区主要分布在 0+030～0+180 坝段和 0+360～0+520 坝段，最大张开值在 0+420 坝段靠近趾板位置，值为 25.4mm。

图 6.2.24（c）给出了两种模型计算得到的周边缝张开值分布及其与现场监测值的对比情况。由图 6.2.24（c）可知：hhu-SH 模型与邓肯 E-B 模型计算周边缝最大张开值相近，而现场监测的周边缝张拉区主要分布在右坝肩和靠左岸 0+380～0+400 坝段，最大张开值为 37.11mm，与模型预测结果存在一定差异。

附录 本构模型部分源代码

附录 A　hhu‑SH 基本模型主要程序段

```
SUBROUTINE DMATP15(IE, KM, D)
    USE COMM
    IMPLICIT NONE
    INTEGER:: IE,KM,J,K,L,LK
    REAL(KIND=8), DIMENSION (6):: ST,SS,DF,dfe,ss0,DG
    REAL(KIND=8), DIMENSION (6,6):: CE,CP,CT,TP,C,D
    REAL(KIND=8)::BL,BK,BE,BM,BMF,BC,BF,EE,VV,S0, &
                  R1, R2, R3, QP, DL, X1, ALF, RW, &
                  PM, BT, DATAF, BS, DS, FRI, BN, PK, D0, MC
CE=0
CP=0
CT=0
C=0
D=0
BE=CS(KM,1)                    ! e₀
PM=CS(KM,2)                    ! m
BT=CS(KM,3)                    ! t
Bl=CS(KM,4)                    ! λ
BK=CS(KM,5)                    ! κ
VV=CS(KM,6)                    ! ν
BS=CS(KM,10)/RAD               ! ψ₀
DS=CS(KM,11)/RAD               ! Δψ
BF=CS(KM,12)/RAD               ! φ₀
DATAF=CS(KM,13)/RAD            ! Δφ
X1=PLS(IE,1)
S0=STS(IE,10)                  ! p
IF(S0<0.1*PAR)S0=0.1*PAR
FRI=BF-DATAF*log(S0/PAR)/log(10.0)
BMF=6*sin(FRI)/(3-sin(FRI))
FRI=BS-DS*log(S0/PAR)/log(10.0)
BM=6*sin(FRI)/(3-sin(FRI))
EE=3.0*(1.0-2.0*VV)*(1.0+BE)*S0/BK
CALL DMATE(EE,VV,D)
IF(LDG(IE)==-1) THEN
    RETURN
```

对应公式框:

$$\varphi = \varphi_0 - \Delta\varphi \lg \frac{p}{p_a}$$

$$M_f = \frac{6\sin\varphi}{3-\sin\varphi}$$

$$\psi = \psi_0 - \Delta\psi \lg \frac{p}{p_a}$$

$$M = \frac{6\sin\psi}{3-\sin\psi}$$

$$E = \frac{3(1-2\nu)(1+e_0)p}{\kappa}$$

```
END IF
DO L=1,6
    DF(L)=0.0
    SS(L)=STS (IE, L)
    SS0(L)=STR (IE, L)
END DO
BN=1/(1+PM)
PK=PM * * BN * BMF
CALL SH_MODEL (BN, PK, BT, BL, PM, BM, SS0, SS, DF, DG)
QP=STS(IE,12)
IF(QP>=BMF) QP=0.99 * BMF
DO J=1,6
    DO K=1,6
        CT (J, K)=DG(J) * DF(K)
    END DO
END DO
CALL MATRIX_M3(D,6, 6, CT, 6, 6, D, 6, 6, CP)
DFE=matmul(DF,D)
R1=dot_product(DFE,DG)
R2=(BMF * * (PM+1)-QP * * (PM+1))/(BM * * (PM+1)-QP * * (PM+1)) * (BM/BMF) * * (PM+1)

R3=DG(1)+DG(2)+DG(3)
DL=1/(R1+R2 * R3)
X1=1.0-X1
DO J=1,6
    DO K=1,6
        CP(J, K)=X1 * CP(J,K) * DL
    END DO
END DO
ALF=1.0
DO
    LK=0
    DO L=1,6
        RW=D (L, L)-ALF * CP(L,L)
        IF(RW>0.0) CYCLE
        LK=1
        EXIT
    END DO
    IF(LK==0) EXIT
    ALF=0.9 * ALF
END
DO J=1,6
    DO K=1,6
        D (J, K)=D(J, K)-ALF * CP(J,K)
```

$$n = 1/(1+m)$$
$$k = \sqrt[m+1]{m} M_{\mathrm{f}}$$

$$DF = \frac{\partial f}{\partial \sigma_{ij}}, \ DG = \frac{\partial g}{\partial \sigma_{ij}}$$

$$[D_e] \left\{\frac{\partial g}{\partial \sigma}\right\} \left\{\frac{\partial f}{\partial \sigma}\right\}^{\mathrm{T}} [D_e]$$

$$H = \int \frac{M^{m+1}}{M_{\mathrm{f}}^{m+1}} \frac{M_{\mathrm{f}}^{m+1} - \eta^{m+1}}{M^{m+1} - \eta^{m+1}} \mathrm{d}\varepsilon_{\mathrm{v}}^{\mathrm{p}}$$

$$\frac{1}{A + \left\{\frac{\partial f}{\partial \sigma}\right\}^{\mathrm{T}} [D_e] \left\{\frac{\partial g}{\partial \sigma}\right\}}, \ A = F' \left\{\frac{\partial H}{\partial \varepsilon_{\mathrm{v}}^{\mathrm{p}}}\right\}^{\mathrm{T}} \left\{\frac{\partial g}{\partial p}\right\}$$

$$[D_{\mathrm{ep}}] = [D_e] - \frac{[D_e] \left\{\frac{\partial g}{\partial \sigma}\right\} \left\{\frac{\partial f}{\partial \sigma}\right\}^{\mathrm{T}} [D_e]}{A + \left\{\frac{\partial f}{\partial \sigma}\right\}^{\mathrm{T}} [D_e] \left\{\frac{\partial g}{\partial \sigma}\right\}}$$

```
    END DO
END DO
RETURN
END SUBROUTINE DMATP15


SUBROUTINE SH_MODEL(FN,FK,FT,FL,M,Md,SS0,SS,B,C)
    USE COMM
    IMPLICIT NONE
    INTEGER::L,KM
    REAL(KIND=8)::I1,I2,I3,J2,J3,PP,QQ,PP0,QQ0,M,Md,DIL
    REAL(KIND=8)::FN,FK,FT,FL,RR,DFP,DFQ,DFP1,DFP2,F2,DGP,DGQ
    REAL(KIND=8), DIMENSION(6)::SS0,SS,B,DP,DQ,C
    CALL INVARS (SS, I1,I2,I3,J2,J3,PP,QQ)
    CALL INVARS(SS0, I1,I2,I3,J2,J3,PP0,QQ0)
    IF(PP.LE.0.1*PAR) PP=0.1*PAR
    RR=FT*FL*(PP/PAR)**FL
    FN=1/FN
    F2=1+QQ**FN/(FK*PP)**FN
    DFP1=RR*FL/PP*(log(PP/PP0)+log(F2))
    DFP2=RR*(1/PP-FN/F2*(QQ/FK)**FN*PP**(-FN-1))
    DFP=DFP1+DFP2
    DFQ=RR*FN/F2*(FK*PP)**(-FN)*QQ**(FN-1)
    DIL=(M*Md**(M+1)-M*(QQ/PP)**(M+1))/(M+1)/(QQ/PP)**M
    DGP=DIL
    DGQ=1
    CALL DSGPQ(SS,DP,DQ)
    DO L =1,6
        B(L)=DFP*DP(L)+DFQ*DQ(L)
        C(L)=DGP*DP(L)+DGQ*DQ(L)
    END DO
    RETURN
END SUBROUTINE SH_MODEL
```

$$\frac{\partial f}{\partial \sigma_{ij}} = \frac{\partial f}{\partial p}\frac{\partial p}{\partial \sigma_{ij}} + \frac{\partial f}{\partial q}\frac{\partial q}{\partial \sigma_{ij}}$$

$$f = \ln\frac{p}{p_0} + \ln\left(1 + \frac{q^{\frac{1}{n}}}{k^{\frac{1}{n}}p^{\frac{1}{n}}}\right) - H = 0$$

$$\frac{\partial g}{\partial \sigma_{ij}} = \frac{\partial g}{\partial p}\frac{\partial p}{\partial \sigma_{ij}} + \frac{\partial g}{\partial q}\frac{\partial q}{\partial \sigma_{ij}}$$

$$\frac{\partial g}{\partial p} = \frac{mM^{m+1} - m\eta^{m+1}}{(m+1)\,\eta^{m}}$$

$$\frac{\partial g}{\partial q} = 1$$

附录 B hhu - KG 模型主要程序段

```
SUBROUTINE EVKG3(IE,KM,A,B,C,D)
    USE COMM
    IMPLICIT NONE
    INTEGER::IE,KM,I
    REAL(KIND=8)::PP,QQ,QP,DQQ,DPPP,FL,G1,G2,I1,I2,I3,J2,J3
    REAL(KIND=8)::A, B, C, D, FF, FO, LL, LO, M, Mf, K, J, G, GZ
    REAL(KIND=8)::KB,N1,KG,N2,MM,RF,FD,Sigma1,Sigma3
    REAL(KIND=8), DIMENSION(6,6)::CC
    REAL(KIND=8),DIMENSION(6)::SS0,SST
    KB=CS(KM,1)          ! $K_b$
    N1=CS(KM,2)          ! $n_1$
    KG=CS(KM,3)          ! $K_G$
    N2=CS(KM,4)          ! $n_2$
    MM=CS(KM,5)          ! $m$
    RF=CS(KM,6)          ! $R_f$
    FF=CS(KM,7)          ! $\Delta\phi$
    FO=CS(KM,8)          ! $\phi_0$
    LL=CS(KM,13)         ! $\Delta\psi$
    LO=CS(KM,12)         ! $\psi_0$
    DO I=1,6
        SS0(I)=STS(IE,I)                          ! 该单元应力( $\sigma_x,\sigma_y,\sigma_z,\tau_{xy},\tau_{yz},\tau_{zx}$ )
    END DO
    CALL TRNSFMS(SS0,SST,CC)                      ! 应力变换
    CALL INVARS(SST,I1,I2,I3,J2,J3,PP,QQ)
    IF(PP<PAR) PP=PAR
    M=FO-FF * LOG10(PP/PAR)
    M=6 * sin(M/180 * 3.14)/(3-sin(M/180 * 3.14))     ! 临胀应力比
    MF=LO-LL * LOG10(PP/PAR)
    MF=6 * sin(MF/180 * 3.14)/(3-sin(MF/180 * 3.14))  ! 峰值应力比
    QP=QQ/PP
    IF(QP<0.01) QP=0.01
    IF(QP>0.99 * MF) QP=0.99 * MF
    K=KB * PAR * (PP/PAR) * * n1    ! 体变模量
    IF(LDG(IE)==-1) THEN
        KG=CS(KM,11)
        G=KG * PAR * (PP/PAR) * * n2
        G=G * (1-Rf * QP/MF) * * 2
    ELSE
        G=KG * PAR * (PP/PAR) * * n2
        G=G * (1-Rf * QP/Mf) * * 2
```

体变模量公式：
$$K = K_b p_a \left(\frac{p}{p_a}\right)^{n_1}$$

$$G_{TC} = K_G p_a \left(\frac{p}{p_a}\right)^{n_2} \left(1 - R_f \frac{q}{M_f p}\right)^2$$

END IF
J＝(MM＊M＊＊(MM＋1)－MM＊QP＊＊(MM＋1))/(MM＋1)/QP＊＊MM　　　　　！剪胀关系

$$D = \frac{mM^{m+1} - m\eta^{m+1}}{(m+1)\,\eta^m}$$

GZ＝K＊G＊9/(K＊9－J＊K＊3＋G)/3　　　　　　　　　　　！剪切模量

$$G = \frac{KG_{\mathrm{TC}}\xi^2}{K\xi^2 - DK\xi + G_{\mathrm{TC}}}$$

J＝K＊G＊3/(J＊K＊3－G)　　　　　　　　　　　　　！耦合模量,默认三轴路径,$\xi＝3$

$$J = \frac{K\xi G_{\mathrm{TC}}}{DK\xi - G_{\mathrm{TC}}}$$

A＝K＊J＊＊2/(J＊＊2－3＊K＊GZ)　　　　　　　　！p－q 空间到一般应力空间转化公式中的 $\overline{K}$

B＝GZ＊J＊＊2/(J＊＊2－3＊K＊GZ)　　　　　　　　！p－q 空间到一般应力空间转化公式中的 $\overline{G}/3$

C＝3＊K＊GZ＊J/(J＊＊2－3＊K＊GZ)　　　　　　　！p－q 空间到一般应力空间转化公式中的 $\overline{J}$
D＝C
RETURN
END SUBROUTINE EVKG3

$$\overline{K} = K\,\frac{J^2}{J^2 - KG}$$

$$\overline{G} = G\,\frac{J^2}{J^2 - KG}$$

$$\overline{J} = \frac{KGJ}{J^2 - KG}$$

附录 C 考虑状态相关的 hhu – SH 模型主要程序段

```
SUBROUTINE DMATP16(IE,KM,D)
    USE COMM
    IMPLICIT NONE
    INTEGER::IE,KM,J,K,L,LK
    REAL(KIND=8),DIMENSION(6)::ST,SS,DF,DEF,SS0,DG
    REAL(KIND=8),DIMENSION(6,6)::CE,CP,CT,TP,C,D
    REAL(KIND=8)::BL,BK,BE,BM,BMF,BC,BF,EE,VV,S0,&
                  R1,R2,R3,QP,DL,X1,ALF,RW, &
                  PM,BT,DATAF,BS,DS,FRI,BN,PK,LMF,BMG,LMG,SDF, &
                  PCS,ITA_C,ITA_P,IT_C,IT_P,PRP,PR,NIF,KIF,ECS,EL,PL,E0,P0
        CE=0
        CP=0
        CT=0
        C=0
        D=0
        P0=CS(KM,1)                          ! p_L
        VV=CS(KM,3)                          ! ν
        BK=CS(KM,4)                          ! κ
        BMF=CS(KM,5)                         ! M_f
        LMF=CS(KM,6)                         ! m_f
        BMG=CS(KM,7)                         ! M_g
        LMG=CS(KM,8)                         ! m_g
        BL=CS(KM,9)                          ! λ
        BN=CS(KM,10)                         ! N
        SDF=CS(KM,11)                        ! Γ
        PCS=CS(KM,12)                        ! p_cs
        ITA_C=CS(KM,13)                      ! ζ_c
        ITA_P=CS(KM,14)                      ! ζ_p
        S0=STS(IE,10)
        QP=STS(IE,12)
        IF(S0. LE. 0. 1 * PAR)S0=0. 1 * PAR
        E0=VOD(IE)                           ! 初始孔隙比
        PR=(BN/E0) * * (1/BL)-P0
        PRP=(BN/E0) * * (1/BK)-P0
        BE=VOID(IE)                          ! 孔隙比
        NIF=1/(1+LMF)
        KIF=LMF * * NIF * BMF
        PL=S0 * (1+(QP/KIF) * * NIF)
```

$$p_r = \left(\frac{N}{e_L}\right)^{1/\lambda} - p_L$$

$$p_r' = \left(\frac{N}{e_L}\right)^{1/\kappa} - p_L$$

$$P_L = p\left[\left(\frac{\eta}{k_f}\right)^{n_f} + 1\right]$$

EE＝3.0 ∗ (1.0−2.0 ∗ VV) ∗ (1＋BE) ∗ (S0＋PRP) ∗ ∗ (BK＋1)/BK/BN

CALL DMATE(EE,VV,D)

IF(LDG(IE)＝＝−1)THEN

　RETURN

$$E = \frac{3(1-2\nu)(1+e)(p+p_r')^{\kappa+1}}{\kappa N}$$

END IF

ECS＝SDF/(S0＋PCS) ∗ ∗ BL

FRI＝BE−ECS

IT_C＝BMG ∗ (1＋ITA_C ∗ FRI)

IT_P＝BMG ∗ (1−ITA_P ∗ FRI)

$$e_{cs} = \frac{\Gamma}{(p+p_{cs})^{\lambda}}, \quad \psi = e - e_{cs}$$
$$\eta_c = M_g(\zeta_c\psi+1)$$
$$\eta_p = M(1-\zeta_p\psi)$$

DO L＝1,6

　DF(L)＝0.0

　SS(L)＝STS(IE,L)

END DO

CALL SD_MODEL_S1(NIF,KIF,IT_C,LMG,SS,DF,DG)

$$DF = \frac{\partial f}{\partial \sigma_{ij}}, \quad DG = \frac{\partial g}{\partial \sigma_{ij}}$$

DO J＝1,6

　DO K＝1,6

　　　CT(J,K)＝DG(J) ∗ DF(K)

　END DO

END DO

CALL MATRIX_M3(D,6,6,CT,6,6,D,6,6,CP)

$$\Phi = \frac{\eta_p^{m_g+1} - \eta^{m_g+1}}{\eta_c^{m_g+1} - \eta^{m_g+1}} \frac{1+e}{N\left[\dfrac{\lambda}{(p_L+p_r)^{\lambda+1}} - \dfrac{\kappa}{(p_L+p_r')^{\kappa+1}}\right]}$$

DFE＝MATMUL(DF,D)

R1＝DOT_PRODUCT(DFE,DG)

R2＝(IT_P ∗ ∗ (LMG＋1)−QP ∗ ∗ (LMG＋1))/((IT_C ∗ ∗ (LMG＋1)−QP ∗ ∗ (LMG＋1)))

R2＝R2/(BN/(1＋BE) ∗ (BL/(PL＋PR) ∗ ∗ (BL＋1)−BK/(PL＋PRP) ∗ ∗ (BK＋1)))

R3＝DG(1)＋DG(2)＋DG(3)

DL＝1/(R1＋R2 ∗ R3)

X1＝1.0−X1

DO J＝1,6

　DO K＝1,6

　　　CP(J,K)＝X1 ∗ CP(J,K) ∗ DL

$$\frac{[D_e]\left\{\dfrac{\partial g}{\partial \sigma}\right\}\left\{\dfrac{\partial f}{\partial \sigma}\right\}^{\mathrm{T}}[D_e]}{A + \left\{\dfrac{\partial f}{\partial \sigma}\right\}^{\mathrm{T}}[D_e]\left\{\dfrac{\partial g}{\partial \sigma}\right\}}$$

　END DO

END DO

ALF＝1.0

DO

　LK＝0

　DO L＝1,6

　　RW＝D(L,L)−ALF ∗ CP(L,L)

　　IF(RW＞0.0) CYCLE

　　LK＝1

　　EXIT

　END DO

　IF(LK＝＝0) EXIT

```
        ALF=0.9 * ALF
      END DO
      DO J=1,6
        DO K=1,6
            D(J,K)=D(J,K)−ALF * CP(J,K)
        END DO
      END DO
    RETURN
END SUBROUTINE DMATP16
```

$$[D_{\mathrm{ep}}] = [D_{\mathrm{e}}] - \frac{[D_{\mathrm{e}}]\left\{\dfrac{\partial g}{\partial \sigma}\right\}\left\{\dfrac{\partial f}{\partial \sigma}\right\}^{\mathrm{T}}[D_{\mathrm{e}}]}{A + \left\{\dfrac{\partial f}{\partial \sigma}\right\}^{\mathrm{T}}[D_{\mathrm{e}}]\left\{\dfrac{\partial g}{\partial \sigma}\right\}}$$

```
SUBROUTINE SD_MODEL_S1(NIF,KIF,ITC,MG,SS,DF,DG)
    USE COMM
    IMPLICIT NONE
    INTEGER:,:L
    REAL(KIND=8):,:I1,I2,I3,J2,J3,PP,QQ,QP,ITC,MG,DILT
    REAL(KIND=8):,:BE,BN,BL,BK,PL,PR,PRP,NIF,KIF,DP1,DFP,DFQ, &
                    DGP,DGQ
    REAL(KIND=8),DIMENSION(6):,: SS,DF,DP,DQ,DG
    CALL INVARS(SS,I1,I2,I3,J2,J3,PP,QQ)
    IF(S0.LE.0.1 * PAR)S0=0.1 * PAR
    QP=QQ/PP
    DP1=(QP/KIF) * * (1/NIF)
    DFP=1+(NIF−1)/NIF * DP1
    DFQ=1/NIF/QP * DP1
    DILT=MG * (ITC * * (MG+1)−QP * * (MG+1))/(MG+1)/QP * * MG
    DGP=DILT
    DGQ=1.0
    CALL DSGPQ(SS,DP,DQ)
    DO L =1,6
        DF(L)=DFP * DP(L)+DFQ * DQ(L)
        DG=DGP * DP(L)+DGQ * DQ(L)
    END DO
    RETURN
END SUBROUTINE SD_MODEL_S1
```

$$D = \frac{m_{\mathrm{g}}\eta_{\mathrm{c}}^{m_{\mathrm{g}}+1} - m_{\mathrm{g}}\eta^{m_{\mathrm{g}}+1}}{(m_{\mathrm{g}}+1)\,\eta^{m_{\mathrm{g}}}}$$

附录 D　考虑颗粒破碎的 hhu – SH 模型主要程序段

```
SUBROUTINE DMATP17(IE,KM,D)
    USE COMM
    IMPLICIT NONE
    INTEGER::IE,KM,J,K,L,LK
    REAL(KIND=8), DIMENSION(6)::ST,SS,DF,DFE,SS0,DG
    REAL(KIND=8), DIMENSION(6,6)::CE,CP,CT,TP,C,D
    REAL(KIND=8)::BL,BK,BE,BM,BMF,BC,BF,EE,VV,S0,&
                  R1, R2, R3, QP, DL, X1, ALF, RW, &
                  PM, BT, DATAF, BS, DS, FRI, BN, PK, LMF, BM2, LM2, &
                  SDF, PCS, ITA_C, ITA_P, IT_C, IT_P, PRP, PR, NIF, KIF, ECS, EL, &
                  PL, E0, P0, A, THA_B, BATA, STIF_B, ED, W, DIL, BR, WP
        CE=0
        CP=0
        CT=0
        C=0
        D=0
        STIF_B=CS(KM,1)                      ! Kb
        VV=CS(KM,2)                          ! v,泊松比
        BMF=CS(KM,4)                         ! Mf
        LMF=CS(KM,5)                         ! mf
        BM2=CS(KM,6)                         ! M
        LM2=CS(KM,7)                         ! m
        A=CS(KM,8)                           ! a
        THA_B=CS(KM,9)                       ! θB
        BATA_B=CS(KM,10)                     ! β
        X1=PLS(IE,1)                         ! 塑性比例因子 r,另一子程序计算
        S0=STS(IE,10)                        ! p
        QP=STS(IE,12)                        ! q/p
        IF(S0.LE.0.1*PAR)S0=0.1*PAR          ! PAR=101.3 kPa
        E0=VOD(IE)                           ! 初始孔隙比
        BE=VOID(IE)                          ! 孔隙比
        WP=PLA_WORK(IE)                      ! 塑性功
        EE=3.0*(1-2*VV)*STIF_B*PAR*(S0/PAR)**(1.0/3.0)
                                             ! 弹性模量
        CALL DMATE(EE,VV,D)                  ! 形成弹性刚度矩阵[De]

        IF(LDG(IE)==-1)THEN                  ! 屈服面以内
            RETURN
        END IF
        DO L=1,6
```

$$r = \frac{0 - F(\sigma_B)}{F(\sigma_E) - F(\sigma_B)}$$

```
  DF(L)=0.0
  SS(L)=STS(IE,L)
END DO
NIF=1.0/(1+LMF)
KIF=LMF**NIF*BMF
W=1−THA_B*A/(A+WP)**2
DIL=BM2/W−QP
BR=WP/(WP+A)
ED=(1−BR)**(1/LM2)*E0
CALL SD_MODEL_S2(NIF,KIF,DIL,SS,DF,DG)
DO J=1,6
  DO K=1,6
    CT(J,K)=DG(J)*DF(K)
  END DO
END DO
CALL MATRIX_M3(D,6,6,CT,6,6,D,6,6,CP)
DFE=MATMUL(DF,D)
R1=DOT_PRODUCT(DFE,DG)
R2=(1+LM2)*LM2*A*E0**LM2*(1+BE)**2*ED**−(2+LM2)    ! 硬化参数 H
R2=R2*(1+BATA/DIL)
R3=DG(1)+DG(2)+DG(3)
DL=1/(R1+R2*R3)
X1=1.0−X1
DO J=1,6
  DO K=1,6
    CP(J,K)=X1*CP(J,K)*DL
  END DO
END DO
ALF=1.0
DO
  LK=0
  DO L=1,6
    RW=D(L,L)−ALF*CP(L,L)
    IF(RW>0.0) CYCLE
    LK=1
    EXIT
  END DO
  IF(LK==0) EXIT
  ALF=0.9*ALF
END DO
DO J=1,6
  DO K=1,6
    D(J,K)=D(J,K)−ALF*CP(J,K)
  END DO
```

$$\omega = 1 - \frac{a\theta_{\mathrm{B}}}{(a+W_{\mathrm{p}})^2},\ D = \frac{1}{\omega}M-\eta$$

$$B_r = \frac{W_{\mathrm{p}}}{W_{\mathrm{p}}+a},\ 1-B_r = \left(\frac{e_{\mathrm{d}}}{e_0}\right)^m$$

$$DF = \frac{\partial f}{\partial \sigma_{ij}},\ DG = \frac{\partial g}{\partial \sigma_{ij}}$$

$$[D_{\mathrm{e}}]\left\{\frac{\partial g}{\partial \sigma}\right\}\left\{\frac{\partial f}{\partial \sigma}\right\}^{\mathrm{T}}[D_{\mathrm{e}}]$$

$$\frac{1}{A+\left\{\frac{\partial f}{\partial \sigma}\right\}^{\mathrm{T}}[D_{\mathrm{e}}]\left\{\frac{\partial g}{\partial \sigma}\right\}},\ A = F'\left\{\frac{\partial H}{\partial \varepsilon^P}\right\}^{\mathrm{T}}\left\{\frac{\partial g}{\partial \sigma}\right\}$$

$$[D_{\mathrm{ep}}] = [D_{\mathrm{e}}] - \frac{[D_{\mathrm{e}}]\left\{\frac{\partial g}{\partial \sigma}\right\}\left\{\frac{\partial f}{\partial \sigma}\right\}^{\mathrm{T}}[D_{\mathrm{e}}]}{A+\left\{\frac{\partial f}{\partial \sigma}\right\}^{\mathrm{T}}[D_{\mathrm{e}}]\left\{\frac{\partial g}{\partial \sigma}\right\}}$$

```
        END DO
        RETURN
END SUBROUTINE DMATP17
SUBROUTINE SD_MODEL_S2(NIF,KIF,DIL,SS,DF,DG)
    USE COMM
    IMPLICIT NONE
    INTEGER::L
    REAL(KIND=8)::I1,I2,I3,J2,J3,PP,QQ,QP,DIL
    REAL(KIND=8)::NIF,KIF,DP1,DFP,DFQ,DGP,DGQ
    REAL(KIND=8),DIMENSION(6)::SS,DF,DP,DQ,DG
    CALL INVARS(SS,I1,I2,I3,J2,J3,PP,QQ)
    IF (PP.LE.0.1*PAR) PP=0.1*PAR
    QP=QQ/PP
    DP1=(QP/KIF)**(1.0/NIF)
    DFP=1.0+(NIF-1)/NIF*DP1
    DFQ=1/NIF/QP*DP1
    DGP=DIL
    DGQ=1.0
    CALL DSGPQ(SS,DP,DQ)
    DO L=1,6
        DF(L)=DFP*DP(L)+DFQ*DQ(L)
        DG(L)=DGP*DP(L)+DGQ*DQ(L)
    END DO
    RETURN
END SUBROUTINE SD_MODEL_S2
```

$$\frac{\partial f}{\partial \sigma_{ij}} = \frac{\partial f}{\partial p}\frac{\partial p}{\partial \sigma_{ij}} + \frac{\partial f}{\partial q}\frac{\partial q}{\partial \sigma_{ij}}$$

$$\frac{\partial f}{\partial p} = \left(1-\frac{1}{n}\right)\left(\frac{q}{pk}\right)^{\frac{1}{n}}+1$$

$$\frac{\partial f}{\partial q} = \frac{1}{nk}\left(\frac{q}{pk}\right)^{\frac{1}{n}-1}$$

$$\frac{\partial g}{\partial \sigma_{ij}} = \frac{\partial g}{\partial p}\frac{\partial p}{\partial \sigma_{ij}} + \frac{\partial g}{\partial q}\frac{\partial q}{\partial \sigma_{ij}}$$

$$\frac{\partial g}{\partial p} = \frac{M}{\omega}-\frac{q}{p}$$

$$\frac{\partial g}{\partial q} = 1$$

参 考 文 献

保华富，屈智炯，1989. 粗粒料的湿化特性研究 [J]. 成都科技大学学报，43 (1)：23 - 30.

陈涛，王伟，殷殷，等，2018. 冻融循环条件下堆石料变形特性与抗剪强度试验研究 [J]. 水力发电学报，3 (38)：135 - 141.

陈志波，朱俊高，2010a. 宽级配砾质土三轴试验研究 [J]. 河海大学学报：自然科学版，38 (6)：704 - 710.

陈志波，朱俊高，刘汉龙，2010b. 宽级配砾质土应力路径试验研究 [J]. 防灾减灾工程学报，30 (6)：614 - 619.

陈志波，朱俊高，王强，2008. 宽级配砾质土压实特性试验研究 [J]. 岩土工程学报，30 (3)：446 - 449.

程展林，姜景山，丁红顺，等，2010. 粗粒土非线性剪胀模型研究 [J]. 岩土工程学报，32 (3)：460 - 467.

丁艳辉，袁会娜，张丙印，2013. 堆石料非饱和湿化变形特性试验研究 [J]. 工程力学，30 (9)：139 - 143.

费康，张永强，闻玮，2015. 含砾黏土压实及强度特性的实验研究 [J]. 地震工程学报，37 (S1)：12 - 16.

高莲士，汪召华，宋文晶. 非线性解耦 KG 模型在高面板堆石坝应力变形分析中的应用 [J]. 水利学报，2001，10：1 - 7.

高鹏，吴世勇，2012. 两河口水电站心墙防渗料掺砾试验 [J]. 水利水电科技进展，32 (5)：64 - 66.

顾淦臣，黄金明，1991. 混凝土面板堆石坝的堆石本构模型与应力变形分析 [J]. 水力发电学报 (01)：12 - 24.

胡骏峰，2015. 掺砾对击实黏土剪切断裂韧度的影响 [J]. 科学技术与工程 (19)：180 - 183.

吉恩跃，陈生水，朱俊高，等，2019. 不同掺砾量下砾石土抗拉强度试验研究 [J]. 岩土工程学报，41 (7)：1339 - 1344.

金磊，曾亚武，张森，2017. 块石含量及形状对胶结土石混合体力学性能影响的大型三轴试验 [J]. 岩土力学，38 (1)：141 - 149.

李方振，柳侃，陈志波，2016. 宽级配砾质土三轴渗透试验研究 [J]. 长江科学院院报，33 (1)：126 - 129.

李广信，1990. 堆石料的湿化试验和数学模型 [J]. 岩土工程学报，12 (5)：58 - 64.

李锡林，董艳萍，2009. 宽级配砾质土击实试验研究及压实质量控制方法探讨 [C]. 第一届堆石坝国际研讨会论文集. 成都：94 - 100.

李雨佳，2014a. 宽级配砾质土作为垃圾填埋场 GCLs 防渗衬垫保护层的保水性能研究 [D]. 银川：宁夏大学.

李雨佳，王红雨，唐少容，2014b. 压实宽级配砾质土干-湿循环效应研究 [J]. 岩土力学，35 (S2)：272 - 277.

李雨佳，王红雨，杨旭，2014c. 干-湿循环条件下压实宽级配砾质土 SWCC 研究 [J]. 人民黄河，36 (2)：107 - 108.

李云清，2015. 掺砾粘土静动力特性研究 [D]. 大连：大连理工大学.

刘恩龙，沈珠江，2005. 岩土材料的脆性研究 [J]. 岩石力学与工程学报，24 (19)：3449 - 3453.

刘斯宏，沈超敏，毛航宇，等，2019. 堆石料状态相关弹塑性本构模型［J］. 岩土力学，40（8）：2891 - 2898.

刘斯宏，邵东琛，沈超敏，等，2016，一个基于细观结构的粗粒料弹塑性本构模型［J］. 岩土工程学报，39（5）：777 - 783.

刘斯宏，汪易森，2009. 岩土新技术在南水北调工程中的应用研究［J］. 水利水电技术，40（8）：61 - 66.

刘斯宏，汪易森，臧德记，2011. 便携式现场和室内两用直剪仪的研制［J］. 岩土工程学报，32（6）：938 - 943.

刘斯宏，肖贡元，杨建州，等，2004. 宜兴抽水蓄能电站上库堆石料的新型现场直剪试验［J］. 岩土工程学报，26（6）：772 - 776.

刘勇林，李洪涛，黄鹤程，等，2014. 土石坝砾石土心墙料掺配及含水量调整技术［J］. 中国农村水利水电（11）：93 - 97.

卢廷浩，钱玉林，1996. 宽级配砾石土的应力路径试验及其本构模型验证［J］. 河海大学学报：自然科学版，24（2）：74 - 79.

罗仁辉，宋斌，何爱文，2011. 金沙江塔城水电站大坝黏土心墙掺合料特性研究［J］. 人民长江，42（23）：80 - 82.

吕海波，蒋文宇，柏章朋，等，2015. 含砾武鸣红黏土的击实性能与承载强度［J］. 工程勘察，43（9）：8 - 12.

马洪琪，2012. 糯扎渡水电站掺砾粘土心墙堆石坝质量控制关键技术［J］. 水力发电（9）：12 - 15.

马洪琪，赵川，2013. 糯扎渡水电站掺砾黏土心墙堆石坝基础理论与关键技术研究［J］. 水力发电学报，32（2）：208 - 212.

梅国雄，宰金珉，赵维炳，2003. 土体侧限压缩模量简易计算方法及其应用［J］. 岩土力学，24（6）：1057 - 1059.

孟广琳，张明远，李志军，等，2012. 渤海平整冰单轴抗压强度的研究［J］. 冰川冻土，9（4）：329 - 338.

穆彦虎，朱忻怡，岳攀，等，2018. 寒区大坝心墙土料冬季冻融与防控监测［J］. 冰川冻土，40（4）：120 - 127.

祁长青，王昭楷，李柳杨，2016. 温度和含冰量对冻结土石混合体力学特性的影响［J］. 工程地质学报，24（s1）：1112 - 1117.

任金明，2002. 土石坝心墙宽级配砾质土质量控制方法研究［D］. 大连：大连理工大学.

沈珠江，2004. 抗风化设计——未来岩土工程设计的一个重要内容［J］. 岩土工程学报（6）：866 - 869.

沈珠江，赵魁芝，1998. 堆石坝流变变形的反馈分析［J］. 水利学报（6）：1 - 6.

石北啸，蔡正银，陈生水，2016. 温度变化对堆石料变形影响的试验研究［J］. 岩土工程学报，38（S2）：299 - 305.

史新，庞康，李旭，等，2018. 宽级配砾质土防渗性能研究［J］. 岩土工程学报，40（S2）：189 - 193.

孙国亮，孙逊，张丙印，2009. 堆石料风化试验仪的研制及应用［J］. 岩土工程学报，31（9）：1462 - 1466.

孙陶，高希章，2005. 考虑土体剪胀性和应变软化性的 KG 模型［J］. 岩土力学，26（9）：1369 - 1373.

索丽生，刘宁，关志诚，2014. 水工设计手册［M］. 北京：中国水利水电出版社.

汪小刚，2018. 高土石坝几个问题探讨［J］. 岩土工程学报，40（2）：203 - 222.

王琛，何鹏，詹传妮，等，2011. 掺砾黏土蠕变性质的三轴试验［J］. 四川大学学报：工程科学版，43（4）：52 - 56.

王海俊，殷宗泽，2007. 堆石料长期变形的室内试验研究［J］. 水利学报（8）：914 - 919.

王红雨，唐少容，邢毓航，等，2015b. 冻融循环作用下宽级配砾质土的渗透特性［J］. 工程地质学报，

23（3）：498－504.

王红雨，张学科，杨燕伟，2010. 宽级配砾石土作为 GCLs/GM 防渗垫保护层的可行性研究 ［J］. 水文地质工程地质，37（5）：102－107.

王红雨，朱洁，李雨佳，等，2015a. 宽级配砾质土作为 GCls 防渗垫保护层的抗剪强度试验研究 ［J］. 工程地质学报，23（2）：272－278.

王腾，陈志波，李方振，等，2013. 宽级配砾质土击实性能改良试验研究 ［J］. 水利与建筑工程学报，11（5）：52－55.

王小二，2009. 双江口水电站大坝心墙砾石土料掺和方案选择及掺和场设计 ［J］. 水电站设计，25（1）：42－45.

魏松，朱俊高，2007. 粗粒土料湿化变形三轴试验研究 ［J］. 岩土力学，28（8）：1609－1614.

吴珺华，杨松，卢廷浩，2015. 掺砾心墙料的中三轴渗透试验 ［J］. 水利水电科技进展，35（4）：90－94.

邢继波，王泳嘉，1990. 离散元法的改进及其在颗粒介质研究中的应用 ［J］. 岩土工程学报，12（5）：51－57.

徐光苗，刘泉声，彭万巍，等，2006. 低温作用下岩石基本力学性质试验研究 ［J］. 岩石力学与工程学报（12）：2502－2508.

徐亮，宋建坤，2014. 两河口水电站心墙料掺砾工艺研究及现场碾压试验 ［J］. 水电站设计，30（3）：60－67.

杨俊，邹林，狄先均，等，2015. 天然砂砾改良红黏土的力学指标试验及数学模型预估 ［J］. 公路交通科技，32（9）：41－48.

姚仰平，路德春，周安楠，2005. 岩土类材料的变换应力空间及其应用 ［J］. 岩土工程学报，27（1）：24－29.

易洪，李占元，任长青，1998. 饱和盐溶液标准相对湿度表（国际建议）介绍 ［C］. 第七届全国湿度与水分学术交流会暨第五届气湿敏学术交流会. 呼和浩特：70－72.

张丙印，袁会娜，孙逊，2005. 糯扎渡高心墙堆石坝心墙砾石土料变形参数反演分析 ［J］. 水力发电学报，24（3）：18－23.

张丹，2007. 软岩粗粒土的增湿及干湿循环试验研究 ［D］. 北京：清华大学.

张建云，杨正华，蒋金平，2014. 水库大坝病险和溃坝的研究与警示 ［M］. 北京：科学出版社.

张坤勇，朱俊高，吴晓铭，等，2010. 复杂应力条件下掺砾黏土真三轴试验 ［J］. 岩土力学，31（9）：2799－2804.

张清振，袁会娜，张其光，等，2015. 堆石料干湿循环变形特性试验研究 ［J］. 水力发电学报，34（12）：33－41.

张守杰，苏安双，李兆宇，等，2016. 寒冷地区砂性土堤防冬季施工技术研究 ［C］. 中国水利学会学术年会论文集（上册）. 成都：114－121.

赵娜，周密，何晓民，2015. 掺砾黏土样的大型三轴流变特性试验研究 ［J］. 岩土力学（S1）：423－429.

朱晟，王京，钟春欣，等，2019. 堆石料干密度缩尺效应与制样标准研究 ［J］. 岩石力学与工程学报，38（5）：1073－1080.

朱洁，王红雨，2016. 冻融循环条件下 GCL 防渗垫与宽级配砾质土接触面抗剪强度试验研究 ［J］. 工程勘察（4）：5－10.

朱俊高，闫勋念，2005. 非饱和掺砾黏土料三轴试验研究 ［C］. 全国土工测试学术研讨会.

朱思哲，2003. 三轴试验原理与应用技术 ［M］. 北京：中国电力出版社.

ALONSO E. 2007. Suelos compactados en la teoría y en la práctica ［D］. Catedrático De Ingeniería Del Terreno.

AL－MOADHEN M M，CLARKE B G，CHEN X，2018. The permeability of composite soils ［J］. Environmental Geotechnics, 7 (7): 478 – 490.

ALONSO E E, ROMERO E E, ORTEGA E, 2016. Yielding of rockfill in relative humidity – controlled triaxial experiments [J]. Acta Geotechnica, 11 (3): 455 – 477.

ANDERSLAND O B, LADANYI B, 2003. Frozen ground engineering [M]. John Wiley & Sons.

BAUER E, 1996. Calibration of a comprehensive hypoplastic model for granular materials [J]. Soils and foundations, 36 (1): 13 – 26.

BEEN K, JEFFERIES M G, 1985. A state parameter for sands [J]. Géotechnique, 35 (2): 99 – 112.

BEN – NUN O, EINAV I, TORDESILLAS A, 2010. Force attractor in confined comminution of granular materials [J]. Physical review letters, 104 (10): 108001.

BENSON C H, DANIEL D E, 1990. Influence of clods on the hydraulic conductivity of compacted clay [J]. Journal of Geotechnical Engineering, 116 (8): 1231 – 1248.

BOLTON M D, MCDOWELL G R, 1997. Clastic mechanics: IUTAM symposium on mechanics of granular and porous materials [C]. Springer.

CAQUOT A, 1937. Role of inert materials in concrete [J]. Memoirs of the Society of Civil Engineers of France, Fasc (4): 562 – 582.

CARDOSO R, MARANHA DES NEVES E, ALONSO E E, 2012. Experimental behaviour of compacted marls [J]. Géotechnique, 62 (11): 999 – 1012.

CHANG C S, MEIDANI M, DENG Y, 2017. A compression model for sand – silt mixtures based on the concept of active and inactive voids [J]. Acta Geotechnica, 12 (6): 1301 – 1317.

CHÁVEZ C, ROMERO E, ALONSO E E, 2009. A rockfill triaxial cell with suction control [J]. Geotechnical Testing Journal, 32 (3): 1 – 13.

CHENG Y P, NAKATA Y, BOLTON M D, 2003. Discrete element simulation of crushable soil [J]. Geotechnique, 53 (7): 633 – 641.

CHINKULKIJNIWAT A, MAN – KOKSUNG E, UCHAIPICHAT A, et al, 2010. Compaction characteristics of non – gravel and gravelly soils using a small compaction apparatus [J]. Journal of ASTM International, 7 (7): 1 – 15.

COLLINS I F, HOULSBY G T, 1997. Application of thermomechanical principles to the modelling of geotechnical materials [J]. Proceedings of the Royal Society of London. Series A: Mathematical, Physical and Engineering Sciences, 453 (1964): 1975 – 2001.

CUBRINOVSKI M, ISHIHARA K, 2002. Maximum and minimum void ratio characteristics of sands [J]. Soils and foundations, 42 (6): 65 – 78.

DE GUZMAN E M B, STAFFORD D, ALFARO M C, et al, 2018. Large – scale direct shear testing of compacted frozen soil under freezing and thawing conditions [J]. Cold Regions Science and Technology, 151: 138 – 147.

DE MELLO V F, 1977. Reflections on design decisions of practical significance to embankment dams [J]. Géotechnique, 27 (3): 281 – 355.

DELAGE P, AUDIGUIER M, CUI Y, et al, 1996. Microstructure of a compacted silt [J]. Canadian Geotechnical Journal, 33 (1): 150 – 158.

DOMASCHUK L, VALLIAPPAN P, 1975. Nonlinear settlement analysis by finite element [J]. Journal of the Geotechnical Engineering Division, 101 (7): 601 – 614.

DUNCAN J M, CHANG C Y, 1970. Nonlinear analysis of stress and strain in soils [J]. Journal of the Soil Mechanics and Foundations Division, ASCE, 96 (5): 1629 – 1653.

EINAV I, 2007. Breakage mechanics – part I: theory [J]. Journal of the Mechanics and Physics of Solids, 55 (6): 1274 – 1297.

FARR R S, GROOT R D, 2009. Close packing density of polydisperse hard spheres [J]. The Journal of chemical physics, 131 (24): 244104.

FRAGASZY R J, SU J, SIDDIQI F H, et al, 1992. Modeling strength of sandy gravel [J]. Journal of Geotechnical Engineering, 118 (6): 920 – 935.

FROSSARD E, HU W, DANO C, et al, 2012. Rockfill shear strength evaluation: a rational method based on size effects [J]. Geotechnique, 62 (5): 415 – 427.

GOODMAN R E, TAYLOR R L, BREKKE T L A, 1968. A model for the mechanics of jointed rock [J]. ASCE Soil Mechanics and Foundation Division Journal, 99 (5): 637 – 659.

HAGERTY M M, HITE D R, ULLRICH C R, et al, 1993. One – dimensional high – pressure compression of granular media [J]. Journal of Geotechnical Engineering, 119 (1): 1 – 18.

HARDIN B O, 1985. Crushing of soil particles [J]. Journal of geotechnical engineering, 111 (10): 1177 – 1192.

HOU F, LAI Y, LIU E, et al, 2018. A creep constitutive model for frozen soils with different contents of coarse grains [J]. Cold Regions Science and Technology, 145: 119 – 126.

HOULSBY G T, 1991. How the dilatancy of soils affects their behaviour [C] //Presented at the 10th European Conference on Soil Mechanics and Foundation Engineering.

ICOLD. World Register of Dams: General Synthesis [EB/OL]. (2020 – 05 – 01) https: //www. icold – cigb. org/GB/world _ register/general _ synthesis. asp.

JAFARI M K, SHAFIEE A 2004. Mechanical behavior of compacted composite clays [J]. Canadian Geotechnical Journal, 41 (6): 1152 – 1167.

JIA Y, XU B, CHI S, et al, 2017. Research on the particle breakage of rockfill materials during triaxial tests [J]. International Journal of Geomechanics, 17 (10): 4017085.

JIANG M J, KONRAD J M, LEROUEIL S, 2003. An efficient technique for generating homogeneous specimens for DEM studies [J]. Computers and geotechnics, 30 (7): 579 – 597.

JOHNSON K L, KENDALL K, ROBERTS A, 1971. Surface energy and the contact of elastic solids [J]. Proceedings of the royal society of London. A. mathematical and physical sciences, 324 (1558): 301 – 313.

KONDNER R L, ZELASKO J S, 1964. Void Ratio Effects on the Hyperbolic Stress – Strain Response of a Sand// Laboratory shear testing of soils [M]. ASTM International: 250 – 257.

KOUMOTO T, HOULSBY G T, 2001. Theory and practice of the fall cone test [J]. Geotechnique, 51 (8): 701 – 712.

KRUYT N ROTHENBURG L. Micromechanical definition of the strain tensor for granular materials [J]. Journal of Applied Mechanics. , 1996, 63: 706 – 711.

KUMAR G V, WOOD D M, 1999. Fall cone and compression tests on clay – gravel mixtures [J]. Geotechnique, 49 (6): 727 – 739.

KYAMBADDE B S, STONE K J, 2012. Index and strength properties of clay – gravel mixtures [J]. Proceedings of the Institution of Civil Engineers – Geotechnical Engineering, 165 (1): 13 – 21.

LADANYI B, MOREL J, 1990. Effect of internal confinement on compression strength of frozen sand [J]. Canadian Geotechnical Journal, 27 (1): 8 – 18.

LAI Y, LIAO M, HU K, 2016. A constitutive model of frozen saline sandy soil based on energy dissipation theory [J]. International Journal of Plasticity, 78: 84 – 113.

LEE K L, Farhoomand I, 1967. Compressibility and crushing of granular soil in anisotropic triaxial compression [J]. Canadian geotechnical journal, 4 (1): 68 – 86.

LI X S, DAFALIAS Y F, 2012. Anisotropic critical state theory: role of fabric [J]. Journal of engineering mechanics, 138 (3): 263 275.

LI Y, HUANG R, CHAN L S, et al, 2013. Effects of particle shape on shear strength of clay – gravel mixture [J]. KSCE Journal of Civil Engineering, 17 (4): 712 – 717.

LIU S H, 1999. Development of a new in – situ direct shear test method and its application to problems of slope stability and bearing capacity [D]. Japan: Nagoya Institute of Technology.

LIU S H, 2006. Simulating a direct shear box test by DEM [J]. Canadian Geotechnical Journal, 43 (2): 155 – 168.

LIU S H, SUN D A, MATSUOKA H, 2005. On the interface friction in direct shear test [J]. Computers and Geotechnics, 32 (5): 317 – 325.

LIU S, SUN Y, SHEN C, et al, 2020. Practical nonlinear constitutive model for rockfill materials with application to rockfill dam [J]. Computers and Geotechnics, 119: 103383.

LIU S, WANG Z, WANG Y, et al, 2015. A yield function for granular materials based on microstructures [J]. Engineering Computations, 32 (4): 1006 – 1024.

LIU X, LIU E, ZHANG D, et al, 2019. Study on effect of coarse – grained content on the mechanical properties of frozen mixed soils [J]. Cold Regions Science and Technology, 158: 237 – 251.

LUDING S, 2004. Micro – macro transition for anisotropic, frictional granular packings [J]. International Journal of Solids and Structures, 41 (21): 5821 – 5836.

MANDELBROT B B, MANDELBROT B B, 1982. The fractal geometry of nature [M]. WH freeman New York.

MARSAL R J, 1967. Large scale testing of rockfill materials [J]. Journal of the Soil Mechanics and Foundations Division, 93 (2): 27 – 43.

MATSUOKA H, 1976. On the significance of the "spatial mobilized plane" [J]. Soils and Foundations, 16 (1): 91 – 100.

MATSUOKA H, LIU S, SUN D A, et al, 2001. Development of a new in – situ direct shear test [J]. Geotechnical Testing Journal, 24 (1): 92 – 102.

MATSUOKA H, NAKAI T, 1974. Stress – deformation and strength characteristics of soil under three different principal stresses: Proceedings of the Japan Society of Civil Engineers [C]. Japan Society of Civil Engineers.

MATSUOKA H, YAO Y, SUN D, 1999. The cam – clay models revised by the SMP criterion [J]. Soils and foundations, 39 (1): 81 – 95.

MCDOWELL G R, BOLTON M D, ROBERTSON D, 1996. The fractal crushing of granular materials [J]. Journal of the Mechanics and Physics of Solids, 44 (12): 2079 – 2101.

MINH N H, CHENG Y P, 2013. A DEM investigation of the effect of particle – size distribution on one – dimensional compression [J]. Géotechnique, 63 (1): 44 – 53.

MIURA N, SUKEO O, 1979. Particle – crushing of a decomposed granite soil under shear stresses [J]. Soils and foundations, 19 (3): 1 – 14.

MONKUL M M, OZDEN G, 2007. Compressional behavior of clayey sand and transition fines content [J]. Engineering Geology, 89 (3 – 4): 195 – 205.

NAKATA A, HYDE M, HYODO H, et al, 1999. A probabilistic approach to sand particle crushing in the triaxial test [J]. Géotechnique, 49 (5): 567 – 583.

ODA M, 1982. Fabric tensor for discontinuous geological materials [J]. Soils and foundations, 22 (4): 96 – 108.

OLDECOP L A, ALONSO E E, 2001. A model for rockfill compressibility [J]. Géotechnique, 51 (2): 127 – 139.

OLDECOP L A, ALONSO E E, 2007. Theoretical investigation of the time-dependent behaviour of rock-fill [J]. Géotechnique, 57 (3): 289-301.

ONODA G Y, LINIGER E G, 1990. Random loose packings of uniform spheres and the dilatancy onset [J]. Physical review letters, 64 (22): 2727.

PESTANA J M, WHITTLE A J, 1995. Compression model for cohesionless soils [J]. Géotechnique, 45 (4): 611-631.

POOROOSHASB H B, HOLUBEC I, SHERBOURNE A N, 1966. Yielding and flow of sand in triaxial compression: Part I [J]. Canadian Geotechnical Journal, 3 (4): 179-190.

QI J, HU W, MA W, 2010. Experimental study of a pseudo-preconsolidation pressure in frozen soils [J]. Cold Regions Science and Technology, 60 (3): 230-233.

RAHARDJO H, INDRAWAN I, LEONG E C, et al, 2008. Effects of coarse-grained material on hydraulic properties and shear strength of top soil [J]. Engineering Geology, 101 (3-4): 165-173.

ROBERTSON D, 2000. Computer simulations of crushable aggregates [D]. Cambridge: University of Cambridge.

ROSCOE K H, SCHOFIELD A, WROTH A P, 1958. On the yielding of soils [J]. Géotechnique, 8 (1): 22-53.

ROWE P W, 1962. The stress-dilatancy relation for static equilibrium of an assembly of particles in contact [J]. Proceedings of the Royal Society of London. Series A. Mathematical and Physical Sciences, 269 (1339): 500-527.

RÜCKNAGEL J, GÖTZE P, HOFMANN B, et al, 2013. The influence of soil gravel content on compaction behaviour and pre-compression stress [J]. Geoderma, 209: 226-232.

SHAEBANI M R, MADADI M, LUDING S, et al, 2012. Influence of polydispersity on micromechanics of granular materials [J]. Physical Review E, 85 (1): 11301.

SHAFIEE A, 2008. Permeability of compacted granule-clay mixtures [J]. Engineering Geology, 97 (3-4): 199-208.

SHELLEY T L, DANIEL D E, 1993. Effect of gravel on hydraulic conductivity of compacted soil liners [J]. Journal of Geotechnical Engineering, 119 (1): 54-68.

SHEN C, LIU S, WANG L, et al, 2019. Micromechanical modeling of particle breakage of granular materials in the framework of thermomechanics [J]. Acta Geotechnica, 14 (4): 939-954.

SHENG D, YAO Y, CARTER J P, 2008a. A volume-stress model for sands under isotropic and critical stress states [J]. Canadian Geotechnical Journal, 45 (11): 1639-1645.

SIMONI A, HOULSBY G T, 2006. The direct shear strength and dilatancy of sand-gravel mixtures [J]. Geotechnical & Geological Engineering, 24 (3): 523-549.

SOLYMAR Z V, NUNN J, 1983. Frost sensitivity of core materials: Case histories [J]. Canadian Geotechnical Journal, 20 (3): 373-384.

TAN T, GOH T, Karunaratne G P, et al, 1994. Shear strength of very soft clay-sand mixtures [J]. Geotechnical Testing Journal, 17 (1): 27-34.

TAYLOR D W, 1948. Fundamentals of soil mechanics [M]. New York: John Wileyasons.

TYLER S W, WHEATCRAFT S W, 1992. Fractal scaling of soil particle-size distributions: Analysis and limitations [J]. Soil Science Society of America Journal, 56 (2): 362-369.

VERDUGO R, 1992. Characterization of sandy soil behavior under large deformation [D]. Tokyo: University of Tokyo.

WICKLAND B E, WILSON G W, WIJEWICKREME D, et al, 2006. Design and evaluation of mixtures of mine waste rock and tailings [J]. Canadian Geotechnical Journal, 43 (9): 928-945.

WOOD D M，MAEDA K，2008. Changing grading of soil：effect on critical states [J]. Acta Geotechnica，3：3 – 14.

XIAO Y，LIU H，CHEN Y，et al，2015. State – dependent constitutive model for rockfill materials [J]. International Journal of Geomechanics，15 (5)：4014075.

XU W，XU Q，HU R，2011. Study on the shear strength of soil – rock mixture by large scale direct shear test [J]. International Journal of Rock Mechanics and Mining Sciences，48 (8)：1235 – 1247.

YASUFUKU N，MURATA H，HYODO M，1991. Yield characteristics of anisotropically consolidated sand under low and high stresses [J]. Soils and Foundations，31 (1)：95 – 109.

YILMAZ Y，2009. A study on the limit void ratio characteristics of medium to fine mixed graded sands [J]. Engineering Geology，104 (3 – 4)：290 – 294.

YIN J，SAADAT F，GRAHAM J，1990. Constitutive modelling of a compacted sand – bentonite mixture using three – modulus hypoelasticity [J]. Canadian Geotechnical Journal，27 (3)：365 – 372.

YIN Z Y，CHANG C S，2013. Stress – dilatancy behavior for sand under loading and unloading conditions [J]. International Journal for Numerical and Analytical Methods in Geomechanics，37 (8)：855 – 870.

ZHANG B Y，ZHANG J H，SUN G L，2015. Deformation and shear strength of rockfill materials composed of soft siltstones subjected to stress，cyclical drying/wetting and temperature variations [J]. ENGINEERING GEOLOGY，190：87 – 97.

ZHANG Y D，BUSCARNERA G，EINAV I，2016. Grain size dependence of yielding in granular soils interpreted using fracture mechanics，breakage mechanics and Weibull statistics [J]. Géotechnique，66 (2)：149 – 160.

ZIEGLER H，2012. An introduction to thermomechanics [M]. Elsevier.